台灣自然圖鑑 020

臺灣野鳥圖鑑

陸鳥篇【增訂版】

廖本興 著　丁宗蘇 審訂

晨星出版

一本值得您珍藏的
鳥類攝影圖鑑

　　廖本興先生的鳥類生態照片有一種特別的美感。當初最早看到他的攝影作品時，就強烈被他作品那種清晰、生動、衡平、細膩、寧靜的特殊感覺所吸引，既有一種生物學家畫素描圖的俐落感，也有攝影藝術作品所企求的意境美感。這是難得的特質組合，不僅適合作為鳥類圖鑑，也是藝術攝影作品集。

　　這套書最大特色，就是鳥類相片相當齊全。截至本書出版之際，作者已經在臺、澎、金、馬拍攝過 600 餘種野生鳥類，包含許多稀有罕見的迷鳥與新紀錄種。在臺灣野外拍攝這些相片，需要花費很大的時間、心血、熱情與耐心，他的成就令人驚嘆，因此這套書不只是有著一致攝影風格的圖鑑，也是他的鳥類紀錄里程碑。

　　廖本興先生分辨鳥類的功夫很強，很多並不容易辨認的鳥類種群，例如銀鷗、涉禽、猛禽、柳鶯，他都能夠整理出明確區分這些鳥種的辨識關鍵，讓大家可以在野外快速判斷，甚至很多特徵辨識關鍵，是之前其他相關書籍所沒有提到的，無論是老鳥友、或是新鳥友，有了這套書，相信都會獲益甚多。

　　在眾多鳥類愛好者的努力下，臺灣所記錄到的鳥種日新月異，對他們的了解也快速提升，這套圖鑑以中華鳥會2020年的臺灣鳥類名錄為基礎，收納種數最多的鳥種，是目前市面上最齊全的臺灣鳥類圖鑑。而且，相信在未來很長一段時間，也將持續是最好的一套臺灣鳥類攝影書籍。

　　很高興能參與廖本興先生《臺灣野鳥圖鑑》這套書的審訂。身為一個賞鳥人，能先讀到這套書，是一種榮幸。其實我能幫助的並不多，這書本身撰寫得就已經很好了。雖然臺灣已經有很多介紹鳥類的好書、好圖鑑，但是這套書堪稱是目前最新、最齊全、最好的一套，不僅是難得的攝影作品集，也是大家值得收藏的工具書。我相信大家會從這套書獲益甚多，也會喜歡這套書的風格與內容。

　　我強力推薦廖本興的《臺灣野鳥圖鑑》。

臺灣大學森林環境暨資源學系　教授

對野鳥的狂熱，
成就了這本野鳥圖鑑！

　　臺灣野鳥圖鑑自 2012 年出版至今，承鳥友厚愛熱銷，顯示賞鳥活動深受國人喜愛，賞鳥、拍鳥儼然成為近年新興的熱門休閒活動。惟臺灣鳥類現況已有很大的變化，除鳥種數從出版當初的 593 種增加到 696 種外，圖鑑所依循的 Clements 世界鳥類名錄也有很大的異動：臺灣特有種鳥類從 24 種增加到 30 種，包括臺灣竹雞、赤腹山雀、繡眼畫眉、白頭鶇、小翼鶇及灰鷽都從特有亞種提升為特有種。另鳥種分科亦有許多變動，如原畫眉科多數鳥種移列至新增的噪眉科，褐頭花翼改列鶯科，頭烏線改列雀眉科，臺灣鷦眉改列鷦眉科，原西方黃鶺鴒內的黃眉黃鶺鴒及藍頭黃鶺鴒移列至東方黃鶺鴒等等。此外，因分類地位變動增加許多鳥種，如雜色山雀、白氏地鶇、琉璃藍鶲、暗綠柳鶯、勘察加柳鶯、日本柳鶯、赤背三趾翠鳥、日菲繡眼等；許多鳥種學名也因而改變，因此圖鑑改版不得不為。

　　本圖鑑再版主要依循 Clements 世界鳥類名錄 2019 年版（Clements et al.2019）、2020 年臺灣鳥類名錄及 2022 中華民國野鳥學會鳥類紀錄委員會報告，包括陸鳥及水鳥共計收錄 696 種。為了讓圖鑑更完善，竭盡所能補充更多更好的圖片，對於鳥種的特徵描述及辨識也做了加強及修正。

　　全球氣候變遷正影響鳥類的行為，越來越多的鳥類無法適應生態系統的變化，暖化及乾旱可能打亂鳥類的遷徙規律，或影響鳥類與棲地生態的同步性，致使族群數量下降，尤以候鳥及

海鳥對氣候的變化最為敏感。為了適應生態系統的變化，許多鳥類不得不做出因應，例如改變分布區域，選擇移棲至較高海拔或較高緯度，或是配合食物資源最豐富的時間來進行遷徙與繁殖，這些狀況在可見的未來將持續上演。

近年來陸續有一些候鳥擴散至臺灣繁殖，如花嘴鴨、高蹺鴴、紫鷺、黑翅鳶及遊隼等都已成為留鳥，令人驚訝的是迷鳥彩鷸在南臺灣已有成功繁殖紀錄，甚至連白眉秧雞也嘗試在南臺灣繁殖，在在讓鳥人雀躍，顯示臺灣的自然環境仍能吸引許多鳥種來落地生根。但是值得關切的是許多海岸棲地正逐漸喪失，致使遷徙性水鳥的數量顯著減少，身在臺灣的我們，年復一年地看到這些美麗的野鳥，並不意味牠們會永遠地出現在我們的視線上，鳥類的數量正在下降，棲地若不善加保護，有一天許多野鳥將在這塊土地上消失。我們除了欣賞野鳥之美外，更應該珍惜臺灣的鳥類資源，多多關切周遭環境的變化與生態議題（例如光電與風電對候鳥的影響），盡所能來幫助牠們。

最後要感謝所有支援鳥圖的鳥友，讓圖鑑更完善，也謝謝晨星出版社辛苦的編輯們。

5

如何使用本書

　　本圖鑑採用Clements世界鳥類名錄2019年版之分類系統，收錄臺、澎、金、馬紀錄的696種臺灣野鳥，以棲地區分為「水鳥篇」與「陸鳥篇」。鳥種之中文名採用中華鳥會「2020年版臺灣鳥類名錄」之中文名，其中與行政院農業委員會林務局出版之《臺灣鳥類誌》（劉小如老師等2010）中文名相異之鳥種，本書特別採中文名前後分列方式，方便讀者對照使用。

學名： *Parus monticolus insperatus*
　　　　屬名　種小名　亞種小名

臺灣鳥類誌中文名 •

慣用中文名 •

科名側欄 •
提供該種所屬科名以便物種查索。

特徵 •
詳述該鳥種的外部形態、雌、雄、幼鳥、繁殖羽與非繁殖羽之羽色，供讀者輕鬆掌握辨識重點。

生態 •
詳述該鳥種之地理分布、繁殖地與度冬地、棲息環境、食性、生活習性與出現紀錄等。

青背山雀／綠背山雀 *Parus monticolus insperatus*

III　特有亞種　L12~13cm

屬名：山雀屬　　英名：Green-backed Tit　　生息狀況：留／普

相似種

白頰山雀
• 僅一條白色翼帶，腹兩側白色

山雀科

▲分布於中、低海拔山區。

| 特徵 |
• 虹膜褐色。嘴鉛色。腳鉛灰色。
• 頭、喉至上胸黑色，頰、後頸中央白色。背部黃綠色，翼、尾羽灰藍色，有兩條白色翼帶。胸、腹中央黑色縱帶，兩側黃色，雄鳥黑色縱帶比雌鳥寬長。
• 幼鳥羽色較淡，胸、腹黑色縱帶較淡而窄短。

| 生態 |
廣布於喜馬拉雅山區、中國西南及越南。分布於臺灣者為特有亞種，棲息於中、低海拔山區闊葉林或闊、針葉混合林，夏季會出現於高海拔山區，冬季則常降遷至低海拔山麓或丘陵地帶居多。喜成群活動，會混群於紅頭山雀或各種小型畫眉科鳥群中，生性活潑不怕人，常發出輕快悅耳的「嘰、嘰、啾～」鳴聲，或單調的「居、居、居……」聲。以昆蟲、果實或種籽為食；築巢於山區路燈電桿洞、枯樹洞或房舍屋簷。

▲以昆蟲、果實或種籽為食。

▲頰及後頸中央白色。

240

特有種圖示：

特有種　指全世界僅分布於臺灣的鳥種。

特有亞種　分布很廣的物種，因為地理區隔、演化產生差異，這些具差異的族群稱為「亞種」，全世界僅存在於臺灣的亞種為臺灣特有亞種。

保育等級符號說明如下：
Ⅰ：表示瀕臨絕種野生動物
Ⅱ：表示珍貴稀有野生動物
Ⅲ：表示其他應予保育之野生動物

體長（L）
自嘴端至尾端的長度

翼展長（WS）
兩翼翼端間的長度

毛足鵟 *Buteo lagopus*

Ⅱ　L53~61cm.WS129~143cm

屬名:鵟屬　英名:Rough-legged Hawk　別名:毛腳鵟　生息狀況:迷

鷹科

▲初級飛羽基部白色，尾白色，末端有黑帶。

相似種
鵟、大鵟
• 鵟裸足，尾羽非白色，末端無明顯黑帶。
• 大鵟翼較長，白色翼窗色明顯，尾有多道橫帶。

特徵 |
虹膜暗褐色或淡黃色。嘴黑色，蠟膜黃色。毛足，趾黃色。
頭乳白色，有褐色細縱紋，眼後線黑褐色，背部褐色，羽緣淡色，形成白斑。腹暗褐色，尾下覆乳白色。尾白色，末端有黑帶。
飛行時指叉5枚，翼寬廣，初級飛羽基部白色。翼下偏白，有不明顯之褐色橫帶，黑色腕斑明顯，翼後緣及翼尖黑色，尾白色呈扇形，末端有黑帶。

生態 |
布於北半球高緯度地區，度冬南遷僅至歐亞大陸中部、北美洲中部等中緯度地區，長於寒帶，足部演化為被毛。出現於河口、澤地、草原、荒地或高海拔山區，主食鼠類。臺灣不在其度冬範圍，數年才有一次紀錄，春過境期間北部偶見北返個體，歡山區夏季曾有幾筆紀錄。

▲毛足鵟為分布最北的鷹科鳥種。

▲生長於寒帶，足部被毛。

131

生息狀況
指該鳥種在臺灣的遷留屬性、數量等狀況。遷留屬性分為留鳥、夏候鳥、冬候鳥、過境鳥、海鳥、迷鳥、引進種。數量分為普遍、不普遍、稀有。各以留、夏、冬、過、海、迷；普、不普、稀簡稱；金門、馬祖另以（ ）標示。

別名
慣用中文名以外之俗稱；（臺）為臺語俗稱。

相似種
針對辨識不易、容易混淆的相似鳥種，做詳細的特徵比較。

目次 CONTENTS

9

鳥類形態特徵介紹

全長

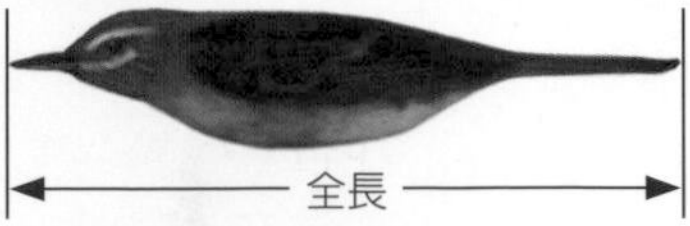

翼展長

鳥體各部位名稱

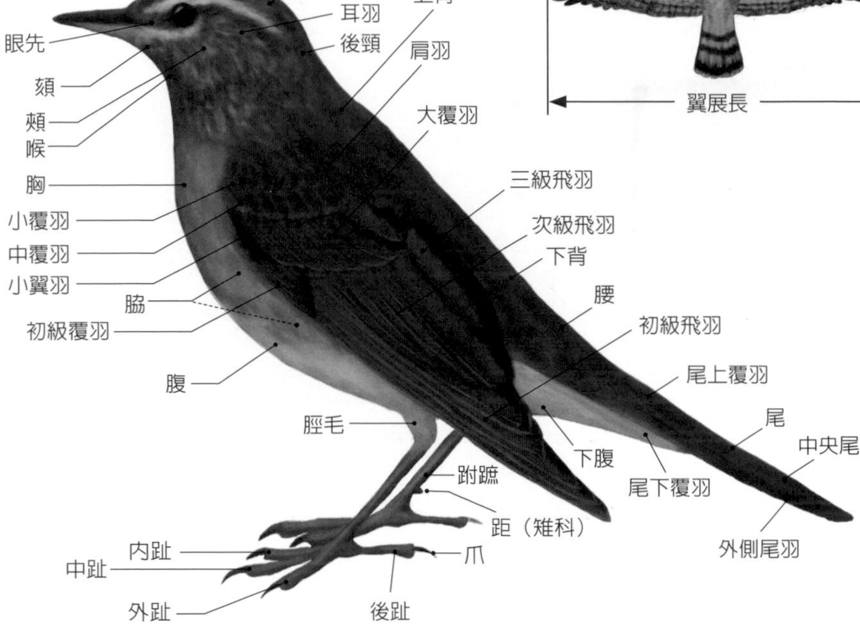

頭上

額

後頭

眼先

耳羽

後頸

頰

上背

肩羽

頰

大覆羽

喉

胸

三級飛羽

小覆羽

次級飛羽

中覆羽

下背

小翼羽

腰

脇

初級覆羽

初級飛羽

腹

尾上覆羽

尾

脛毛

中央尾羽

跗蹠

下腹

距（雉科）

尾下覆羽

外側尾羽

內趾

中趾

爪

外趾

後趾

尾羽形狀

方尾　　圓尾　　凹尾　　凸尾

叉尾　　楔形尾

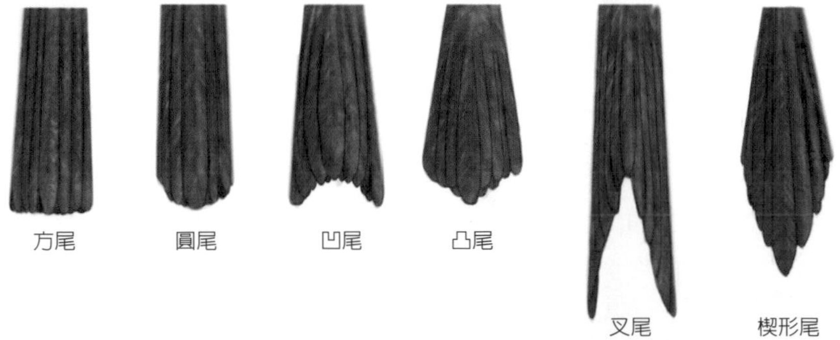

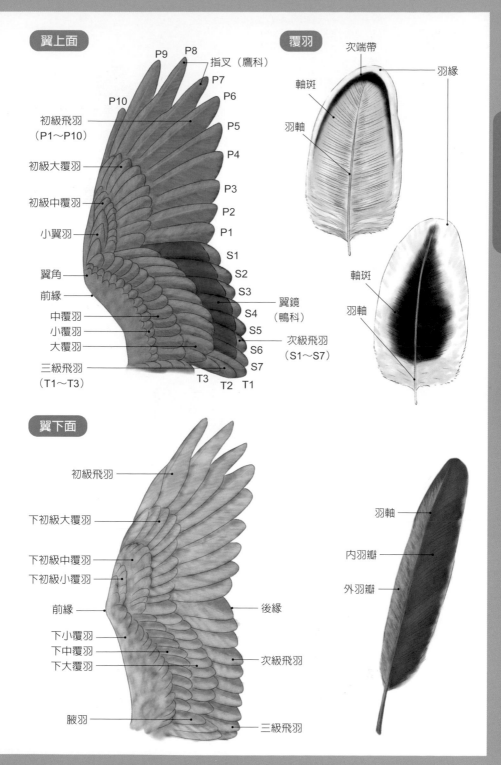

翼上面

P9　P8
P10
指叉（鷹科）
P7
初級飛羽
（P1〜P10）
P6
P5
初級大覆羽
P4
初級中覆羽
P3
小翼羽
P2
P1
S1
翼角
S2
前緣
S3
中覆羽
S4　翼鏡
小覆羽
（鴨科）
S5
大覆羽
S6　次級飛羽
三級飛羽
S7　（S1〜S7）
（T1〜T3）
T3　T2　T1

覆羽

次端帶
軸斑
羽緣
羽軸
軸斑
羽軸

翼下面

初級飛羽
下初級大覆羽
下初級中覆羽
下初級小覆羽
前緣
後緣
下小覆羽
下中覆羽
次級飛羽
下大覆羽
腋羽
三級飛羽

羽軸
內羽瓣
外羽瓣

鳥類形態特徵介紹

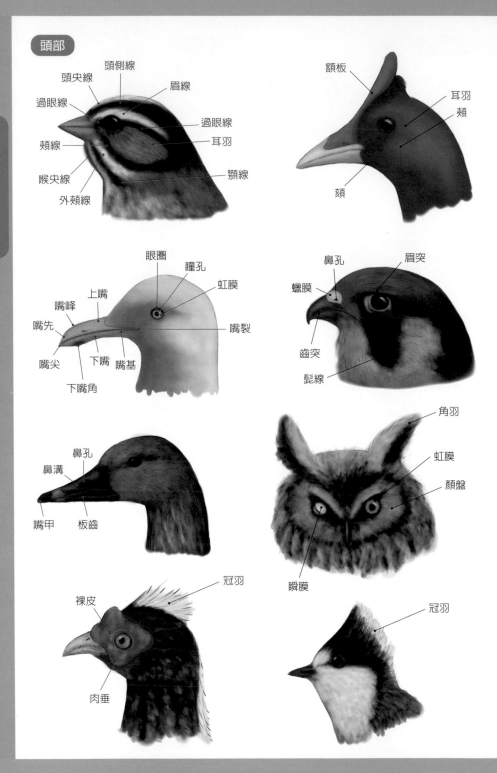

頭部

頭央線
頭側線
眉線
過眼線
過眼線
耳羽
頰線
顎線
喉央線
外頰線

額板
耳羽
頰
頦

眼圈
瞳孔
虹膜
上嘴
嘴峰
嘴先
嘴裂
嘴尖
下嘴
嘴基
下嘴角

鼻孔
眉突
蠟膜
齒突
髭線

鼻孔
鼻溝
嘴甲
板齒

角羽
虹膜
顏盤
瞬膜

裸皮
冠羽
肉垂

冠羽

鳥喙型態

雞形嘴
如雉科

鴉形嘴
如鴉科

鴨形嘴
如鴨科

劍形嘴
如鷺科、鸊科

琵形嘴
如鷺科

短錐形嘴
如鶇科、雀科、麻雀科

長錐形嘴
如翠鳥科

細短形嘴
如山雀科、柳鶯科

鴿形嘴
如鳩鴿科

鉤形嘴
如伯勞科

鷹鉤形嘴
如鷹科

鸚形嘴
如鸚科

腳爪型態

前趾

後趾

不等趾足
如雉科、
鷹科、
秧雞科、雀科

對趾足
如杜鵑科、
鬚鴷科、啄木鳥科

駢趾足
如翠鳥科

前趾足
如雨燕科

前趾

後趾

蹼足
如雁鴨科

凹蹼足
如軍艦鳥科

半蹼足
如鷺科、鶴科

全蹼足
如熱帶鳥科、鰹鳥科、
鸕鷀科

瓣足
如鸊鷉科、
瓣足鷸科

以棲地或活動環境簡易檢索：

田野、山林

地面

雉科
Phasianidae
p.30～41

戴勝科 Upupidae
p.152～153

啄木鳥科（地啄木）
Picidae
p.169

三趾鶉科
Turnicidae
p.82～83

八色鳥科 Pittidae
p.182～184

百靈科
Alaudidae
p.244～247

鴉科 Corvidae
p.221～234

鳩鴿科
Columbidae
p.42～58

樹鶯科（短尾鶯）
Scotocercidae
p.313

夜鷹科 Caprimulgidae
p.74～75

草地

鳩鴿科
Columbidae
p.42～58

鶇科 Turdidae
p.366～382

百靈科
Alaudidae
p.244～247

八哥科 Sturnidae
p.350～365

鷦鷯科 Troglodytidae
p.348

鶇科 Turdidae
p.366～382

岩鷚科 Prunellidae
p.456～457

鶺鴒科 Motacillidae
p.461～480

畫眉科 Timaliidae
p.330～332

蝗鶯科 Locustellidae
p.259～265

噪眉科 Leiothrichidae
p.334～344

鐵爪鵐科 Calcariidae
p.497～498

八哥科 Sturnidae
p.350～365

鵐科 Emberizidae
p.499～523

鶲科 Muscicapidae
p.383～439

雀科 Fringillidae
p.481～496

麻雀科 Passeridae
p.458～460

鶺鴒科 Motacillidae
p.461～480

鵐科 Emberizidae
p.499～523

雀科 Fringillidae
p.481～496

麻雀科 Passeridae
p.458～460

草叢

三趾鶉科
Turnicidae
p.82〜83

草鴞科 Tytonidae
p.136〜138

葦鶯科
Acrocephalidae
p.254〜258

杜鵑科（番鵑）
Cuculidae
p.60

樹鶯科 Scotocercidae
p.313〜318

蝗鶯科
Locustellidae
p.259〜265

蘆葦叢

攀雀科
Remizidae
p.243

葦鶯科 Acrocephalidae
p.254〜258

蝗鶯科
Locustellidae
p.259〜265

灌叢

伯勞科
Laniidae
p.208〜220

樹鶯科 Scotocercidae
p.313〜318

柳鶯科
Phylloscopidae
p.286〜312

鵯科
Pycnonotidae
p.278〜285

蝗鶯科
Locustellidae
p.259〜265

田野、山林

扇尾鶯科 Cisticolidae
p.248～253

畫眉科
Timaliidae
p.330～332

鵐科
Emberizidae
p.499～523

鶯科 Sylviidae
p.320～324

梅花雀科
Estrildidae
p.447～453

鵐科 Emberizidae
p.499～523

扇尾鶯科 Cisticolidae
p.248～253

扇尾鶯科
Cisticolidae
p.248～253

雀眉科
Pellorneidae
p.333

鵐科
Emberizidae
p.499～523

繡眼科
Zosteropidae
p.325～329

鶯科 Sylviidae
p.320～324

鷦眉科
Pnoepygidae
p.266

畫眉科 Timaliidae
p.330～332

鷹科
Accipitridae
p.85～135

戴勝科 Upupidae
p.152～153

山椒鳥科
Campephagidae
p.185～194

佛法僧科
Coraciidae
p.167

啄木鳥科
Picidae
p.169～172

鬚鴷科 Megalaimidae
p.168

黃鸝科
Oriolidae
p.196～198

隼科
Falconidae
p.173～181

卷尾科 Dicruridae
p.199～203

鳩鴿科 Columbidae
p.42～58

八色鳥科
Pittidae
p.182～184

鴟鴞科 Strigidae
p.139～151

杜鵑科 Cuculidae
p.59～73

伯勞科 Laniidae
p.208～220

王鶲科
Monarchidae
p.204～207

田野、山林

簡易檢索

鴉科
Corvidae
p.221～234

鶇科 Turdidae
p.366～382

綠鵙科
Vireonidae
p.195

簡易檢索

鶲科
Muscicapidae
p.383～439

細嘴鶲科
Stenostiridae
p.235

織布鳥科
Ploceidae
p.454～455

噪眉科
Leiothrichidae
p.334～344

山雀科 Paridae
p.236～242

長尾山雀科
Aegithalidae
p.319

鵯科
Pycnonotidae
p.278～285

柳鶯科
Phylloscopidae
p.286～312

畫眉科
Timaliidae
p.330～332

啄花科
Dicaeidae
p.442～443

吸蜜鳥科 Nectariniidae
p.444～446

戴菊科
Regulidae
p.345～346

連雀科
Bombycillidae
p.440～441

雀科
Fringillidae
p.481～496

繡眼科
Zosteropidae
p.325～329

麻雀科 Passeridae
p.458～460

鳾科 Sittidae
p.347

八哥科 Sturnidae
p.350～365

田野、山林

樹幹

鬚鴷科
Megalaimidae
p.168

啄木鳥科
Picidae
p.169～172

鳾科
Sittidae
p.347

水域周邊

鶚科
Pandionidae
p.84

鷹科（黑鳶）Accipitridae
p.126～127

翠鳥科 Alcedinidae
p.154～161

都市、鄉村

電線、電桿

鷹科
Accipitridae
p.85～135

隼科
Falconidae
p.173～181

鳩鴿科 Columbidae
p.42～58

卷尾科 Dicruridae
p.199～203

建築物、橋樑

隼科
Falconidae
p.173～181

鳩鴿科
Columbidae
p.42～58

夜鷹科
Caprimulgidae
p.74～75

燕科
Hirundinidae
p.267～277

翠鳥科 Alcedinidae
p.154～161

燕科 Hirundinidae
p.267～277

蜂虎科 Meropidae
p.162～166

河烏科 Cinclidae
p.349

鶲科
（鉛色水鶇、小剪尾）
Muscicapidae
p.426、408

鶲科（臺灣紫嘯鶇）
Muscicapidae p.406

鶺鴒科 Motacillidae
p.461～480

八哥科 Sturnidae
p.350～365

雀科 Fringillidae
p.481～496

麻雀科 Passeridae
p.458～460

雨燕科（小雨燕）
Apodidae
p.81

鶲科（臺灣紫嘯鶇）
Muscicapidae
p.406

麻雀科 Passeridae
p.458～460

平地至山區

雨燕科
Apodidae
p.76～81

隼科
Falconidae
p.173～181

燕科
Hirundinidae
p.267～277

鷹科
Accipitridae
p.85～135

鳩鴿科　Columbidae
p.42～58

草澤、溼地

鷹科（如東方澤鵟、花澤鵟、灰澤鵟）
Accipitridae
p.85～135

燕科
Hirundinidae
p.267～277

湖泊、溪流、河口、港口

燕科
Hirundinidae
p.267～277

鶚科　Pandionidae
p.84

鷹科（黑鳶）
Accipitridae
p.126～127

名詞解釋：

學名：
以拉丁文化的字詞構成，為通行國際的學術名稱。每個物種之學名由「屬名＋種小名」構成，亞種之學名則由「屬名＋種小名＋亞種小名」構成，學名之引用常以斜體或加底線表示。

例：*Rallina eurizonoides formosana*
　　　屬名　　種小名　　　亞種小名

屬名：界於科與種之間的分類單位名稱。

種：生物分類的基本單位。

亞種：種下之分類名稱，同一物種因為地理阻隔產生形態差異，不同地區具差異之族群稱為「亞種」，不同亞種間仍可以交配繁殖。

特有亞種：全世界只存在於某一特定區域的亞種。

特有種：指局限分布於某一特定區域，而未在其他地方自然出現的物種。

色型：同一種鳥在同一年齡階段有一種以上的羽色形態，每種羽色稱為一個「色型」。

生息狀況：
指該鳥種在臺灣的遷留屬性、數量等狀況。遷留屬性分為留鳥、夏候鳥、冬候鳥、過境鳥、海鳥、迷鳥。數量分為普遍、不普遍、稀有。各以留、夏、冬、過、海、迷；普、不普、稀簡稱。

留鳥：長期棲息於臺灣而不遷移的鳥。

夏候鳥：春天遷徙到臺灣繁殖，於夏末秋初離開的鳥。

冬候鳥：秋天遷徙到臺灣度冬，於春天離開返回繁殖地的鳥。

過境鳥：遷移季節在臺灣短暫停留者。每年均穩定過境某地的期間稱為「過境期」。

海鳥：
指不在臺灣本島繁殖，會出現臺灣四周海域的鳥；一般並不會接近陸地，出現時間、地點常常難以預期。

迷鳥：
受颱風或者其他非人為因素影響，以致偏離遷移路線或迷失方向，而出現在正常分布區域以外地區的鳥。

越冬（度冬）：指動物依某種形式來度過寒冷的冬天。

繁殖羽（夏羽）：繁殖期的羽色，一般較非繁殖羽鮮豔。

非繁殖羽（冬羽）：非繁殖期的羽色，一般較繁殖羽樸素。

雛鳥：孵化後尚未換羽狀態。

幼鳥（Juvenile）：

指雛鳥第一次換羽，長出飛羽後的羽色。一般小型鳥種孵出之次年即轉換為成鳥羽色，其轉換為成鳥羽色前稱之為幼鳥而非亞成鳥。

第一齡（回）冬羽（1st winter）：

出生後第一次換羽完成變成幼鳥，至當年秋天更換體羽後的羽色。對於信天翁及某些大鷗等大型鳥類，需數年才能長為成鳥，通常以第一齡、第二齡、第三齡等來形容牠當時的羽色。

第一齡（回）夏羽（1st summer）：

出生後，翌年春天更換體羽後之羽色。

亞成鳥（Sub-adult）：

指達到成鳥羽色的前一羽色階段。通常指達到成鳥羽色需要二年以上的鳥種，其最後一年接近成鳥羽色稱之為亞成鳥。

成鳥：已達成鳥羽色，具有繁殖能力的鳥。

婚姻色：某些鳥類繁殖期嘴、眼先或腳裸皮部位會產生較鮮豔的顏色。

裸部：鳥體不長羽毛的部位，包括眼、嘴、蠟膜、腳、趾等。

背面：

鳥體所有朝上的部位，包括頭上、後頸、背部、腰部、翼、尾上覆羽、上尾面等。

腹面：

鳥體所有朝下的部位，包括喉、前頸、胸部、腹部、尾下覆羽、下尾面等。

飾羽：繁殖羽頭、頰、胸、背部裝飾的羽毛，如鷺科的簑狀飾羽。

縱斑、縱紋：與脊椎平行的斑紋。

橫斑、橫紋：與脊椎垂直的斑紋。

翼帶：翼基部或覆羽末端不同顏色形成的帶狀斑。

翼展：鳥類雙翼展開的長度。

翼鏡：

鴨類次級飛羽部位大多具有藍、綠或紫色金屬光澤，前後緣常有白、灰或紅的條紋；不同鴨種的翼鏡顏色相異，飛行時可做為識別依據。

翼窗：猛禽飛行時，飛羽基部羽色較淡，形成大片的淡色部分。

指叉：猛禽飛行時，最外側數枚初級飛羽長而分離，形成指狀分叉。

次端帶：羽緣內側或尾羽末端內側不同顏色的條帶。

顏盤：

鴟鴞科臉部有一圈特殊的羽毛，非常緊密地排布形成貌似貓臉的平面，具集音效果，可產生立體聽覺，並依靠這種聽力定位、捕食獵物。

額板：秧雞科董雞屬（*Gallicrex*）、黑水雞屬（*Gallinula*）和骨頂屬（*Fulia*）的前額具有與喙相連的角質物。

嘴甲（nail）：雁鴨上嘴尖端有一角質化結構，用來剪斷青草、豆殼或有甲殼的蝸牛等。

剛毛：某些鳥種嘴基部長有粗硬的羽毛。

楔形（wedge）：像是立體的三角形，類似蛋糕切成的形狀。

早成性：

雛鳥破殼時身體被有絨羽，兩眼睜開，2～3小時後絨羽漸乾，腳已能站立，並有視聽感覺，也能初步調節體溫，不久便能離巢追隨親鳥覓食，稱之為早成性或早熟性。

晚成性：

雛鳥孵化時，全身只有少許絨羽，翅小，腳弱，無法站立，張口閉眼，無法調節體溫，需要留在巢內，由親鳥抱溫、餵食一週以上，待體羽長滿，腳強翅大時，才離巢活動，謂之晚成性或留巢性鳥類。

外來種（引進種）：

非原產於臺灣的物種，而是經由各種人為管道來到臺灣的生物。外來種在新棲地存活、繁殖後，對該棲地原生種、環境、農業或人類造成傷害者，稱為入侵種。

古北界：包括歐洲、西伯利亞、非洲撒哈拉沙漠以北地區、西亞、中亞、日韓及中國除華南以外之地區。

東洋界：包括印度半島、中南半島、中國華南、臺灣及馬來群島。

雉科
Phasianidae

分布全球各地，大多為留鳥。為地棲性鳥類，大部分雌雄異色，某些種類雄鳥體型較大而豔麗；有的種類具冠或肉垂。嘴粗短，上嘴微曲，略長於下嘴；腳強而有力，有些種類雄鳥腳有距。棲息於原始森林或灌叢底層隱密處，部分種類夜棲於樹枝上。性羞怯、機警，喜於晨昏出沒，單獨或小群在林道上或林緣開闊處活動、覓食。雜食性，通常於地面漫步，啄食植物嫩芽、漿果及種籽，或以嘴、腳爪撥開地面之落葉或腐植層，啄食其中之昆蟲、蚯蚓等無脊椎動物。一夫一妻或一夫多妻制，以枯葉、細枝、羽毛等為巢材，營巢於地面、岩石隙縫等隱密處，少數於樹上營巢，由雌鳥或雌、雄鳥共同育雛，雛鳥為早成性。

臺灣山鷓鴣 *Arborophila crudigularis*

III　特有種　L22~25cm

屬名：山鷓鴣屬　　英名：Taiwan Partridge　　別名：深山竹雞、紅腳仔（臺）　　生息狀況：留／普

▲雄鳥喉紅斑明顯，脇白色軸斑細長。

| 特徵 |

- 雌雄同色，體型圓胖。虹膜深褐色，嘴灰黑色，腳紅色，尾極短。
- 額灰色，過眼線至後頸側及頸圈黑色，頸圈中央有紅斑，繁殖期雄鳥紅斑明顯。喉、頰、前頸乳白色。
- 頭頂至背大致灰褐色，有黑、灰褐色相間之鱗斑，翼有栗褐色與灰色相間橫帶。胸與體側藍灰色，腹至尾下覆羽乳白色，腹側有黑、灰色橫斑。
- 脇有白色軸斑，雄鳥軸斑細長，雌鳥軸斑粗短。

相似種

竹雞
- 腳灰黃色。
- 喉栗色。
- 腹以下有栗色鱗斑。
- 尾較長。

臺灣竹雞 *Bambusicola sonorivox*

屬名：竹雞屬　　英名：Taiwan Bamboo-Partridge　　別名：灰胸竹雞　　生息狀況：留／普

相似種

臺灣山鷓鴣
• 腳紅色。
• 頰、喉、頸部白色部分醒目。
• 胸藍灰色，腹乳白色。

▲常小群活動。

| 特徵 |

• 雄雌同色。虹膜褐色。嘴灰黑色。腳灰黃
色，雄鳥體型稍大，腳有距，雌鳥距小或
無。

• 臉、頸側至胸藍灰色，喉栗色。頭上有褐
色斑，背部灰褐色有栗色及白色斑點。

• 腹部至尾下覆羽黃褐色，有月牙形栗色鱗
斑，尾羽外側栗色。

| 生態 |

棲息於低至中海拔乾燥濃密樹林、灌叢底
層或草叢中，夜間喜棲息於樹上。群棲性，
常三五成群於林緣或林道旁地面活動，漫
步啄食地面食物。以漿果、種籽、嫩葉、
昆蟲等為食，常發出似「雞狗乖～雞狗乖
～」連續叫聲，飛行能力不佳，遇驚擾即
快步鑽入灌叢。

▲臉、頸側至胸藍灰色。

黑長尾雉 *Syrmaticus mikado*

II | 特有種 | ♂L87.5cm（尾49~53） | ♀L53cm（尾17~22.5）

屬名:長尾雉屬　　英名:Mikado Pheasant　　別名:帝雉　　生息狀況:留 / 不普

相似種

藍腹鷴
- 腳紅色。
- 雄鳥上背及中央尾羽白色。
- 雌鳥無白色軸斑，腹面為 V 形斑。

▲雄鳥發情時頭上兩側羽毛會聳起。

| 特徵 |
- 虹膜黃褐色。嘴灰黑色。腳灰色，雄鳥腳有距。
- 雄鳥全身藍黑色具光澤，羽緣深藍色。臉部裸皮紅色，翼帶白色，胸至腹有黑色斑點，尾羽甚長，有白色橫紋。
- 雌鳥體型較小，全身大致褐色，眼周紅色。背及胸、腹有黑斑及白色軸斑，腹部羽緣白色。尾羽短，紅褐色，有黑色橫紋及雜斑。

▲雄亞成鳥。

| 生態 |
棲息於中、高海拔山區坡度陡峭的針、闊葉混合林及針葉林底層，性謹慎、機警，領域性強，常於晨昏、薄霧或細雨中出現於林道或山區道路邊坡，攝取草籽、漿果、蕨芽、嫩葉、球根及昆蟲等爲食。於山區穿越馬路時昂首抬尾、不急不徐，因而博得「迷霧中的王者」美名。單獨、成對或小群活動，繁殖季雄鳥會伴隨雌鳥覓食，不時拍翅並發出刺耳叫聲。

▲雌鳥有白色軸斑。

雉科

▲常於山區橫越馬路。

▲晨昏出現於山區林道或邊坡。

▲雄鳥藍黑色具光澤。

環頸雉 *Phasianus colchicus formosanus*

Ⅱ 特有亞種　♀L60cm（尾30）
♂L80cm（尾45）

屬名：雉屬　　英名：Ring-necked Pheasant / Common Pheasant　　別名：臺灣雉、雉雞
生息狀況：特亞 / 稀，雜 / 不普，引進種 / 普（金門）

相似種

藍腹鷳、黑長尾雉
- 藍腹鷳與黑長尾雉出現於較高海拔地帶，羽色偏暗藍或黑色。
- 金門之環頸雉全身大致紅褐色，白色頸環缺口較窄。

▲臺灣原生特有亞種逐漸消失。

| 特徵 |
- 雄鳥虹膜黃色，雌鳥紅褐色。嘴、腳淡青灰色，雄鳥腳有距。
- 雄鳥頭至頸部為帶光澤的暗藍綠色，後頭灰色，兩側有藍色羽冠，白色頸環在前頸形成缺口，臉部裸皮及肉垂紅色。背黑白交錯，肩羽紅褐色有白斑，翼灰色有褐斑，腰、尾上覆羽銀灰色，尾羽灰褐色甚長，有暗褐橫紋。胸暗紅褐色，有黑色鱗斑，腹中央黑褐色，脇灰白色有黑色斑點。
- 雌鳥體型較小，眼周裸皮紅色。全身大致淡褐色，後頸有紅褐色斑紋，背面密布黑褐色斑點，尾羽有暗褐色橫紋。

▲分布於東部之環頸雉雄鳥。

| 生態 |
棲息於平地至丘陵之開闊草地、灌叢、蔗園、旱田等地帶，喜於乾燥之草叢間活動，攝取種籽、穀類、嫩葉及昆蟲等為食。腳強健，擅奔走，少飛行，警戒時抬頭翹尾，遇險時會作短距離飛行竄離。雄鳥宣示領域時常拍翅並發出「嘓～嘓～」鳴聲。因棲地破壞、獵捕壓力，亟待保育，現僅中部大肚山、嘉南、高屏及花東地區之蔗園、草地、山坡地尚有少數族群。金門之環頸雉為 *torquatus* 華東亞種，經引進歸化成為普遍留鳥，開闊草地、灌叢及旱田地帶常見。

雉科

▲分布於嘉南之環頸雉。

▲金門的環頸雉為引進之 *torquatus* 華東亞種。

▲雄鳥宣示領域時常拍翅並發出「嘓~
嘓~」鳴聲。　▲由雌鳥負責育雛。

藍腹鷴 *Lophura swinhoii*

屬名：鷴屬　　英名：Swinhoe's Pheasant　　別名：藍鷴、山雞　　生息狀況：留/不普

雉科

▲雄亞成鳥及雌鳥。

| 相 | 似 | 種 |

黑長尾雉
•腳灰色。
•雄鳥全身藍黑色，尾
　羽有白色橫紋。
•雌鳥有白色軸斑。

| 特徵 |

• 虹膜黃褐色。雄鳥嘴淡灰黃色，雌鳥嘴鉛灰色。腳
　紅色，雄鳥腳有距。
• 雄鳥全身暗藍色具光澤。頭上冠羽雜有白色羽毛，
　臉部裸皮及肉垂紅色。上背白色，肩羽紫紅色，覆
　羽羽緣藍色，翼偏褐。腰至尾上覆羽羽緣亮藍色，
　尾羽甚長，中央2枚白色。
• 雌鳥體型較小，臉部裸皮紅色。背面黑褐色，有黃
　褐色三角形斑，翼有黃褐色橫帶。上尾羽黑褐色有
　黑白相間橫紋，下尾羽栗紅色。腹面黃褐色，密布
　V形斑。

▲雄鳥全身暗藍色具光澤。

| 生態 |

棲息於中、低海拔之原始闊葉林、混生林或竹林底層，
喜於略為潮溼有枯葉覆蓋之地面活動。性羞怯、機警，
常於晨昏、濃霧或光線昏暗時沿著熟悉的路徑出現在
林道上或林緣開闊處覓食。主食昆蟲、植物嫩芽、漿
果、種籽等，常以腳爪耙開地面之腐植層啄食昆蟲或
蚯蚓。一夫多妻制，於隱密地面、石隙間、倒木下或
低樹洞築巢，由雌鳥負責育雛，雛鳥為早熟性。

▲雌鳥眼周紅色。

▲雄鳥羽色亮麗，發情時會聳起白色冠羽。

▲雄幼鳥。

▲雌鳥攜雛鳥覓食。

◀繁殖期臉部肉冠會膨脹。

鳩鴿科
Columbidae

廣布世界各地，大部分為留鳥，少數為遷徙性候鳥，臺灣有9種繁殖。生活於各種環境，頭小，嘴、腳皆短，胸肌強健，利於飛行，多數會發出「咕～咕」叫聲，以宣示領域。以果實、種籽為食，少數會吃昆蟲、蠕蟲、螺等，有的種類會吃小石子幫助消化。採一夫一妻制，有些會表演求偶展示飛行，以樹枝築巢，雌雄共同孵卵、育雛。育雛時，親鳥會先將食物消化成「鴿乳」餵食雛鳥，雛鳥為晚成性。

野鴿 *Columba livia*

L29~35cm

屬名：鴿屬　　　英名：Rock Pigeon　　　別名：原鴿、家鴿、粉鳥　　　生息狀況：引進種／普

▲野鴿羽色有多種變異。

| 特徵 |
- 雌雄同色。虹膜橘褐色。嘴黑色，蠟膜白色。腳紫紅色。
- 羽色有多種變異，較常見者似一般家鴿，頭、背面灰藍色，頸及胸部具紫綠色光澤，有二道黑色翼帶，腰白色，尾端有黑色橫斑。

| 生態 |
為家鴿逸出後之野生族群，原生種分布於北非、南歐、中東、中亞、南亞等地區，經馴化後引種至世界各地。結群活動，飛行快速，常於地面走動覓食，於公園啄食遊客餵食的食物，在野外則攝取穀類、草籽、嫩葉等為食，容易適應城市生活。築巢於樹上、大樓冷氣孔、陽臺、頂樓水塔等隙縫。因繁殖能力強，都會公園野鴿數量成長快速，易衍生環境衛生等問題。

灰林鴿 *Columba pulchricollis*

屬名:鴿屬　　英名:Ashy Wood-Pigeon　　別名:山粉鳥（臺）　　生息狀況:留／不普

相｜似｜種

黑林鴿
• 全身黑色，頸部無淡肉色頸環。

鳩鴿科

▲頸部有淡肉色豎起硬羽。

| 特徵 |
• 雌雄同色。虹膜灰白色。嘴灰綠，基部紫色。腳紅色。
• 成鳥頭灰色，背及覆羽暗灰色，翼、尾羽黑色。喉中央白色，頸部有淡肉色豎起硬羽，後頸羽基黑色形成條斑，下頸、上背具紫色或綠色金屬光澤。胸至上腹灰色，下腹、尾下腹羽灰白色。
• 幼鳥羽色較淡，有暗色羽緣，嘴黑褐色，嘴基無紫色。

▲樹棲性，喜隱身於高樹上。

| 生態 |
分布於喜馬拉雅中部、緬甸、泰國西北、寮國北部、中國南部及臺灣。棲息於中海拔山區闊葉林，冬季會降遷至低海拔山區。樹棲性，喜隱身於高樹上，聲音為低沉的「呼～」聲。單獨、成對或小群活動，有時多達數百隻，因而有些地方以粉鳥林為地名。北部地區較少出現。性羞怯，遇驚擾即快速飛離，會發出強勁拍翅聲。以核果、漿果、穀物為食。

▲於地面撿食樟樹果實。

黑林鴿 *Columba janthina*

L37~43.5cm

屬名:鴿屬　　英名:Japanese Wood-Pigeon　　別名:烏鳩、黑果鴿　　生息狀況:迷

▲後枕、頸側具紫色光澤,楊永利攝。

▲幼鳥頸部紫色光澤不明顯。

| 特徵 |

• 雌雄同色。虹膜深褐色。嘴深藍,先端淡黃色。腳紅色。

• 全身黑色,頸至胸具綠色金屬光澤,後枕、頸側至背部具紫色光澤。頸、尾皆長。

| 生態 |

為島嶼性鳥種,分布於日本、韓國沿海離島,最接近臺灣的繁殖地為琉球群島南端島嶼,飛行能力強,可飛越海洋於島嶼間尋找食物。出現於海岸及離島濃密闊葉林中,單獨或小群活動,於樹上或地面啄食果實、種籽為食。臺灣以北部及東部海岸、龜山島、蘭嶼、綠島紀錄較多,其中龜山島常有紀錄,可能為該島稀有留鳥。

▲出現於海岸及離島濃密闊葉林中,呂宏昌攝。

相 似 種

灰林鴿

• 體型較小,灰色,頸部具淡肉色頸環。

白喉林鴿 *Columba vitiensis*

L 37~41cm

屬名：鴿屬　　英名：Metallic Pigeon　　生息狀況：迷

▲頸側、胸至腹栗色，楊永鑫攝。

| 特徵 |
- 雌雄同色。虹膜橙或紅色，眼眶紅褐色。嘴紫紅色，嘴尖白色。腳紫紅色。
- 額、頭上、頸側、胸至腹栗色，帶紫色光澤，背及覆羽、翼、尾羽深灰色，後頸藍綠色有金屬光澤。喉、頰白色。

| 生態 |
分布於印尼東部、婆羅洲北部、菲律賓群島、所羅門群島、新幾內亞、斐濟及西南太平洋島嶼。棲息於熱帶雨林、次生林、農林及鄉村公園，以植物果實、葉芽和種籽為食，亦食昆蟲、軟體動物等。通常於樹林、灌叢中活動覓食，偶爾至地面。飛行強勁有力、拍翅穩定。臺灣 2019 年 9 月墾丁有一筆紀錄，混群於赤腹鷹中飛行。

▲喉、頰白色醒目，楊永鑫攝。

| 相似種 |

灰林鴿
- 灰林鴿頭灰色，頰無白色，胸至上腹灰黃色，下腹、尾下腹羽灰白色。

金背鳩 *Streptopelia orientalis orii*

特有亞種　L33~35cm

屬名：斑鳩屬　　英名：Oriental Turtle-Dove　　別名：山斑鳩、大花斑（臺）

生息狀況：留／普，冬／普（金門）

▲背面有紅褐色鱗狀羽緣。

| 特徵 |

• 雌雄同色。虹膜橙色。嘴灰色。腳紫紅色。

• 頭、頸、胸、腹大致為淡紫褐色，頸側有黑、灰相間條紋。背面覆羽黑色，有紅褐色鱗狀羽緣。尾羽黑褐色，末端淺灰色。下腹、尾下覆羽灰色。

| 生態 |

分布於平地至低海拔山區、丘陵地帶，單獨或成對出現於疏林、公園或農地，於林下或耕地漫步覓食穀類、草籽、嫩葉及漿果。繁殖期雄鳥有展示飛行行為，常振翅垂直升空，然後前伸雙翼、張開尾羽成弧線滑翔。築巢於樹上成淺盤狀，以樹枝、枯葉為巢材，雌雄共同孵卵、育雛。本種金門、馬祖亦有分布，應為指名亞種 *orientalis*。

▲攝於金門，應為指名亞種 *orientalis*。

相似種

珠頸斑鳩

•頸側至後頸黑色，有明顯之白色斑點。

•背面無紅褐色鱗狀羽緣。

灰斑鳩 *Streptopelia decaocto*

屬名：斑鳩屬　　英名：Eurasian Collared-Dove　　生息狀況：引進種／稀，迷（金門）

鳩鴿科

▲虹膜及腳紅色。

| 特徵 |

• 雌雄同色。虹膜紅色。嘴黑色。腳紅色。
• 全身淡灰褐色，後頸有黑色半頸環，外緣白色。背部羽色較深，
  外側尾羽及尾端白色。

| 生態 |

源自印度，被引進後廣布歐洲、東北非、中亞、中國、日本、北美
洲等地區，適應力極佳，可輕易在市郊繁衍，出現於郊區村莊、農
田，喜停棲於房屋、電線上。不甚懼人，取食於地面，以穀類、種
籽等為主食。本種於金門有紀錄，臺灣本島發現者大多為逸鳥。

相似種

紅鳩

• 體型較小。
• 體色偏紫紅。
• 虹膜暗褐色。
• 腳黑色。

紅鳩 *Streptopelia tranquebarica*

L20.5~23cm

屬名：斑鳩屬　　英名：Red Collared-Dove　　別名：火斑鳩、火鳩（臺）　　生息狀況：留／普

相似種

珠頸斑鳩、灰斑鳩

• 珠頸斑鳩體型較大，
頸側至後頸黑色，
有明顯之白色斑點，
尾下覆羽灰色。

• 灰斑鳩體型較大，
全身淡灰褐色，虹
膜、腳紅色。

▲雄鳥背覆羽、頸、胸至上腹紫紅褐色。

| 特徵 |

• 虹膜暗褐色。嘴、腳黑色。

• 雄鳥頭灰色，後頸有黑色半頸環，背覆羽、
頸、胸至上腹紫紅褐色，飛羽黑色。腰、
尾上覆羽、下腹、脇鼠灰色，尾下覆羽白
色。

• 雌鳥大致似雄鳥，但背面褐色較濃，腹面
羽色較淡。

• 幼鳥似雌鳥，但背面覆羽有淡色羽緣。

| 生態 |

分布於南亞、東南亞、中國華中、華南及
菲律賓，出現於平地至中、低海拔之樹林、
公園或農地，為鳩鴿科中最小型的鳥種。
群棲性，常成群停棲於樹林中上層或電線
上，取食於地面，以穀類、種籽為主食，
飛行呈直線。

▲雌鳥背面褐色較濃，腹面羽色較淡。

▲幼鳥覆羽具淡色羽緣。

珠頸斑鳩 *Streptopelia chinensis*

屬名：斑鳩屬　　英名：Spotted Dove　　別名：斑頸斑鳩、斑甲（臺）　　生息狀況：留／普

相似種

紅鳩
• 體型較小。
• 尾下覆羽白色，尾羽較短。

▲單獨或成對出現於樹林、公園或農地。

▲頸側至後頸黑色，有白色斑點形成頸環。

| 特徵 |
• 雌雄同色。虹膜橘黃色。嘴黑色。腳紅色。
• 成鳥頭頂灰色，頸側至後頸黑色，有圓珠形白色斑點形成頸環，背面灰褐色，羽緣淡色。腹面淡紫褐色，尾略長，尾下覆羽灰色。
• 幼鳥羽色較淡，無頸環，隨成長頸環越來越明顯。

| 生態 |
分布於南亞、中國及東南亞，棲息於平地至低海拔平原、丘陵地帶，單獨或成對出現於樹林、公園或農地，不甚懼人，取食於地面，以穀類、種籽、果實等為主食。飛行呈直線，繁殖期雄鳥有展示飛行行為，振翅升空後前伸雙翼，張開尾羽滑翔；亦會豎起珠頸羽毛，向雌鳥點頭展示。築巢於樹上成淺盤狀，以樹枝、枯葉為巢材，雌雄共同孵卵、育雛。

鳩鴿科

49

斑尾鵑鳩 *Macropygia unchall*

屬名：鵑鳩屬　　英名：Barred Cuckoo-Dove　　別名：花斑咖追　　生息狀況：迷

鳩鴿科

相似種

長尾鳩
•長尾鳩頭、頸、胸紫栗褐色，後頭至後頸無亮藍綠色，背及腹面無橫紋。

▲背、翼覆羽、腰至尾羽黑褐色，滿布紅褐色橫紋，羅永輝攝。

| 特徵 |
•虹膜淡黃至淺褐色，嘴黑色，腳紅色。
•雄鳥後頭至後頸亮藍綠色，背、翼覆羽、腰至尾羽黑褐色，滿布紅褐色橫紋。腹面灰色，喉、胸偏粉褐，至尾下覆羽漸白，有黑褐及白色相間橫紋。
•雌鳥似雄鳥，但頸、背亮藍綠色較不明顯。

| 生態 |
分布於克什米爾地區、印度、尼泊爾至緬甸、中南半島、馬來半島、印尼及中國華南等地，棲息於山區、丘陵樹林中，結小群活動，以核果、漿果、穀物為食，偶爾會在開闊林間地面覓食。常疾速穿越樹冠層，落地時尾羽上舉。

▲棲息於山區、丘陵樹林中，結小群活動，羅永輝攝。

長尾鳩／菲律賓鵑鳩 *Macropygia tenuirostris*

III L38.5cm

屬名：鵑鳩屬　　英名：Philippine Cuckoo-Dove　　別名：烏鵑鳩、Ivoao（達悟族語）
生息狀況：留／不普（蘭嶼）

鳩鴿科

▲雄鳥頭、頸、胸以下大致為紫栗褐色。

| 特徵 |

• 虹膜灰白色。嘴灰褐色。腳紅色。
• 雄鳥頭、頸、胸以下大致爲紫栗褐
　色，背、翼及尾羽暗灰褐色。尾羽
　甚長，外側有紫栗褐色橫斑。
• 雌鳥似雄鳥，但後枕至頸側有暗色
　細橫紋，下喉至胸具不規則暗色斑。

| 生態 |

分布於菲律賓北部群島及蘭嶼，臺灣
屏東、臺東偶見。棲息於茂密之熱帶
雨林中，樹棲性，單獨或二～三隻活
動，性懼人，鳴聲爲低沉的「伊～喔
哇喔」，音量大而奇特。體型大而笨
重，飛行拍翅時會發出很大的響聲，
以各種植物果實爲食。由於族群稀
少，有待保育。

▲棲息於茂密之熱帶雨林中。

翠翼鳩 *Chalcophaps indica*

L23~27cm

屬名:翠翼鳩屬　　英名:Asian Emerald Dove　　別名:綠背金鳩、林鮫鳥（臺）　　生息狀況:留／普

▲雄鳥頭上至後頸灰色，額、眉線銀灰色。

| 特徵 |

• 虹膜暗褐色。嘴鮮紅色。腳紫紅色。

• 雄鳥頭上至後頸灰色，額、眉線銀灰色，頭、頸至胸以下紫褐色。肩羽、覆羽綠色而有橙黃色金屬光澤，肩羽有白色羽尖。下背至腰黑褐色，有2條灰色橫帶，尾上覆羽紫褐色，尾羽黑褐色，外側尾羽基部灰白色。

• 雌鳥大致似雄鳥，但全身羽色較暗，額灰褐色，頭上至後頸深褐色，肩羽白色羽尖較小。

▲雌鳥額灰褐色，頭上至後頸深褐色，胸褐色。

| 生態 |

分布於印度、中國華南、東南亞至澳洲，棲息於平地至低海拔樹林、海岸防風林中。地棲性，單獨或成對於樹林底層、林緣及山徑活動，常於林徑離地2～3米快速低飛，遇驚擾時會在林中快速閃避飛行，穿林而過，起飛振翅有聲。主要於地面撿食掉落地上的漿果、種籽等為食，兼食昆蟲、螺及植物嫩芽。

▲雄幼鳥羽色較黯淡，嘴先黑褐色。

斑馬鳩 *Geopelia striata*

屬名:姬地鳩屬　　英名:Zebra Dove　　別名:斑姬地鳩　　生息狀況:引進種 / 稀

相似種

紅鳩、灰斑鳩
・後頸有黑色半頸環,頸及胸、腹部無黑白相間的細條紋。

▲頸及胸、腹部兩側有黑白相間的細條紋。

| 特徵 |

・虹膜淡藍色,眼圈白色,嘴灰藍色,腳暗粉紅色。
・雌雄同色。額、頰及喉灰藍色,後頭至枕褐色,背及翼覆羽粉褐色有黑色羽緣。胸、腹中央粉紅色,頸及胸、腹部兩側有黑白相間的細條紋。尾長,尾羽深褐色,尾下覆羽白色。
・幼鳥體色較淡,背面有褐色或白色羽緣。

▲斑馬鳩於高雄衛武營有穩定族群。

| 生態 |

本種原生分布於泰國、緬甸南部、馬來半島、菲律賓群島、印尼蘇門達臘島及爪哇島等地,被引進至世界各地。生活於海拔900米以下乾燥林地、灌叢、樹林、農地、公園及城鎮。取食於地面,以穀類、種籽為主食,亦食昆蟲。適應力強,繁衍速度快,2006年高雄鳳山衛武營都會公園開始出現,有穩定繁殖紀錄。

▲取食於地面,以穀類、種籽為主食,亦食昆蟲。

橙胸綠鳩 *Treron bicinctus*

L28~29cm

屬名:綠鳩屬　　英名:Orange-breasted Green-Pigeon　　生息狀況:迷

鳩鴿科

▲雄鳥，沈其晃攝。

| 特徵 |

• 虹膜內環藍色，外環紫紅色。嘴灰藍色。腳紅色。
• 雄鳥前頭、頰及喉黃綠色，後頭至後頸、頸側藍灰色。背、肩羽、翼覆羽黃綠色，覆羽外緣黃色。初級飛羽黑褐色。下頸紫藍色，胸部橙色，腹黃綠色，尾下覆羽紅褐色，尾灰色。
• 雌鳥大致似雄鳥，但胸為黃綠色，尾下覆羽紅褐色較淡。

| 生態 |

分布於印度、斯里蘭卡、緬甸、中南半島、海南島、馬來半島及爪哇等地，均為當地留鳥。成對或小群活動，喜低海拔林地，主食漿果、堅果、種籽及嫩葉。臺灣僅 1911 年嘉義附近一筆紀錄。

厚嘴綠鳩 *Treron curvirostra*

屬名:綠鳩屬　　英名:Thick-billed Green-Pigeon　　別名:粗嘴綠鳩、青咖追　　生息狀況:迷(馬祖)

鳩鴿科

相似種

綠鳩
•體型較大,嘴灰藍色較細長,無醒目黃色翼斑。

▲雄鳥虹膜外圈橙色,眼周裸皮銅綠色醒目,張俊德攝。

| 特徵 |

• 虹膜內圈暗褐色,外圈橙色,眼周裸皮銅綠色。嘴厚短,乳黃色,嘴基紅色。腳緋紅色。

• 雄鳥頸、胸、腹、尾大致欖綠色,額及頭頂灰色,後頸略灰,背及翼覆羽紫紅色,翼黑色,具黃色羽緣及醒目黃色翼斑。下腹略灰,具不規則白色寬羽緣,尾下覆羽紅褐色。

• 雌鳥似雄鳥,但綠色較濃,背及翼覆羽深綠色,尾下覆羽欖綠色,具白色羽緣。

| 生態 |

分布於印度西北、尼泊爾、中南半島、馬來半島、印尼、菲律賓及中國雲南、廣東、廣西、海南等地。棲息於熱帶及亞熱帶山地丘陵之原始林、闊葉林與次生林中,常出現於果林中,嗜食榕樹果實,多早晚活動,具極佳保護色。

▲雌鳥綠色較濃,背及翼覆羽深綠色,張俊德攝。

綠鳩 *Treron sieboldii*

屬名：綠鳩屬　　英名：White-bellied Green-Pigeon　　別名：紅翅綠鳩　　生息狀況：留／普

鳩鴿科

相似種

紅頭綠鳩
• 胸、腹均為黃綠色。
• 尾羽為一致的深綠色。
• 雄鳥頭上橙紅色。

▲雄鳥中、小覆羽紫紅色。

| 特徵 |
• 虹膜內環藍色，外環紫紅色。嘴灰藍色。
　腳紫紅色。
• 雄鳥頭、頸至胸黃綠色，額、胸略帶橙色，
　老成鳥額頭橙色較濃。背面大致綠色，
　中、小覆羽紫紅色，大覆羽羽緣白色，翼
　及外側尾羽黑色。腹以下淡黃白色，脇及
　尾下覆羽有暗灰綠色軸斑。
• 雌鳥大致似雄鳥，但額、胸不帶橙色，中、
　小覆羽深綠色。

▲於樹林中上層覓食，極少於地面活動。

| 生態 |
分布於日本、中國東部、中部及南部、中
南半島及臺灣，棲息於平地至中海拔闊葉
林中，冬季會降遷到低海拔山區。樹棲性，
喜群居，具極佳的保護色，常數隻或成群
於樹林中上層覓食，極少於地面活動。主
食漿果、堅果、種籽及嫩葉，會發出低沉
的「嗚～哇嗚」叫聲。以樹枝築巢於樹木中、
上層，巢呈淺盤狀，雌雄共同營巢、抱卵
及育雛。

▲雌鳥，保護色極好。

紅頭綠鳩 *Treron formosae formosae*

II　特有亞種　L33~35cm

屬名：綠鳩屬　　英名：Whistling Green-Pigeon　　別名：紅頂綠鳩　　生息狀況：留／稀

相似種

綠鳩
• 體外側尾羽黑色，腹部黃白色。
• 雄鳥頭上無橙紅色（但老成雄鳥帶橙色）。

▲成對或小群於樹冠層活動。

| 特徵 |

• 虹膜內環藍色，外環紫紅色。嘴灰藍色。腳紅色。
• 雄鳥頭、頸、胸至腹黃綠色，頭上橙紅色延伸至後頭。背面大致暗綠色，中、小覆羽紫紅色，大覆羽羽緣白色，翼黑色，尾羽濃綠色。脇及尾下覆羽有暗灰綠色斑，羽緣淡黃綠色。
• 雌鳥大致似雄鳥，但頭上不帶橙紅色，中、小覆羽暗綠色。

▲雄鳥頭上帶橙紅色。

| 生態 |

分布於臺灣、琉球群島及菲律賓北部群島，為島嶼性鳥種，出現於濃密闊葉林中，具極佳的保護色，觀察不易。樹棲性，喜群居，成對或小群於樹冠層活動，以漿果、種籽為主食，會發出低沉的「嗚～嗚伊嗚」叫聲。臺灣多出現於東部、南部、蘭嶼及綠島，其中蘭嶼地區族群較為穩定，屏東穎達農場、墾丁公園近來有較多紀錄。

▲雌鳥頭上不帶橙紅色。

鳩鴿科

小綠鳩 / 黑頦果鳩 *Ptilinopus leclancheri*

L26~28cm

屬名：果鳩屬　　英名：Black-chinned Fruit-Dove　　別名：黑頦綠鳩　　生息狀況：冬 / 稀

▲雄未成鳥。

▲雄鳥頦黑色，頭、頸、上胸灰白色，陳建源攝。

| 特徵 |
- 虹膜紅色。嘴黃色。腳紅色。
- 雄鳥頦黑色，頭、頸、上胸灰白色。後頸、背面綠色，具橙黃色光澤，翼黑色。下胸有紫褐色橫帶，腹灰綠色，尾下覆羽栗色。
- 雌鳥大致似雄鳥，但額至前頭灰綠色，後頭、頸、胸綠色，胸帶不明顯。
- 幼鳥似雌鳥，但頦不黑、無胸帶。

| 生態 |
分布於菲律賓群島及臺灣，棲息於低海拔熱帶林中。生性害羞，保護色極佳，不易發現，以植物果實為食，為純食果性鳥類，會尋找與跟隨食物移動。本種在屏東、墾丁、宜蘭、臺南及蘭嶼都有紀錄，其生息狀況傾向為稀有留鳥，但不排除遷徙性迷鳥之可能。

▲雌鳥胸帶不明顯。

▲幼鳥似雌鳥，但頦不黑。

> 相似種
>
> **綠鳩**
> - 頭、頸至胸黃綠色，無胸帶。
> - 尾下覆羽非栗色。

杜鵑科
Cuculidae

分布世界各地。體型修長，大多雌雄同色，嘴先端下鉤，尾長，腳趾為前後各 2 之對趾。主要棲息於樹林、灌叢、草叢中，以昆蟲、爬蟲類、小型脊椎動物、植物之果實為食，多數種類以昆蟲為主食，偏好鱗翅目幼蟲。通常單獨活動，鳴聲單調，多數種類不築巢，不育雛，行托卵寄生於其他鳥種巢中，由寄主代為孵蛋、育雛，雛鳥為晚成性。

褐翅鴉鵑 *Centropus sinensis*

L47~52cm

屬名：鴉鵑屬　　英名：Greater Coucal　　生息狀況：留／普（金門），留／不普（馬祖）

| 相 | 似 | 種 |

番鵑
• 虹膜黑褐色。
• 體型較小，體羽黑色。

▲成鳥頭、胸、腹、尾藍黑色，翼及覆羽紅褐色。

| 特徵 |

• 雌雄同色。嘴、腳黑色。
• 成鳥虹膜紅色，頭、胸、腹、尾藍黑色具光澤，肩、翼及覆羽紅褐色。
• 亞成鳥虹膜灰色，體羽灰黑色，頭、頸、胸具細白斑，胸以下、尾上覆羽、尾羽有白色細橫紋。肩、翼及翼覆羽紅褐色，有黑色橫斑。

| 生態 |

分布於南亞、東南亞一帶，為金門普遍留鳥。喜林緣、次生灌木叢，常單獨或成對於地面、灌叢或矮樹間活動。不擅飛翔，多短距離跳躍行走，

▲亞成鳥，體羽灰黑色，具細白斑及橫紋。

被迫時才鼓翅起飛，速度緩慢。性謹慎，遇驚擾即遁入灌叢、草叢中。雜食性，以昆蟲、小型動物為食，亦食草籽、果實。繁殖季偶可聽到低悶的「boop、boop、boop、boop～」或「叩、叩、叩、叩～」鳴聲。

番鵑 / 小鴉鵑 *Centropus bengalensis*

屬名 : 鴉鵑屬　　英名 : Lesser Coucal　　生息狀況 : 留／普，留／稀（金門）

相似種

褐翅鴉鵑
• 虹膜紅色，體型較大。
• 體羽藍黑色具光澤。

▲ 求偶時有獻食行為。

| 特徵 |

• 雌雄同色。虹膜黑褐色。腳黑色。
• 繁殖羽嘴黑色略下彎，頭、胸、腹及尾黑色，頭、頸有淡色羽軸。背、翼及覆羽橙紅褐色，覆羽羽軸黃白色。尾長，尾羽末端羽緣淡色。
• 非繁殖羽嘴肉色至黃褐色，頭、背面大致黃褐色，羽軸白色。尾羽褐色，有黑色橫斑，外側尾羽黑色。胸以下淡黃褐色，胸有褐色細縱斑，腹至尾下覆羽有暗褐色粗橫斑。
• 幼鳥似非繁殖羽，但頭、頸有黑色縱斑，背面有黑褐色橫斑。

▲ 成鳥繁殖羽背、翼及覆羽橙紅褐色。

| 生態 |

分布於中國南部、海南島、臺灣及東南亞，出現於平地至低海拔山區之平原、農耕地、河床等空曠地帶之樹叢、灌木叢、高莖草叢、甘蔗園。性羞怯機警，單獨或成對於草端或灌叢跳躍覓食，不擅飛行，常作短距離低空滑翔。雜食性，以大型昆蟲、蜥蜴、青蛙、小蛇及植物漿果等為食。叫聲為深沉空洞的「叩、叩、叩～」、「嘓、嘓、嘓～」如敲竹筒聲。繁殖期為 4 ～ 10 月，不托卵，自行築巢、孵蛋及育雛。求偶時有獻食行為，以芒草、蘆葦、甘蔗等長草或枯枝為巢材，築巢於 1 ～ 2 米高濃密草叢中。

▲ 成鳥非繁殖羽嘴肉色，頭、背面大致黃褐色，羽軸白色。

杜鵑科

冠郭公 / 栗翅鳳鵑 *Clamator coromandus*

L45~47cm

屬名:鳳鵑屬　英名:Chestnut-winged Cuckoo　別名:紅翅鳳頭鵑
生息狀況:過 / 稀,夏 / 不普（金門）

杜鵑科

▲過境期偶見於海岸及離島樹林。

▲成鳥頭黑色,後頭有豎冠羽。

| 特徵 |
- 雌雄同色。虹膜暗紅褐色。嘴、腳黑色。
- 成鳥頭黑色,後頭有豎冠羽,後頸有白色頸環。背、腰及尾羽藍黑色具光澤;翼短,栗褐色。喉至上胸橙褐色,下胸至腹白色,尾下覆羽黑色。尾羽甚長,外側尾羽末端白色。
- 飛行時,黑色的背及尾羽與栗褐色飛羽對比明顯。
- 幼鳥背羽具棕色鱗斑,喉及胸偏白。

| 生態 |
繁殖於印度北部、中南半島北部、中國華中、華南,冬季遷徙至印度南部、馬來半島、菲律賓及印尼群島等地,生活於低矮灌叢中,繁殖時托卵於噪眉類巢中。以昆蟲、毛蟲、蜘蛛等為食,過境期偶見於海岸及離島樹林中。

▲飛行快速。

相似種

番鵑
- 後頭無冠羽。
- 後頸無白色頸環。
- 腹面黑色。

61

斑翅鳳頭鵑 *Clamator jacobinus*

L31~34cm

屬名:鳳鵑屬　　英名:Pied Cuckoo　　別名:斑鳳頭郭公、斑鳳頭鵑　　生息狀況:迷

▲幼鳥嘴基黃色,腹面皮黃色。

| 特徵 |
- 雌雄同色。虹膜暗褐色,嘴黑色,腳灰黑色。
- 成鳥頭、後頸至背、腰、翼及尾羽黑色,後頭有豎冠羽,初級飛羽基部具白斑。喉、胸、腹至尾下覆羽白色。尾羽甚長,末端白色。
- 幼鳥似成鳥,但嘴基黃色,腹面皮黃色。
- 飛行時,初級飛羽基部及尾羽末端白斑明顯。

| 生態 |
分布於非洲、土耳其、伊朗至印度、緬甸及中國西藏等地,棲息於樹林、竹林、開闊地帶的疏林、低矮灌叢中,以昆蟲、毛蟲、蜘蛛等為食,遷徙性強,2013年5月臺東成功有一筆紀錄。

▲初級飛羽基部具白斑。

噪鵑 *Eudynamys scolopaceus*

屬名:噪鵑屬　　英名:Asian Koel　　別名:鬼郭公　　生息狀況:夏、過／稀／夏／普(金門)

相[似][種]

番鵑
•非繁殖羽背面黃褐色，
　有白色羽軸。

▲雄鳥全身黑色而有藍綠色光澤。

| 特徵 |

• 虹膜紅色。嘴粗，灰綠或灰黃色。腳藍灰
　色。
• 雄鳥全身黑色而有藍色光澤。
• 雌鳥頭、背面暗褐色，頭上至背面滿布白
　斑，尾羽有淡褐色橫斑。腹面汙白色，喉
　至上胸有黑色縱斑，下胸以下有黑色橫
　斑。

| 生態 |

分布於印度、中南半島、中國華南、海南
島、東南亞及澳洲，主要爲留鳥，部分會
遷徙。出現於海岸、離島之防風林、樹林
上層，性隱密，常躲在茂密的樹林中鳴叫，
鳴聲爲響亮的「可吾～可吾～」聲，不斷
重複，速度音調漸高。托卵寄生於其他鳥
種巢中，以果實、種籽爲主食，兼食昆蟲。

▲雌鳥頭上至背滿布白斑。

▲臺灣藍鵲餵食噪鵑托卵寄生的雛鳥。

杜鵑科

八聲杜鵑 *Cacomantis merulinus*

L18~23cm

屬名：八聲杜鵑屬　　英名：Plaintive Cuckoo　　生息狀況：過 / 稀

▲成鳥下胸以下橙褐色。

| 特徵 |
- 虹膜緋紅色。嘴黑色，下嘴基黃色。腳黃色。
- 雄鳥頭、頸至上胸灰色，背、翼灰褐色，尾黑色。下胸以下橙褐色，尾下有白色橫紋。
- 雌鳥灰色型似雄鳥。赤色型頭及背面赤褐色，腹面白色，喉、胸略帶紅褐色，全身具黑褐色橫斑。

| 生態 |
分布於印度、中國南部、中南半島、印尼及菲律賓群島，主要為留鳥，部分會遷徙。生活於平地至丘陵地帶之開闊林地、次生林及農地附近樹林，攝取毛蟲、昆蟲、蜘蛛等為食。

相 似 種

北方鷹鵑
- 頭、背面灰黑色，頦黑色，喉白色。
- 胸、腹淡紅褐色。

▲雌鳥赤色型，全身具黑褐色橫斑。

▲生活於平地至丘陵地帶之開闊林地。

方尾烏鵑 *Surniculus lugubris*

L25cm

屬名:烏鵑屬　　英名:Square-tailed Drongo-Cuckoo　　別名:卷尾鵑　　生息狀況:迷,過／稀(金、馬)

▲烏鵑外形似卷尾,但習性及動作不同。

| 特徵 |
- 虹膜黑褐色。嘴黑色。腳灰黑色。
- 全身藍黑色具金屬光澤,後頭有小白斑,尾下覆羽及外側尾羽具白色橫斑,尾羽張開如卷尾。
- 幼鳥具不規則的白色點斑,金屬光澤不明顯。

| 生態 |
分布於印度、中國、東南亞及南洋群島,有留鳥及候鳥,生活於平原、丘陵之疏林、林緣及灌叢。喜食毛蟲,性羞怯,外形似卷尾,但習性、動作不同。

相似種

大卷尾、小卷尾及噪鵑
- 大卷尾及小卷尾嘴較粗短,尾下覆羽及外側尾羽無白色橫斑。
- 噪鵑體型較大,虹膜紅色。

▲成鳥全身藍黑色具金屬光澤。

65

鷹鵑 *Hierococcyx sparverioides*

L38~40cm

屬名:鷹鵑屬　　英名:Large Hawk-Cuckoo　　別名:大慈悲心鳥　　生息狀況:夏/普,過/稀(金、馬)

相 似 種

四聲杜鵑、鳳頭蒼鷹及松雀鷹等鷹屬猛禽亞成鳥

• 四聲杜鵑喉、胸灰色,不具縱斑。
• 鷹屬猛禽亞成鳥嘴粗短,上嘴基有蠟膜,上喙先端尖銳彎曲呈鉤狀,下喙較短。

▲幼鳥背面褐色較濃。

| 特徵 |
• 雌雄同色。虹膜褐色,眼圈黃色。上嘴黑色,下嘴黃綠色。腳黃色。
• 成鳥頭上至後頸、頰灰黑色;背面黑褐色,初、次級飛羽具淡色橫帶;尾羽褐色,有黑褐色寬橫帶,末端白色。頦黑色,喉白色,胸紅褐色,有黑褐色粗縱斑。腹白色,有黑褐色橫斑。
• 飛行時,翼下、尾下灰白色,有黑褐色橫斑。
• 幼鳥褐色較濃,有淡色羽緣,後頸有白斑或淡褐色斑,胸、腹偏白,有近黑色縱斑。

▲托卵寄生,寄主為白耳畫眉。

| 生態 |
繁殖於喜馬拉雅、中國華中、華東及華南、臺灣、中南半島及印尼群島,部分族群冬季遷徙至印度東部及南部、菲律賓群島、南洋群島等地。單獨出現於中海拔闊葉林,常隱身於樹冠層,不易發現。以昆蟲、蜘蛛等為食,行托卵寄生繁殖。繁殖季會重複發出淒厲的「哭夠了、哭夠了~」三音節哨聲,節奏漸快、音調漸高。

▲常隱身於樹冠層,不易發現,呂宏昌攝。

北方鷹鵑 *Hierococcyx hyperythrus*

屬名：鷹鵑屬　　英名：Northern Hawk-Cuckoo　　別名：棕腹杜鵑　　生息狀況：迷，過／稀（馬祖）

杜鵑科

相似種
• 詳見 p.70「鷹鵑屬特徵比較一覽表」。

▲幼鳥背面具紅褐色橫斑，羅際鴻攝。

| 特徵 |

• 雌雄同色。虹膜暗褐或橙褐色，眼圈黃色。嘴峰及嘴先黑色，嘴基及下嘴黃綠色。腳黃色。

• 成鳥頭、背面灰黑色，後頸及三級飛羽內側有白斑。頰黑色，喉至頸側白色，胸、腹淡紅褐色。尾羽灰色，具 3～4 道灰黑色橫帶，間有淡紅褐色橫斑，次端帶灰黑色較寬，末端淡紅褐色。

• 幼鳥背面具紅褐色橫斑，腹面白色，胸、腹具黑褐色縱斑。

▲後頸及三級飛羽內側有白斑，李泰花攝。

| 生態 |

繁殖於西伯利亞東南部、中國東北、朝鮮半島及日本，越冬於中國南部及東南亞。棲息於低至中海拔山區常綠、半常綠闊葉林或落葉林中，遷徙時可能出現於各類型森林及棲地。生性隱密，單獨於林中攝取昆蟲，尤其是毛蟲、螞蟻為食，亦食漿果，行托卵寄生繁殖。

棕腹鷹鵑 *Hierococcyx nisicolor*

L28~30cm

屬名：鷹鵑屬　　英名：Hodgson's Hawk-Cuckoo　　別名：棕腹杜鵑、霍氏鷹鵑、小鷹鵑
生息狀況：迷，過／稀（馬祖）

杜鵑科

相似種

• 詳見 p.70「鷹鵑屬
　特徵比較一覽表」。

▲成鳥頭、背面灰黑色，王容攝。

| 特徵 |

• 雌雄同色。虹膜暗褐或橙褐色，眼圈黃色。
　嘴黑色，基部及嘴尖黃色；腳橙黃色。

• 成鳥頭、背面灰黑色。頦黑色，喉、胸至
　上腹紅褐色夾雜白色及暗色縱紋。尾羽灰
　色，具 3~4 道灰黑色橫帶，次端帶灰黑色
　較寬，末端淡紅褐色。

• 幼鳥背面黑褐色，有淡紅褐色羽緣，有些
　個體後頸有白色斑點。腹面白色，有紅褐
　及黑褐色縱紋，尾下覆羽白色。

| 生態 |

繁殖於喜馬拉雅山區東部、尼泊爾至中南半
島北部、中國東部、南部、海南島等，度冬
於馬來半島至蘇門答臘、爪哇、婆羅洲。棲
息於中、低海拔樹林中，遷徙時可能出現於
各類型森林及棲地。生性隱密，托卵寄生，
常於低矮樹林或灌叢中覓食，以毛蟲、昆蟲、
蠕蟲及蜥蜴等為食，也吃漿果。

▲嘴尖黃色，喉、胸至上腹紅褐色夾雜白色及暗色縱
紋，王容攝。

小杜鵑 *Cuculus poliocephalus*

L22~27cm

屬名:杜鵑屬　　英名:Lesser Cuckoo　　生息狀況:夏、過 / 稀

相 | 似 | 種

• 詳見 p.70「杜鵑屬
特徵比較一覽表」。

▲雄鳥。

| 特徵 |

• 虹膜暗褐色。嘴黑褐色,下嘴基黃色。腳
橙黃色。

• 雄鳥背面灰黑色,尾羽羽軸有白斑,末端
白色。喉至上胸灰色,下胸至腹白色,有
黑褐色粗橫斑,橫斑間隔較寬。尾下覆羽
淡米黃色,幾乎無橫斑,或僅具極少橫斑。
飛行時翼下覆羽有白色橫斑。

• 雌鳥灰色型頸、上胸帶紅褐色,有黑色橫
紋。亦有赤色型,背面紅褐色,黑褐色橫
斑較不明顯,頭上、後頸及腰幾無橫斑;
腹面白色,有黑褐色橫斑。

▲雌鳥。

| 生態 |

繁殖於喜馬拉雅山脈至印度東北、日本及中
國東北、華中及西南部;越冬於非洲東部、
印度南部及斯里蘭卡,遷徙途經中國東南、
海南島及臺灣。4~7 月出現於平地至中海拔
山區、丘陵地帶,以鱗翅目幼蟲、甲蟲、螞
蟻等昆蟲為食,不築巢亦不育雛,托卵於樹
鶯、畫眉巢中。宜蘭太平山、翠峰湖一帶有
夏候鳥紀錄。

▲尾下覆羽淡米黃色,幾乎無橫斑。

杜鵑科

◆杜鵑屬特徵比較一覽表

特徵 鳥種	體長 (cm)	虹膜顏色	鳴聲	胸腹橫斑	尾下覆羽	背面羽色	其他特徵
大杜鵑	32~34	鮮黃色到橙黃色，虹膜明顯較中杜鵑黃	似「布穀、布穀」聲	橫斑最細	白色，有黑色細橫斑	灰色，最淡。雌鳥之赤色型腰及尾上覆羽無橫斑	翼角（小翼羽）白色明顯，有黑色細橫斑
北方中杜鵑	28~30	橙黃色、橙褐色至暗褐色。眼圈、虹膜與瞳孔三種顏色層次分明	雄鳥為「bu bu、bu bu」四聲。有時會在「bu bu」聲前或威嚇時發出短串急促鳴聲。雌鳥為7~9聲連續單音，與小杜鵑極似，但音階無高低起伏	橫斑較粗，間隔較寬，停棲時可見9~11條	淡米黃色，多數個體具黑色橫斑，為4種杜鵑中最顯著的，少數個體完全無橫斑。橫斑較大杜鵑粗	尾上覆羽灰色與尾羽黑色成對比。雌鳥之赤色型腰及尾上覆羽具橫斑	翼角（小翼羽）白色明顯，有黑色細橫斑，停棲時兩翅常下壓至體側下方
小杜鵑	22~27	暗褐色，明顯較中杜鵑深。瞳孔與虹膜不似中杜鵑層次分明	5~6聲單音，第3音輕音，第4音為重音，音階有高低起伏	橫斑最粗，間隔最寬，停棲時可見7~9條	淡米黃色，無橫斑，或僅具極少橫斑	灰黑色，最暗。尾上覆羽與尾羽對比不明顯	嘴較細短，僅少數具白色翼角（小翼羽）
四聲杜鵑	32~33	暗褐色，瞳孔與虹膜層次不分明	似「one more bottle」聲	橫斑居中	白色，少橫斑	深灰褐色	尾羽具黑色次端帶

◆鷹鵑屬特徵比較一覽表

特徵 鳥種	體長 (cm)	嘴色	鳴聲	喉胸腹斑紋	背部羽色
鷹鵑	38~40	上嘴黑色，下嘴黃綠色	似「哭夠了、哭夠了~」急促連續聲，尾音逐漸上揚	頦黑色，喉白色，胸紅褐色，有黑褐色粗縱斑，腹白色，有黑褐色橫斑	頭上至後頸、頰灰黑色，背面黑褐色，初級飛羽有淡色橫帶
北方鷹鵑	28~30	嘴峰及嘴先黑色，嘴基及下嘴黃綠色	連續「ju-i-chi~、ju-i-chi~」高音，越叫越快越高，最後顫抖降音	頦黑色，喉至頸側白色，胸、腹淡紅褐色，無斑紋	頭、背面灰黑色，後頸及三級飛羽內側有白斑
棕腹鷹鵑	28~30	嘴黑色，基部及嘴尖黃色	持續刺耳尖銳的「gee-whizz、gee-whizz~」聲	頦黑色，喉、胸至上腹紅褐色，夾雜白色及暗色縱紋	頭、背面灰黑色，無白斑

四聲杜鵑 *Cuculus micropterus*

屬名：杜鵑屬　　英名：Indian Cuckoo　　生息狀況：過／稀，夏、過／不普（金門）

相似種
• 詳見 p.70「杜鵑屬
　特徵比較一覽表」。

▲雄鳥頭至胸灰褐色，胸部略帶褐色。　　　　▲腹汙白色，有黑褐色橫斑。

| 特徵 |
• 虹膜暗褐色，眼圈黃色。上嘴黑色，下嘴偏綠，基
　部黃色。腳黃色。
• 雄鳥頭至胸灰色，略帶褐色。背、翼及尾深灰褐色，
　灰色頭部與深灰褐色的背部成對比。尾羽末端白
　色，黑色次端帶寬而明顯。腹汙白色，有黑褐色
　橫斑，尾下覆羽白色。
• 雌鳥似雄鳥，但頸部紅褐色。幼鳥頭及上背具偏白
　的皮黃色鱗狀斑紋。

| 生態 |
繁殖於俄羅斯東部、朝鮮半島、中國東半部等地，
冬季遷徙至印尼、馬來西亞度冬；分布於印度、斯
里蘭卡、緬甸、泰國者為留鳥。棲息於闊葉林上層，
主食昆蟲，偏好鱗翅目幼蟲。繁殖期常發出響亮的
「one more bottle」四聲哨音，不斷重複，也會於夜
晚鳴唱。托卵於灰喜鵲、卷尾、伯勞集中，金馬地
區 4 ～ 6 月紀錄較多。

▲尾羽具黑色次端帶。

大杜鵑 *Cuculus canorus*

屬名:杜鵑屬　　英名:Common Cuckoo　　別名:布穀鳥　　生息狀況:過 / 稀

杜鵑科

▲虹膜黃色至橙黃色,李日偉攝。

相 似 種
• 詳見 p.70「杜鵑屬
特徵比較一覽表」。

| 特徵 |
• 虹膜黃色至橙黃色,眼圈黃色。嘴黑褐
色,下嘴基黃色。腳黃色。
• 雄鳥頭、頸、上胸、背灰色,翼、尾羽
灰黑色,尾羽羽軸有白斑,末端白色。
下胸以下白色,有黑色細橫斑。飛行時
翼下覆羽有白色橫斑。
• 灰色型雌鳥似雄鳥,但上胸帶紅褐色。
赤色型雌鳥背面紅褐色,有黑色橫斑,
腹面白色,有黑色細橫斑。
• 幼鳥後頭有白斑,背面黑褐色,有白色
羽緣。腹面白色,頭至腹有黑色細橫斑。

▲幼鳥背面黑褐色,有白色羽緣,李日偉攝。

| 生態 |
繁殖於歐亞大陸,冬季遷徙至非洲、南亞
及東南亞。單獨出現於平地至丘陵開闊之
林緣、灌叢。性膽怯,常隱伏於枝葉間鳴
叫,鳴聲為響亮的「布穀、布穀」聲。飛
行急速呈直線,降落前常滑翔一段距離。
攝取鱗翅目幼蟲、甲蟲、蜘蛛等為食,行
托卵寄生繁殖。

▲胸腹橫斑較細,李日偉攝。

北方中杜鵑 *Cuculus optatus*

屬名：杜鵑屬　　英名：Oriental Cuckoo　　別名：筒鳥、公孫鳥　　生息狀況：夏／普，過／不普（金、馬）

| 相 | 似 | 種 |

• 詳見 p.70「杜鵑屬
特徵比較一覽表」。

註：原中杜鵑已裂解為北方中杜鵑、喜馬拉雅
中杜鵑（*C.saturatus*）及異他中杜鵑（*C.lepidus*）
三種。喜馬拉雅中杜鵑 Himalayan Cuckoo 亦可
能出現於臺灣，惟目前出現於臺灣之個體，其
鳴聲幾乎都是北方中杜鵑。

▲停棲時兩翅常下壓至體側下方。

| 特徵 |

• 虹膜橙黃、橙褐至暗褐色，眼圈黃色。嘴黑褐色，下嘴基黃色。
腳橙黃色。

• 雄鳥背面鼠灰色，翼黑褐色，腰灰色，尾羽羽軸有
白斑，末端白色。喉至上胸灰色，下胸以下白色，
有黑色粗橫斑，橫斑間隔寬，多數個體尾下覆羽具
黑色橫斑。

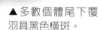

▲多數個體尾下覆
羽具黑色橫斑。

• 雌鳥灰色型上胸略帶褐色，有黑色橫紋。赤色型背面紅褐色，腹
面白色，背面、喉至尾下覆羽具黑色橫斑。

◀雄鳥喉至上
胸灰色。

•幼鳥背面灰黑色，頭及背具白色羽緣。喉、腹面白色，有黑色橫斑。

| 生態 |

繁殖於歐亞大陸北部、喜馬拉雅山脈至中國南部和臺灣，冬季遷徙
至東南亞、澳洲。3~9 月出現於平地至高海拔山區、丘陵，繁殖期
叫聲頻繁，鳴聲為響亮的「bu bu、bu bu」四聲，停棲時兩翅常下
壓至身體側下方。行托卵寄生繁殖，喜停棲於電線、枯木、竹林頂
端，搜尋四周草叢或灌叢裡的鶯科或他種鳥類巢位，俟寄主
外出覓食，快速飛入巢位下蛋。雛鳥為
晚成性，由寄主養大後獨自南遷。

◀雌鳥灰色型
上胸略帶褐
色，有黑色橫
紋。

夜鷹科
Caprimulgidae

廣布於全球，有留鳥及候鳥，臺灣有1種繁殖。雌雄相似，羽色多為斑駁之灰褐色，具極佳保護色。嘴短，開口寬闊，基部有剛毛，展開有如「捕蟲網」功能。頭大，頸短，翼、尾皆長，腳短。生活於空曠平原、樹林、河床、高灘地及旱田地帶，夜行性，繁殖季好鳴叫，白天於地面或樹枝上休息，晨昏及夜晚活動，以飛行中之昆蟲為主食。採一夫一妻制，築巢於地面，雛鳥為半早成性。

普通夜鷹 *Caprimulgus jotaka*

L24~27cm

屬名: 夜鷹屬　　　英名:Gray Nightjar　　　別名:日本夜鷹　　　生息狀況:過／稀

相似種

臺灣夜鷹
• 眼下無白斑。
• 雄鳥初級飛羽白斑較大，外側尾羽白色。

▲白天利用保護色於地面休息，游萩平攝。

| 特徵 |
• 虹膜深褐色。嘴偏黑，嘴基具剛毛。腳褐色。
• 雄鳥眼下、喉兩側有白斑，背面灰褐色，雜有黑、灰及黃褐色斑，肩羽灰白色。腹面灰褐色，有灰白、黑褐色橫斑。外側4枚初級飛羽中間及外側尾羽末端具白斑。
• 雌鳥似雄鳥，但眼下、喉兩側白斑不明顯，初級飛羽斑塊呈黃褐色，外側尾羽末端無白斑。

▲眼下及初級飛羽具白斑，張珮文攝。

| 生態 |
分布於南亞及緬甸者為留鳥，繁殖於東北亞及東亞之族群於東南亞越冬。主要棲息於低海拔以下開闊樹林及灌叢，少數棲息於礫石地帶。夜行性，白天停棲於橫枝或地面，傍晚開始於低空捕食飛蟲，以蛾、甲蟲、飛蟻、蟬等昆蟲為食。叫聲為持續的「叩、叩、叩」聲。

臺灣夜鷹 / 南亞夜鷹 *Caprimulgus affinis stictomus*

特有亞種 L20~26cm

屬名：夜鷹屬　　英名：Savanna Nightjar　　別名：林夜鷹、石磯仔（臺）
生息狀況：留／普，過／稀（金、馬）

夜鷹科

相似種

普通夜鷹
• 眼下有白斑。
• 初級飛羽白斑較小。
• 雄鳥外側尾羽僅末端白色。

▲地棲性，具極佳保護色，與環境融為一體。

| 特徵 |
• 虹膜深褐色。嘴粉色，嘴先黑色，嘴基具剛毛。腳紅褐色。
• 本種羽色有偏灰、偏褐或偏栗色者。喉兩側有白斑，背面灰褐、黑褐及黃褐色斑駁，肩羽黃白色。腹面灰褐色，有黑褐色橫斑。雄鳥外側 4 枚初級飛羽中間有白斑，外側尾羽白色。
• 雌鳥似雄鳥，但喉兩側白斑不明顯，初級飛羽斑塊偏黃褐色，尾羽全為深褐色。

▲白天瞇眼伏坐於地面，保持警戒。

| 生態 |
棲息於乾涸河床之礫石區、短草區、高灘地、旱田或建築物樓頂，具極佳保護色，羽色與環境融合，不易發現。地棲性，白天瞇眼伏坐於地面，黃昏及夜晚活動。食蟲性，常為燈光所吸引，昔日誤以為會在飛行中張開大嘴捕捉蚊蟲，俗稱蚊母鳥，其實主要食物為蛾、甲蟲、飛蟻、蟋蟀、蝗蟲等昆蟲。求偶及繁殖期間會發出「追、追」擾人清夢之叫聲，具蟄伏能力，可短暫休眠，以度過惡劣環境。直接產卵於河床礫石區、沙地或建築物樓頂，據研究孵蛋、育雛大部分由雌鳥負責，雛鳥為半早成性。

▲雌鳥初級飛羽斑塊偏黃褐色，無白色外側尾羽。

雨燕科 Apodidae

廣布於全球，部分留鳥，部分為長程遷徙之候鳥。臺灣有 3 種繁殖。雌雄同色，嘴小，先端略下鉤，開口寬闊。翼狹長呈鐮刀狀，腳細短，為四趾向前之前趾足，爪長而曲，不能停棲於樹枝、電線，亦不擅於地面行走，覓食、飲水、求偶、交配、採集巢材等行為皆於空中進行，幾乎終日飛翔。休息、夜棲時以趾爪鉤掛、攀附在屋簷、橋樑或岩壁下，起飛時放開雙腳讓身體下躍後振翅飛行。因翼長、腳短，落地後起飛困難。群棲性，喜鳴叫，常結群飛翔，飛行快速，技巧高超，急速轉彎時雙翅以不同頻率拍動，快速控制方向，能巧妙地捕食飛行中之昆蟲。採一夫一妻制，唾腺發達，以唾液混合羽毛、棉絮、細草及竹葉等，築巢於懸崖、岩洞、屋簷及橋樑下，雌雄共同孵卵、育雛，雛鳥為晚成性。

白喉針尾雨燕 *Hirundapus caudacutus*

L19~21cm

屬名：針尾雨燕屬　　英名：White-throated Needletail　　別名：針尾雨燕　　生息狀況：過／稀

相│似│種

灰喉針尾雨燕
• 喉灰色，喉、胸界線模糊。

▲尾羽末端羽軸突出呈針狀，陳世中攝。

| 特徵 |
• 虹膜深褐色。嘴黑色。腳黑褐色。
• 額白色，背中央灰白色，腰褐色，頭上、後頸、覆羽、翼及尾黑褐色具藍綠光澤。翼狹長，三級飛羽內側具白斑。喉、脇至尾下覆羽白色，胸、腹黑褐色。尾羽呈方形，末端各羽羽軸突出呈針狀。

| 生態 |
出現於臺灣者為指名亞種 *caudacutus*，繁殖於西伯利亞、中國東北、朝鮮半島、庫頁島及日本北部，越冬於新幾內亞、澳洲及紐西蘭。通常二、三隻出現於海岸或山區，於高空快速飛行通過，以空中飛蟲為食，春、秋過境期紀錄較多。

▲背中央灰白色。

灰喉針尾雨燕 *Hirundapus cochinchinensis formosanus*

屬名:針尾雨燕屬　英名:Silver-backed Needletail　別名:針尾雨燕　生息狀況:留／不普，過／稀（馬祖）

相似種

白喉針尾雨燕
• 喉白色，喉、胸界線明顯。

▲出現於山谷或山脊上空。

| 特徵 |

• 虹膜深褐色。嘴黑色。腳暗紫色。
• 背中央灰白色，腰褐色，頭上、後頸、覆羽、翼及尾黑褐色具藍綠色光澤。喉灰白色，胸、腹黑褐色，脇至尾下覆羽白色。翼狹長，呈鐮刀狀。尾羽呈方形，末端各羽羽軸突出呈針狀。

| 生態 |

分布於喜馬拉雅山脈、中南半島、海南島、馬來半島、蘇門答臘及爪哇，亞種 *formosanus* 為臺灣留鳥，成小群出現於山區空中，常於山谷或山脊上空巡弋，黃昏時分會與小雨燕於溪谷群飛。於空中捕食飛蟲，飛行快速，接近時可聽到破空的「咻」聲。春、夏季於北部烏來、福山、宜蘭山區、中部鞍馬山區較常見，有時會出現數百隻之大群。

▲背中央灰白色。

▶ 末端各羽羽軸突出呈針狀。

雨燕科

77

紫針尾雨燕 *Hirundapus celebensis*

屬名:針尾雨燕屬　英名:Purple Needletail　生息狀況:迷

雨燕科

▲眼先白色醒目，尾羽末端各羽羽軸突出呈針狀，曾建偉攝。

| 特徵 |
- 虹膜深褐色。嘴黑色。腳黑褐色。
- 眼先白色醒目。背、腰深褐色，頭、後頸、喉、胸、腹、翼及尾羽黑色呈紫色光澤，脇至尾下覆羽白色。翼狹長，翼下中覆羽外緣白色形成白斑，與黑色飛羽及身體形成明顯對比。尾羽呈方形，末端各羽羽軸突出呈針狀。

| 生態 |
分布於菲律賓和蘇拉威西島。出現於山區或低地之開闊森林上空，於高空快速飛行，以空中昆蟲、蜜蜂等為食。2014年9月墾丁社頂有一筆紀錄。

[相][似][種]
灰喉針尾雨燕、白喉針尾雨燕
- 灰喉針尾雨燕喉灰色；白喉針尾雨燕喉白色，兩者翼下覆羽皆無白斑。

▲翼下白斑與身體對比明顯，曾建偉攝。

短嘴金絲燕 *Aerodramus brevirostris*

屬名：金絲燕屬　　英名：Himalayan Swiftlet　　生息狀況：過／稀

相似種

小雨燕
•體型較大，腹面黑褐色，喉灰白色，白腰醒目。

▲腹面灰褐色。

| 特徵 |
• 虹膜暗褐色，嘴黑色細短。腳黑色，略披毛。
• 背面大致黑褐色，但腰淺褐或偏灰褐。腹面灰褐色，有不明顯深色縱紋，尾下覆羽具淡色鱗斑。翼長而鈍，收翅時突出尾羽，尾略內凹。
•飛行似小雨燕，但腹面羽色較淡，喉不白，腰淺褐色。

▲出現於低至高海拔山區。

| 生態 |
分布於喜馬拉雅山脈，印度至中國中部、中南半島、馬來半島至爪哇西部。出現於低至高海拔山區，營巢於山區石灰岩洞穴，以雙翅目、膜翅目、蛾類等空中飛蟲為食，常結群於棲地上空快速飛行覓食，邊飛邊發出滴⋯滴⋯吵雜鳴聲。

註：以地緣關係，臺灣上空發現之金絲燕可能有 *Aerodramus germani* （Germain's Swiftlet 傑曼氏金絲燕），惟外形與短嘴金絲燕難以區分。

▲背面黑褐色，腰淺褐或灰褐色。

三趾鶉科
Turnicidae

主要分布於非洲、東南亞及澳洲，為小型地棲性鳥類。體型肥胖，頭小頸短，嘴粗短，先端微下鉤；翅短而圓，尾短；腳強健，無後趾。雌鳥體型較大，羽色較鮮明。棲息於草叢或灌叢底層，以植物種籽、昆蟲為主食，性隱密，少飛行，有些種類會遷徙。築巢於茂密草叢地面，採一妻多夫制，雄鳥負責抱卵、育雛，雛鳥為早成性。

黃腳三趾鶉 *Turnix tanki*

L15~18cm

屬名：三趾鶉屬　　英名：Yellow-legged Buttonquail　　生息狀況：迷，過／稀（金馬）

▲嘴、腳黃色，翼及胸側具黑斑，蘇聰華攝。

| 特徵 |
• 虹膜灰色。嘴黃色，嘴峰黑褐色。腳黃色。
• 雄鳥頭上黑褐色，頰黃褐色。背部主要為栗褐色，有黑、灰色斑，翼有黑斑。胸部淡紅色，胸側具明顯黑色點斑，腹部白色。
• 雌鳥體型較大，後枕及上背較雄鳥多栗色。

| 生態 |
分布於亞洲東部、印度、中國及東南亞，單獨或成對出現於灌叢、草地及耕作地，以植物嫩芽、草籽、穀物及昆蟲為食，性隱密，遇驚擾才會從地面竄起，低飛一段後遁入草叢中。本種於夜間遷徙，為金門、馬祖稀有過境鳥，臺灣 2005 年 10 月野柳有一筆紀錄。

相似種
棕三趾鶉
• 嘴、腳灰色。

82

棕三趾鶉 *Turnix suscitator rostratus*

屬名：三趾鶉屬　　英名：Barred Buttonquail　　生息狀況：留／普，過／稀（馬祖）

▲喜沿固定路線出沒，於植叢間或小徑裸地覓食，雄鳥。

| 相 | 似 | 種 |
黃腳三趾鶉
• 嘴、腳黃色。

| 特徵 |
• 雌雄異色，雌鳥略大。虹膜、嘴、腳灰色。
• 雄鳥頭上、背面褐色，有黑色橫斑及白色點斑。喉、胸、胸側及脇淡灰褐色，有黑色橫斑。腹至尾下覆羽淡橙褐色。
• 雌鳥背面似雄鳥，頭、喉、前頸及胸黑色，頭、臉密布白色點斑。胸側淡橙褐色，有黑色橫斑。腹、脇、尾下覆羽橙褐色。飛行時，初、次級飛羽黑色甚為醒目。

| 生態 |
單獨或成對出現於平地草叢、旱耕地、灌叢底層及多草之乾涸河床，性隱密，少飛行，常沿固定路線出沒，於植叢間或田間小徑裸地覓食，以植物嫩芽、種籽、穀類、螺及昆蟲為食，遇驚擾時從地面竄起，貼地低飛後遁入草叢中。

▲雌鳥鼓胸伸頸鳴叫。

▲雌鳥頭、喉、前頸及胸黑色，頭部密布白色點斑。

三趾鶉科

83

廣布世界各地，只有魚鷹一種，有時被歸入鷹科，為食魚之大型猛禽。體型修長勻稱，翼狹長，腳粗壯，外趾可向後反轉，爪長而銳利，腳趾表面特化成鱗狀棘刺，利於獵食光滑的魚類。活動於海邊、河口、湖泊、大型魚塭及水庫等水域，喜歡在水域附近樹上或水中木樁上休息。捕魚技巧高超，常於水域上空盤旋，從高空俯衝入水捕魚，只留翼尖在水面，再強力拍翅起飛。

魚鷹 *Pandion haliaetus*

II　L55~62cm.WS145~170cm

屬名：鶚屬　英名：Osprey　別名：鶚　　生息狀況：冬、過／不普，冬／稀（馬祖），留／不普（金門）

| 特徵 |

• 雌雄同色。蠟膜灰色，虹膜黃色。嘴黑色，腳灰白色。

• 成鳥頭白色，頭上具黑褐色縱紋，黑褐色過眼線延伸至後頸。背、翼及尾羽深褐色。腹面白色，胸部有褐色縱紋形成胸帶，雄鳥胸帶較不明顯。

• 亞成鳥背面有淡色羽緣，翼下較為斑駁。

• 飛行時指叉 5 枚，雙翼狹長，常後弓呈 M 形，尾短。

▲棲息於海邊、河口、湖泊等水域，以魚為主食。

| 生態 |

分布世界各地，棲息於海邊、河口、湖泊及水庫等水域，每年 9 月開始抵臺，至翌年 3~5 月陸續北返，夏季偶有零星滯留個體。喜停棲於水域或岸邊之木樁、蚵架、石堆及漂流木上休息，覓食時常於水域上空盤旋、懸停，搜尋接近水面的魚類，發現獵物即縮翅俯衝入水抓魚，起飛後常抖翅甩水，再盤旋至干擾較少的高點或在沙洲上進食。

▲喜停棲於水域之木樁上休息。

◀飛行時雙翼常後弓呈 M 形。

▲腳趾表面特化成鱗刺，外趾能反轉作用。

鷹科
Accipitridae

分布世界各地，均為晝行性。體型大小、習性各不相同，主要棲息於森林、平原、海岸或草澤地帶，在臺灣有 8 種繁殖。雌鳥體型通常較雄鳥大，嘴粗短，上嘴基有蠟膜，先端尖銳彎曲呈鉤狀，下嘴較短。趾爪銳利，適於抓捕獵物；視覺敏銳，能於高空發現地面獵物。兩翼發達，飛行力強，飛行時初級飛羽末端各羽分開，常利用上升氣流滑翔或盤旋。肉食性，以鳥類、哺乳類、昆蟲、魚類、兩棲爬蟲類等小型動物及動物屍體為食，築巢於樹上或懸崖上，通常由雌鳥負責抱卵及育雛，雄鳥則負責守衛及狩獵。

黑冠鵑隼 *Aviceda leuphotes*

II ⟮L28~35cm.WS64~80cm⟯

屬名:鵑隼屬　　英名:Black Baza　　別名:鳳頭鵑隼　　生息狀況:過 / 稀

▲秋過境期間墾丁紀錄較多。

| 特徵 |

• 雌雄同色。虹膜紫褐色。嘴、蠟膜灰色。裸足，灰黑色。

• 頭、頸黑色，頭頂具長而豎立的黑色冠羽，背面大致黑色，肩羽、覆羽及次級飛羽有白斑。上胸具白色胸圈，腹部有多道栗色橫帶，下腹、脛羽及尾下覆羽黑色。

• 飛行時指叉短，翼中間寬，基部及翼尖較窄；黑色的頭部、下腹與白色胸圈形成明顯對比。

▲黑冠鵑隼與赤腹鷹。

| 生態 |

分布於中國華南、印度、東南亞等地區，為亞熱帶地區猛禽，棲息於山麓、丘陵、林緣等樹林地帶，常於空中盤旋，飛行時重複快速鼓翼後滑翔，以昆蟲為主食，兼食鼠類、蜥蜴、蛙類等。臺灣於 1999 年秋季首次記錄於墾丁，之後秋過境期間墾丁常有紀錄。

東方蜂鷹 *Pernis ptilorhynchus*

屬名：蜂鷹屬　　英名：Oriental Honey-Buzzard　　別名：蜂鷹、蜜鷹、鵰頭鷹
生息狀況：留／不普，過／稀（金、馬）

相似種
• 詳見 p.89「東方蜂鷹
與相似猛禽飛行辨識
一覽表」。

▲中間型雌亞成鳥。

| 特徵 |
• 雌雄相似。頭小，頸長，嘴黑色尖細。成鳥蠟膜鉛灰色，幼鳥蠟膜黃色，隨成長逐漸變灰。裸足，
黃色。
• 體色變異大，依腹面及翼下覆羽羽色，可粗分為三種色型：
暗色型：全身大致深褐色，後頭、前胸常雜有白色羽毛，下腹、脛羽常有白色橫斑。
淡色型：背面褐色，腹面及翼下覆羽淡皮黃色或白色，有黑色不規則頸圈，有些個體頸圈不完
整。胸部有黑色稀疏細縱紋，下腹、脛羽常有褐色橫斑。
中間型：介於暗色型與淡色型之間，腹面褐色，有些個體腹面斑紋多而密。
• 雄鳥虹膜暗褐色，臉鼠灰色。尾羽具 2 條暗色寬橫帶，中間夾有淡色寬橫帶。雌鳥虹膜黃色或
橘色，臉褐色或淡色，具過眼線。尾羽淡褐色，末端具一條暗色橫帶，基部有 2~3 條暗色橫帶，
橫帶均較雄鳥窄。幼鳥虹膜暗褐色，除深色型外，腹面通常具斑紋，尾部具數條暗色細橫帶，
深淺對比不明顯。
• 飛行時，頭小頸長，指叉 6 枚，雙翼寬長，前、後緣較平直。雄鳥翼後緣具黑邊；尾羽橫帶寬，
深淺對比明顯。雌鳥尾羽橫帶較雄鳥窄，深淺對比較不明顯。幼鳥翼尖黑色，尾部具數條暗色
細橫帶，深淺對比不明顯。

| 生態 |
分布於東亞、南亞及東南亞，以往認為東方蜂鷹為遷移性猛禽，在臺灣生息呈多樣貌，有候鳥
及少數留鳥族群，惟依據發報器追蹤與觀察紀錄，遷徙屬性已自「留／不普，過／普」改為「留
／不普」，並有影像繁殖紀錄。棲息於中、低海拔闊葉林中，主食蜂類成蟲、幼蟲、蜂蛹及蜂蠟，
發現蜂巢時會飛落巢上，嘴腳並用破巢啄食，也會到養蜂場附近徘徊，撿食蜂農棄置在蜂場的
蜂巢。

暗色型

▲雄亞成鳥，李豐曉攝。

▲幼鳥，李豐曉攝。

▲雄亞成鳥。

▲幼鳥。

▲雄成鳥，李豐曉攝。

▲雌成鳥，李豐曉攝。

▲雌亞成鳥，李豐曉攝。

淡 色 型

▲雌亞成鳥，李豐曉攝。　　　　　　　▲雌成鳥，李豐曉攝。

中 間 型

▲雄成鳥，李豐曉攝。　　　　　　　▲雄亞成鳥，李豐曉攝。

▲雌成鳥。　　　　▲亞成鳥。　　　　▲雌亞成鳥，李豐曉攝。

▲雄成鳥，李豐曉攝。　　　　　　　▲雌亞成鳥。

◆東方蜂鷹與相似猛禽飛行辨識一覽表

特徵 鳥種	體型	頭、頸形態	翼形	指叉	尾羽	飛行狀態
東方蜂鷹	體型較小，輪廓中庸	頭小頸長略上抬，似鳩鴿，嘴細長	翼中等長、前後緣平直	6枚，中等長	尾中等長。雄鳥具2條暗色寬橫帶，中間有淡色寬橫帶。雌鳥尾端具暗色橫帶，基部有2~3條暗色橫帶。幼鳥具數條不明顯暗色細橫帶	盤旋時雙翼水平不上揚
大冠鷲（與東方蜂鷹暗色型略似）	體型較大，體色較暗，眼先黃色	頭較粗短	翼較寬長。成鳥翼下近後緣白色橫帶明顯，後緣圓突不明顯。幼鳥有多條深淺相間橫帶	7枚，中等長	尾較短。成鳥尾羽白色橫帶較窄。幼鳥為2~3條黑白相間橫帶	盤旋時雙翼上揚呈V字形
熊鷹（與東方蜂鷹淡色型、中間型略似）	體型較大，整體感覺壯碩	頭粗短	翼寬短，有多條深淺相間橫帶，後緣圓突明顯，具白色翼窗	7枚，短而不突顯	尾較大。成鳥深淺相間橫帶較多，間距較窄，常張開成扇形，基部遮住翼後緣。幼鳥橫帶不明顯	盤旋時雙翼上揚，腕部有一折角
林鵰（與東方蜂鷹暗色型略似）	體型較大	頭短	翼較寬長，呈長方形、基部略窄	7枚，極長而上翹	長，呈角尾，通常不張開	盤旋時雙翼水平，指叉上揚
鵟	身軀短胖	頭粗短	翼較寬廣、腕斑明顯	5枚	尾寬短，有多道不明顯橫帶或無橫帶	盤旋時雙翼上揚呈淺V字形
魚鷹（與東方蜂鷹淡色型略似）	體型較大	頭較粗	雙翼狹長	5枚	尾較短	雙翼常後弓呈M形

黑翅鳶 *Elanus caeruleus*

II　L31~37cm.WS77~92cm

屬名：翅鳶屬　　英名：Black-winged Kite　　生息狀況：留／普，過／稀（馬祖），留／不普（金門）

鷹科

▲棲息於開闊之草原疏林，喜停於樹梢。

| 特徵 |
- **雌雄同色。嘴黑色，蠟膜黃色。裸足，黃色。**
- 成鳥虹膜紅色，眼周黑色。頭白色。頭上、背、翼、尾淡灰色，中覆羽及小覆羽黑色，腹面白色。翼長尾短，翼尖超過尾端。
- 幼鳥虹膜黃褐色，頭頂、頸及胸部有淡褐色縱紋，背部淡褐色，具淡色羽緣。
- 飛行時翼上覆羽及翼下初級飛羽黑色，翼尖長，尾短，展翼呈V形，常於低空定點振翅。

▲於空中懸停尋找獵物。

| 生態 |
分布於非洲、印度、中國華南、東南亞等地，均為留鳥。臺灣以往僅見於金門，1998年3月首度出現於新北市貢寮，至2001年春季西南部開始有繁殖紀錄，成為臺灣新的留鳥猛禽，並已迅速擴散至全臺各地。棲息於開闊之草原疏林、廢耕地，喜停於樹梢、電桿等制高點，常定點懸停尋找獵物，以鼠類為食，也捕捉小鳥、昆蟲、蜥蜴。大多築巢於木麻黃樹梢枝葉隱蔽處，雌雄共同築巢，雌鳥負責抱卵，雄鳥負責狩獵，雄鳥會將捕獲之獵物交接給雌鳥，由雌鳥餵食。近年屏科大鳥類生態研究室推廣友善老鷹農法，於田間架設棲架供黑翅鳶停棲捕鼠，對抑制鼠害頗具成效。

▲幼鳥虹膜黃褐色，背部具淡色羽緣。

禿鷲 *Aegypius monachus*

屬名 : 禿鷲屬　　　英名 : Cinereous Vulture　　　生息狀況 : 迷

▲幼鳥遷徙性較強。

| 特徵 |

• 虹膜深褐色，蠟膜淺藍色。嘴粗大，灰黑色。
  腳灰色。
• 成鳥全身黑褐色，頭部皮膚裸出，具灰色短絨
  毛，喉及眼下黑色，後頭及頸部有簇狀飾羽。
  翼長尾短，翼尖達尾端。
• 未成鳥全身更黑。嘴黑色，蠟膜粉紅色，腳粉
  褐色，羽色隨年齡成長逐漸變淡。
• 飛行時兩翼寬長，指叉7枚甚長，尾短呈楔形。

▲ 2019 年 12 月攝於新北市大武崙。

| 生態 |

分布於歐亞大陸，東亞族群繁殖於蒙古、中國
東北，冬季南遷至中國華中、華南、朝鮮半島
等地，幼鳥遷徙性較強。在臺灣零星出現於平
原與寬闊的溪床上，以動物屍體為食，常藉熱
氣流於高空盤旋，尋找動物屍體。歷年紀錄多
在西部平原，春過境期間偶見於東北角海岸及
新北市觀音山。2019 年 12 月新北市貢寮及萬里
發現一隻禿鷲幼鳥，同月底於花蓮光復鄉發現
禿鷲屍體，研判可能因食物來源不足虛弱死亡。

▲飛行時翼寬廣，指叉 7 枚。

大冠鷲 / 蛇鵰 *Spilornis cheela hoya*

屬名:蛇鵰屬　　英名:Crested Serpent-Eagle　　別名:蛇鷹　　生息狀況:留 / 普

相 似 種

熊鷹
- 眼先灰色，腹以下密布深淺交錯橫斑。
- 飛行時，翼後緣突出，尾羽黑白相間橫帶較多而窄。（詳見 p.89「東方蜂鷹與相似猛禽飛行辨識一覽表」）

▲幼鳥尾羽有 2 ～ 3 條黑白相間橫帶。

| 特徵 |
- 雌雄同色。虹膜、眼先、蠟膜及腳黃色。嘴灰色。
- 成鳥全身暗褐色，後枕有黑白相間羽冠，腹部有白色斑點。
- 幼鳥有暗色及淡色兩種色型，幼鳥至成鳥間羽色多變。暗色型似成鳥但頭頂偏白；淡色型頭部色淡，具寬黑後眼線，背面褐色，腹面淡褐色。兩種色型尾羽均有 2~3 條黑白相間橫帶。
- 飛行時翼寬長，指叉 7 枚，盤旋時雙翼上揚成淺 V 形，翼下後緣及尾羽有一明顯白色橫帶。

| 生態 |
廣布於全島中、低海拔山區闊葉林，晴天常單獨或小群隨氣流緩緩升空盤旋，並發出嘹亮「揮 - 揮 - 揮 - 揮悠～揮悠～」哨音。常佇立於視野良好之樹梢或電線桿上靜候獵物出現，林緣空曠處為主要獵場，食物除蛇、蛙、蜥蜴等爬蟲類外，亦食鼠類及鳥類。飛行鼓翼緩慢，因體型大，飛行較不靈巧，常被較小之鳥類如大卷尾、松雀鷹等追逐。繁殖期常成對盤旋，伴隨著鳴叫聲，成波浪狀飛行，或頭下壓、翅膀拱成圓弧抖動展示，或有空中雙爪互抓旋轉、翻滾之求偶行為。

▲暗色型幼鳥頭部色淡，背面褐色，腹面淡褐色。

▲翼下後緣及尾羽有白色橫帶。

▲淡色型幼鳥，腹面淡褐色。

熊鷹 *Nisaetus nipalensis*

L63~80cm.WS140~165cm

屬名：鷹鵰屬　　英名：Mountain Hawk-Eagle　　別名：赫氏角鷹、鷹鵰、白毛腳鷹　　生息狀況：留／稀

鷹科

▲親鳥育雛，呂宏昌攝。

| 特徵 |

- 虹膜橘黃色。嘴灰黑色，蠟膜及眼先灰色。足被毛至趾基部，有深淺交錯橫紋，趾黃色。
- 成鳥頭頂及臉黑褐色，後枕羽毛較長，常呈角狀短冠羽，有二型：短冠型冠羽短，豎起如峰；長冠型中央 2~3 枚黑色末端白色特長，豎起如犄角。背部深褐色，偶有不規則白斑。喉、胸乳白色，有黑色喉央線及縱斑，腹部密布深淺交錯橫斑，尾羽有 6 條深色橫帶。
- 幼鳥虹膜灰色，頭、腹面及腿部淡黃褐色，無斑紋。背部褐色，有淡色羽緣。尾羽約有 10 條細橫帶，深淺對比較不明顯，僅末端帶較黑。體色隨年齡由淡漸深，斑紋漸多。
- 飛行時頭粗短，雙翼寬廣，後緣突出，翼下密布黑褐色橫斑，指叉 7 枚。成鳥尾羽有數條深淺相間橫帶，成網格狀，張開成扇形，基部常遮住翼後緣。盤旋時雙翼上揚，腕部有一折角。

| 生態 |

分布於喜馬拉雅山區、斯里蘭卡、中南半島、中國華南、海南島、臺灣及日本。為臺灣體型最壯碩的留鳥猛禽，棲息於偏遠的中、低海拔原始林，東部及南部山區分布較多，對環境極為敏感，會避開人類活動的地區。以小型哺乳動物、鳥類及爬蟲類為食，常停棲於視野開闊之枝頭守候，當獵物出現，即悄然滑行接近，再急速俯衝突擊。生性隱密，一天中只有少數幾次升空盤旋，冬季求偶期比較容易觀察到其飛行。本種因族群稀少，加上棲地喪失、狩獵及人為干擾等威脅，名列臺灣瀕臨絕種野生動物。

▲飛行時雙翼寬廣，後緣突出。

▲幼鳥頭、腹面、腿部淡黃褐色。

▲可能為長冠型幼鳥。

相似種

大冠鷲、東方蜂鷹

・大冠鷲淡色型幼鳥具寬黑眼後緣，飛行時
　翼後緣較平直，尾部僅 2~3 條橫帶。
・東方蜂鷹頭部較小，頸顯得長，翼較窄，
　尾羽白色橫帶較寬。詳見 p.89「東方蜂鷹
　與相似猛禽飛行辨識一覽表」。

▲熊鷹為臺灣體型最壯碩的留鳥猛禽。

95

林鵰 *Ictinaetus malaiensis*

L67~81cm.WS164~178cm

屬名：林鵰屬　　英名：Black Eagle　　別名：黑毛腳鷹　　生息狀況：留／不普，迷（金門）

鷹科

相似種

東方蜂鷹、花鵰
- 東方蜂鷹暗色型飛行時頭小頸長，指叉6枚較短，盤旋時雙翼水平不上揚。
- 花鵰尾短，常打開成扇形，尾上覆羽白色，出現於曠野。

▲常在山谷林間穿梭飛行。

| 特徵 |

- 雌雄同色。虹膜深褐色。眼先及嘴灰黑色，蠟膜及嘴基黃色。毛足，趾黃色，外趾及外爪短小，爪不甚彎曲。
- 成鳥全身黑褐色，翼甚長，翼尖超過尾端。尾部有不明顯淡色橫帶。
- 幼鳥似成鳥，但飛行時背面初級飛羽及尾羽淡色橫斑較明顯。
- 飛行時翼寬長，呈長方形，基部略窄，指叉7枚。盤旋時上揚明顯。尾長，通常不張開。

▲肩部有小白斑。

| 生態 |

棲息於中、低海拔原始闊葉林或針闊葉混合林，偏好於稜線活動，常在山谷林間穿梭飛行，飛行技巧高超，能巧妙的貼著樹冠層緩慢滑行，或穿梭於樹冠間搜尋獵物。以樹棲性哺乳動物如松鼠、鼯鼠、刺鼠及鳥類等為主食，專精於獵取在巢中休眠的小動物或鳥巢中的蛋及雛鳥。營巢於高大闊葉樹上，常利用鳥巢蕨或崖薑蕨基部築成淺凹狀巢。本種日益適應淺山墾殖地，也會出現於檳榔園、城鎮郊山地帶，族群有增加之趨勢。

▲飛行技巧高超。

▲飛行時翼呈長方形,基部略窄。

▲成鳥全身黑褐色,毛足,趾黃色。

▲棲息於中、低海拔原始林。

▲營巢於高大闊葉樹上,雛鳥與親鳥。

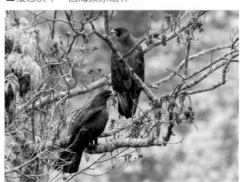

▲育雛中的親鳥於巢邊休息。

花鵰 *Clanga clanga*

L59~71cm.WS157~179cm

屬名：烏鵰屬　　英名：Greater Spotted Eagle　　別名：烏鵰　　生息狀況：迷；過／稀（金、馬）

相似種

林鵰
• 飛行時翼基部較窄，尾較窄長。
• 盤旋時指叉上揚明顯，出現於原始森林。

▲成鳥全身黑褐色，陳進億攝。

▲幼鳥背面有明顯白斑，陳進億攝。

| 特徵 |
• 雌雄同色。虹膜暗褐色。嘴灰黑色，蠟膜及嘴基黃色。毛足，趾黃色。
• 成鳥全身黑褐色，尾上覆羽白色，尾下覆羽灰色。翼長尾短，停棲時翼尖達尾端。
• 幼鳥背及翼覆羽具明顯白斑，隨年齡成長而逐漸消失。腹側及脛羽具淺色縱斑，尾羽末端有白色橫帶。
• 飛行時頭粗短，翼寬長，指叉7枚甚長。尾短，常張開成扇形。尾上覆羽白色，翼下初級飛羽基部有月牙形淡色斑。盤旋時翼端略下垂，成淺M形。

| 生態 |
繁殖於東歐至東亞，越冬於非洲東北部及東部、印度、中國南部及東南亞。單獨出現於近溼地的開闊沼澤、平原、草地、疏林地區，棲息於疏林，覓食於曠野，以小型動物、鳥、蛙、蛇類等為食。本種嘉義鰲鼓、高雄中寮山、茄萣曾有度冬紀錄，春秋遷移季節北部觀音山亦有幾筆紀錄。

▲飛行時翼寬長，尾短，常打開成扇形。

鷹科

靴隼鵰 *Hieraaetus pennatus*

屬名：隼雕　　英名：Booted Eagle　　生息狀況：迷（金門）

▲淡色型，飛羽與身體及翼下覆羽對比明顯，李日偉攝。

| 特徵 |

* 雌雄同色。虹膜黃至褐色。嘴近黑，蠟膜黃色。足披毛，趾黃色。
* 有暗色型及淡色型，頭圓小體壯，肩羽、背兩側及翼上覆羽具白斑。暗色型全身大致暗褐色，翼黑褐色。淡色型頭淡褐色，有褐色縱紋，頰深褐色。背面褐色，有黑褐色及皮黃色染斑，胸、腹至尾下覆羽白色，胸有稀疏褐色縱紋。
* 飛行時指叉6枚，肩羽、背兩側及翼上覆羽白斑明顯。淡色型飛羽黑褐色，與白色身體及翼下覆羽形成強烈對比。尾下色淡，有不明顯暗色橫紋。

▲肩羽、背兩側及翼上覆羽具白斑，李日偉攝。

| 生態 |

分布於非洲、歐亞大陸西南、印度西北及中國北部，冬季南遷至非洲、印度，偶至東南亞。棲息於開闊林地、草原及沙漠，主要以小型鳥類、小型哺乳動物及爬蟲類為食。2018年4月金門烈嶼有一筆淡色型紀錄。

▲暗色型全身大致暗褐色，肩有白斑，呂宏昌攝。

白肩鵰 *Aquila heliaca*

屬名:真鵰屬　　英名:Imperial Eagle　　別名:御鵰　　生息狀況:迷，冬/稀（金門）

鷹科

相似種

花鵰
- 體型較小，羽色較深，尤其頭部色深。
- 肩羽無白斑。

▲為金門稀有冬候鳥。

| 特徵 |
- 雌雄同色。虹膜暗褐色或灰黃色。嘴灰黑色，蠟膜及嘴基黃色。毛足，趾黃色。
- 成鳥全身大致黑褐色，頭頂至後頸淡黃褐色，肩羽具白斑。尾具黑色細橫紋，末端有寬黑帶，尾下覆羽米黃色，停棲時翼尖達尾端。
- 幼鳥全身淡褐色，腹面密布深色縱紋，羽色隨年齡成長而變化。
- 飛行時頭、頸長，頭至後頸羽色甚淡，翼寬長，指叉7枚甚長。成鳥肩羽有白斑，尾下覆羽米黃色，尾末端有寬黑帶。幼鳥大覆羽末端及翼後緣白色，初級飛羽P1-P3色淡，尾上覆羽白色。

▲幼鳥全身淡褐色，腹面密布深色縱紋。

| 生態 |
繁殖於歐亞大陸北方、西歐及中亞，冬季遷徙至非洲、印度西北和中國東南部，每年有少量至香港度冬。白肩鵰英名意為「帝王之鵰」，出現於近溼地之草原、農耕地、丘陵等曠野及疏林地帶。常單獨長時間停棲於空曠地區之孤樹、岩石或地面上等待獵物，也常在空中盤旋尋找獵物。主要以小型哺乳動物、鳥類為食，亦食動物屍體。本種於2016、2017年連續兩年有一隻未成鳥於金門度冬。

▲飛行時頭、頸較長，初級飛羽P1-P3色較淡。

白腹鵰 *Aquila fasciata*

屬名：真鵰屬　　英名：Bonelli's Eagle　　別名：白腹山鵰、白腹隼雕　　生息狀況：迷（金門）

▲飛行時頭、頸長，指叉 6 枚，尾羽有黑色粗末端帶。

| 特徵 |

- 雌雄同色。虹膜黃色，嘴灰黑色，蠟膜、嘴基黃色。足披毛，趾黃色。
- 成鳥背面大致暗褐色，背部有白斑。腹面白色，密布黑色細縱紋。尾羽灰色，具不明顯細橫帶及黑色粗末端帶。
- 亞成鳥虹膜褐色，背面暗褐色，腹面褐色，有暗色縱紋。
- 飛行時頭、頸長，指叉 6 枚，後緣淺圓突，基部略窄。成鳥翼下覆羽暗色與飛羽淡色對比明顯，翼端及後緣黑色，尾羽有黑色粗末端帶。

| 生態 |

分布於歐洲南部、非洲西北部、中東、南亞、印尼及中國東南。棲息於山區丘陵，通常具峭壁、懸崖之地帶，或開闊曠野等地區，適應性強，飛行敏捷，可捕獲地面上大部分獵物，也可捕獲飛行中的鳥類，以小型哺乳動物、鳥類、爬蟲類為食。白腹鵰不長程遷徙，僅未成鳥會不規律短程遷移，2014 年 12 月金門有一筆未成鳥紀錄。

▲白腹鵰未成鳥會不規律短程遷移。

鷹科

101

灰面鵟鷹 *Butastur indicus*

屬名：鵟鷹屬　　英名：Gray-faced Buzzard　　生息狀況：過／普，冬／稀
別名：灰面鵟、國慶鳥、山後鳥、南路鷹、清明鳥、掃墓鳥

相似種
鳳頭蒼鷹、蒼鷹
•鳳頭蒼鷹停棲時翼長僅至尾羽基部，飛行時翼較短圓。
•蒼鷹體型較壯碩，翼寬尾長，頸以下密布細橫紋，尾羽橫帶更明顯。

▲落鷹時喜歡停棲在樹梢上。

| 特徵 |

• 雌雄近似，雌鳥體型較大。嘴黑色，蠟膜橘色，裸足黃色。

• 成鳥虹膜金黃色，臉鼠灰色，喉白色、喉央線明顯。背部紅褐色，翼長，末端幾達尾端。尾灰褐色，有3、4條暗色橫帶。

• 雄鳥頭頂偏灰，臉頰灰色較濃，白色眉線較細。胸部常呈整片褐色，斑紋少，腹部有褐色橫紋。

• 雌鳥頭頂偏褐，白色眉線明顯，胸腹白色與褐色橫紋交錯。

• 幼鳥虹膜黃褐色，頭頂色淡，眉線米黃色，胸腹密布褐色縱紋。

▲幼鳥虹膜黃褐色，胸腹密布縱紋。

• 飛行時翼形窄長，前後緣平直，翼端尖，指叉5枚，雙翼水平，羽色偏紅，尾上覆羽具U形白斑。

| 生態 |

繁殖於西伯利亞東南方、中國大陸東北、韓國和日本等地，在臺灣過境數量僅次於赤腹鷹，每年10月國慶日前後，大量過境恆春半島，再南下東南亞度冬，因而被稱為「國慶鳥」。次年清明前後陸續北返，過境彰化八卦山一帶，因其由南方而來，當地稱之為「南路鷹」，又因於清明前後過境，也被稱為「清明鳥」或「掃墓鳥」。灰面鵟鷹每年循固定路線遷徙、夜棲，偏好棲息於低海拔山區或溪谷兩側之開墾林。春秋過境期的落鷹為自然界奇景，黃昏時分在夜棲地上空盤集，落鷹時喜歡停棲在竹梢、檳榔樹梢上，過境期會捕食昆蟲，也有捕食蛇類的紀錄。

▲雄鳥頭頂偏灰，臉頰灰色較濃。

▲雌鳥，降落溪床喝水。

▲幼鳥虹膜黃褐色，胸腹密布縱紋。

▲雌鳥頭頂褐色，眉線較粗。

▲飛行時翼形窄長，前後緣平直。

▲少數個體會滯留臺灣度冬。

▲背面紅褐色，尾上覆羽具 U 形白斑。

西方澤鵟 *Circus aeruginosus*

屬名：澤鵟屬　　英名：Eurasian Marsh-Harrier　　別名：白頭鷂　　生息狀況：迷

▲雄鳥飛行時呈黑褐白三色。

相似種

東方澤鵟
- 雄鳥腹面白色；雌鳥背面羽色較淡，尾有數條深色橫帶。

| 特徵 |

- 成鳥虹膜黃色，幼鳥虹膜淡褐色。嘴黑色，蠟膜及裸足黃色。
- 體色多變。雄鳥頭至頸灰白色具褐色細縱紋。眼周黑色，臉褐色，四周有細白斑形成顏盤。背至腰暗褐色雜有褐色羽緣，胸以下紅褐色，有黑褐色縱紋。飛行時呈黑褐白三色，翼前緣白色，翼上覆羽紅褐色與暗褐色交錯，翼下覆羽淡褐色，飛羽灰白色，三級飛羽末端及翼尖黑色，尾及尾上覆羽灰白色無斑紋。

▲雄鳥飛羽灰白色，三級飛羽末端及翼尖黑色。

- 雌鳥全身大致暗褐色，頭乳白至黃褐色，眼周及耳羽暗褐色，肩羽淡色，體羽及尾羽無斑紋。
- 幼鳥頭乳白色，全身大致暗褐色，似雌鳥但無淡色肩羽。
- 飛行時翼及尾窄長，翼尖黑，指叉5枚，盤旋時雙翼上揚成淺V形，頭常朝下。

| 生態 |

繁殖於歐洲、非洲西北、中亞及中東北部，越冬於撒哈拉以南非洲及南亞。出現於草澤、溼地、草原及邊緣具蘆葦叢之湖泊、水庫及河流等，喜好具蘆葦叢之溼地，常於草澤上緩速低飛覓食，飛行搖擺不定，時常驚起成群水鳥。以小型哺乳動物鼠類為主食，兼食水鳥、昆蟲、蜥蜴及青蛙等。2019年10月恆春龍鑾潭北岸溼地有一筆雄成鳥紀錄，滯留一段時間後北漂至鰲鼓溼地再返回恆春後消失。

鷹科

▲幼鳥。

▲雌鳥體羽及尾羽無斑紋。

▲ 2019 年 10 月攝於恆春龍鑾潭北岸。

▲雌鳥全身大致暗褐色,頭乳白至黃褐色。

▶ 常於草澤上緩
速低飛覓食。

東方澤鵟 / 東方澤鷂 *Circus spilonotus*

屬名:澤鵟屬　　英名:Eastern Marsh-Harrier　　別名:澤鵟、白腹鷂　　生息狀況:冬、過 / 不普

相似種

花澤鵟、灰澤鵟

• 花澤鵟飛行時背面有黑色三叉戟斑，雌鳥顏盤明顯，腹部及尾上覆羽白色，幼鳥有醒目白眼罩。
• 灰澤鵟雄鳥頭灰色，雌鳥顏盤明顯，翼下有 3 條黑色粗橫帶，尾上覆羽白色，尾部末端黑帶明顯。

▲黑頭型雄成鳥。

| 特徵 |

• 雌鳥體型較大。成鳥虹膜黃色，幼鳥虹膜褐色。嘴黑色，蠟膜及裸足黃色。臺灣可見來自亞洲大陸及日本二種不同地區族群。
• 大陸型：雌雄異色。體色多變，又可分黑頭、灰頭兩型。
　黑頭型：雄鳥全身大致黑白兩色，頭黑色，背部黑褐色雜有白斑。
　灰頭型：雄鳥頭至頸灰褐色具縱紋；臉深色，四周有細白斑形成顏盤；背部灰褐色雜有白斑。兩種色型雄鳥頸、胸皆有深色細縱紋，翼尖黑色，腹面、尾上及尾下覆羽白色，尾灰色。雌鳥全身大致褐色，臉灰褐色具不明顯顏盤，飛羽有數道橫帶。腹面及脛羽具紅褐色縱紋，尾褐色，有數條深色橫帶，尾上覆羽淡褐色。
• 日本型：雌雄近似。雄鳥似大陸型雌鳥，腹面淺褐色，有深褐色縱紋，飛羽有數條橫帶，但翼下外側初級飛羽（P6-P10）無橫斑。尾褐色，有數條深色橫帶，但中央尾羽灰色，尾上覆羽白色帶有淡褐橫紋。雌鳥全身大致褐色，體羽及尾羽無明顯斑紋，尾上覆羽淡褐色。
• 幼鳥及亞成鳥體色變異亦大，以褐色為主，似雌鳥。其中有頭、胸乳白色者，乳白色範圍隨年齡成長而縮小。
• 飛行時翼及尾窄長，翼尖黑，指叉 5 枚，盤旋時雙翼上揚成淺V形，頭常朝下。

| 生態 |

繁殖於西伯利亞東部、中國東北及日本，越冬於中國華南、中南半島及東南亞，出現於海邊、草澤、溼地及草原，常於草澤上緩速低飛覓食，飛行搖擺不定，時常驚起成群水鳥。以鼠類為主食，兼食水鳥、蜥蜴及昆蟲。嘉義鰲鼓溼地、中部濁水溪口及北部關渡自然公園有零星度冬紀錄，多數為雌鳥與幼鳥；秋過境期間墾丁為較容易觀察的地點。

鷹科

▲大陸型雄幼鳥。

▲幼鳥虹膜褐色。

▲黑頭型雄成鳥。

▲灰頭型雄成鳥頭至頸灰褐色具縱紋。

▲日本型幼鳥。

▲灰頭型雄成鳥。

▲雌成鳥。

▲日本型雄成鳥。

▲大陸型幼鳥。

灰澤鵟 / 灰鷂 *Circus cyaneus*

II L43~54cm.WS98~124cm

屬名:澤鵟屬　　英名:Hen Harrier　　別名:白尾鷂　　生息狀況:冬、過 / 稀

相似種
東方澤鵟、花澤鵟
- 東方澤鵟雄鳥頭部、背羽較黑;雌鳥顏盤較不明顯,尾上覆羽淡褐色。
- 花澤鵟雄鳥頭黑色,雌雄背部均有三叉戟斑,腹部白色,尾部橫帶較細。

▲灰澤鵟為曠野性猛禽,偏好草澤溼地。

| 特徵 |

- 雌雄異色。成鳥虹膜黃色。嘴黑色,蠟膜及裸足黃色。
- 雄鳥頭、頸、背、上胸及尾部大致為灰色,初級飛羽黑色;下胸、尾上及尾下覆羽白色。
- 雌鳥全身大致褐色,頭有黑褐色縱斑,眼上、下白色,顏盤具輻射細紋,四周有細白斑圍繞。背部、翼及尾羽大致褐色,翼上覆羽有淡色羽緣,腹面淡黃褐色,有紅褐色縱斑,下腹及尾下覆羽有紅褐色心形斑。尾上覆羽白色,尾有 4 條暗色橫帶,末端黑帶寬而明顯。
- 飛行時雙翼狹長,指叉 5 枚。雄鳥翼下白色,翼尖黑色。雌鳥翼下 3 條黑色粗橫帶,尾上覆羽白色,尾部末端黑帶明顯。滑翔時雙翼上揚呈淺 V 字形。

| 生態 |

繁殖於歐亞大陸北方,越冬於歐洲、非洲西北至土耳其、中東至中國東南部、韓國及日本。為曠野性猛禽,偏好草澤溼地,過境臺灣紀錄遠比東方澤鵟少。常於草澤上低飛巡弋,獵食鼠類、小鳥,兼食蛙、蜥蜴及昆蟲。本種度冬及過境紀錄以雌鳥居多。

▲常於草澤上低飛巡弋,圖為雌成鳥。

▲雄鳥頭至上胸大致灰色。

▲雄鳥紀錄較少。

▲雌成鳥翼後緣黑帶向身體漸寬，白帶漸窄，下腹至尾下覆羽有紅褐色心形斑。

▲雄幼鳥，虹膜黃色。

▲雌幼鳥虹膜暗褐色，髭紋明顯，翼後緣黑帶向身體漸寬，白帶漸窄而模糊。

▲雄幼鳥虹膜黃色，翼後緣黑帶與白帶對比明顯，黑帶較雌成鳥窄。

▲常懸停找尋獵物。

▲雄幼鳥翼後緣黑帶與白帶對比明顯。

109

花澤鵟 / 鵲鷂 *Circus melanoleucos*

II L43~50cm.WS110~125cm

屬名：澤鵟屬 　英名：Pied Harrier　 生息狀況：冬、過 / 稀

相似種

東方澤鵟、灰澤鵟
- 東方澤鵟飛行時背面無黑色三叉戟斑；雌鳥顏盤不明顯，腹面羽色較深，尾上覆羽淡褐色。
- 灰澤鵟雄鳥頭、背面灰色；雌鳥背面無三叉戟斑，腹面淡黃褐色，尾部末端黑帶寬而明顯。

▲雌成鳥肩部有白斑，顏盤有輻射細紋。

| 特徵 |
- 雌雄異色。成鳥虹膜黃色，嘴黑色，蠟膜及裸足黃色。
- 雄鳥頭、胸、背部黑色，肩部有白斑。腹面、脛羽、尾上及尾下覆羽白色，尾灰色。
- 雌鳥頭、背部褐色，肩部有白斑。顏盤有輻射細紋，周圍環繞細白斑。飛羽灰褐色，有黑色橫帶，腹面、脛羽白色，有紅褐色縱紋。尾灰色，有 4~5 條不明顯黑色橫帶，尾上覆羽白色。
- 幼鳥虹膜褐色至黃色（黃色為雄鳥），具醒目白眼罩，顏盤明顯。背面及腹面大致暗褐色，飛行時翼下覆羽暗褐色，初級飛羽較淡，具斑紋，次級飛羽較暗，尾上覆羽白色。
- 飛行時指叉 5 枚，雙翼狹長。雄成鳥頭黑色，背部有黑色三叉戟斑，翼尖黑，盤旋時雙翼上揚成淺 V 形。雌鳥背部亦有三叉戟斑，腹面白色，有紅褐色縱紋，翼下覆羽有紅褐色斑紋。

▲雌鳥背部亦有三叉戟斑，陳進億攝。

| 生態 |
繁殖於西伯利亞東部、中國東北及朝鮮半島，越冬於中國華南、中南半島、印度及東南亞。出現於草澤、溼地及草原，為曠野性猛禽，過境期間僅短暫停留，常於草澤上緩速低飛，獵食鼠類、蛙、蜥蜴、小鳥及昆蟲。過境期間以北部較常發現，紀錄以雄鳥居多。

▲雄鳥，飛行時背部有黑色三叉戟斑。

鷹科

▲雄成鳥頭、胸、背黑色，肩部有白斑。

▲雄亞成鳥，翼及腹面仍有褐色斑。

▲幼鳥背面及腹面大致暗褐色，圖為雄幼鳥。

▲雄幼鳥虹膜黃色。

▲雄幼鳥，背上尚無三叉戟斑。

▲幼鳥背面及腹面大致暗褐色，陳世明攝。

▲過境期僅短暫停留。

鳳頭蒼鷹 *Accipiter trivirgatus formosae*

屬名：鷹屬　　英名：Crested Goshawk　　別名：鳳頭鷹、粉鳥鷹（臺）　　生息狀況：留／普

▲成鳥胸部有赤褐色縱紋，腹部密布赤褐色橫紋。

相似種
• 詳見 p.120「鷹屬猛禽辨識一覽表」。

| 特徵 |
- 雌雄近似，雌鳥體型較大。成鳥虹膜金黃或橙色，嘴黑色，蠟膜黃綠色，裸足黃色。
- 成鳥頭鼠灰色，後頭有冠羽，背部深褐色。腹面白色，喉央線黑褐色，胸有赤褐色縱紋，胸側赤褐色，腹部密布赤褐色橫紋。尾羽褐色，有 4 道暗色橫帶；尾下覆羽白而蓬鬆，雄鳥尤其明顯。翼短尾長，停棲時翼尖僅達尾羽 1/3 處。
- 幼鳥虹膜黃綠色至黃色，頭、背淺褐色，腹面米黃色，胸有水滴狀縱斑，腹部為心形斑。

▲鳳頭蒼鷹可於都會公園定居、繁殖。

- 飛行時翼短圓，後緣突出，指叉 6 枚。尾長，尾端圓，張開時呈扇形，腳趾達尾羽第三節暗色橫帶。蓬鬆的白色尾下覆羽突出於尾下兩側，時有下壓抖翅的行為。

| 生態 |
棲息於中、低海拔樹林至海岸林，以低海拔丘陵最常見。對環境適應良好，為唯一可於都會公園定居、繁殖的日行性猛禽，臺北市之大型公園已有多年繁殖紀錄。性兇猛，不畏人，常隱藏於視野良好之枝頭，伺機伏擊鼠、蛙、蜥蜴、大型昆蟲及中、小型鳥類，也擅於偷襲巢中雛鳥。以枯枝築巢於高樹頂端，巢為盤狀，雌鳥負責抱卵及餵雛，雄鳥負責狩獵及警戒。

鷹科

▲幼鳥腹面米黃色,胸、腹有水滴狀縱斑。

▲雄成鳥白色尾下覆羽較明顯。

▲飛行時腳趾達尾羽第三節暗色橫帶。

▲飛行時指叉6枚,圖為幼鳥。

◀白色尾下覆羽突
出於尾羽兩側。

113

赤腹鷹 *Accipiter soloensis*

屬名：鷹屬　　英名：Chinese Sparrowhawk　　生息狀況：過 / 普

相|似|種
• 詳見 p.120「鷹屬猛禽辨識一覽表」。

▲雄成鳥捕食熊蟬。

| 特徵 |

• 雄鳥虹膜暗紅色近黑，雌鳥、幼鳥虹膜黃色。嘴黑色，粗短呈鉤狀。蠟膜及裸足橘色。

• 成鳥頭、頰、背與翼藍灰或鼠灰色。胸橙色，深淺隨年齡而異，有些個體偏白，雌鳥色澤較雄鳥濃，有不明顯橫紋；下腹以下白色，尾羽灰色，有 4 道暗色窄橫帶。翼中等長，尾短，停棲時翼尖達尾羽 2/3 處。

• 幼鳥背面灰褐色，有淡色羽緣。腹面白色，具喉央線，胸有縱斑，腹、脇有粗橫斑或心形斑。

• 飛行時指叉 4 枚，翼後緣平直。翼下覆羽淡橙色或白色，無斑紋。成鳥翼下末端黑色，飛羽除翼端外其餘白色，無斑紋；幼鳥翼端黑色較淡，飛羽有暗色橫帶。

▲幼鳥腹部有心形斑。

| 生態 |

繁殖於中國大陸及韓國等地，爲臺灣過境數量最多的遷徙性猛禽，9 月中、下旬大量過境臺灣往東南亞度冬，次年春季由南方北返，4 月過境臺灣中北部，南遷時間較灰面鵟鷹早，北返時間卻較灰面鵟鷹晚。過境期間棲息於中低海拔闊葉林，有些個體會做短暫停留，捕食蛙、蜥蜴、熊蟬、蝗蟲等昆蟲爲食。赤腹鷹集結遷移所形成的「鷹柱」、「鷹球」、「鷹河」是自然界的奇觀，秋過境期間墾丁社頂公園、臺東樂山以及春過境期間新北市觀音山爲最佳觀察地點。

鷹科

▲雄成鳥，翼下無斑紋，翼端黑色。　▲雌成鳥胸部橙色較濃。　　　　　　▲幼鳥翼端不黑，飛羽有橫帶。

▲雄成鳥虹膜暗紅色近黑。

▲雌成鳥虹膜黃色。　　　　　　　　　▲頭、頰、背及翼鼠灰色。

日本松雀鷹 *Accipiter gularis*

II L23~30cm.WS46~58cm

屬名：**鷹屬**　英名：Japanese Sparrowhawk　生息狀況：冬／稀，過／不普

▲幼鳥具喉央線，胸部有縱斑，腹側有粗橫斑。

| 特徵 |
- 雌雄異色，雌鳥體型較大。嘴黑色，眼圈、蠟膜黃色。裸足黃色，腿與趾細長。
- 雄鳥虹膜橙色或紅色，頭、背面暗灰藍色，喉白色，喉央線不明顯；腹面密布淡紅褐色橫紋，腹側形成紅褐色。尾羽灰色，有4條暗橫帶，最外側橫帶較多且細（異紋）。停棲時翼尖達尾羽1/2處。
- 雌鳥虹膜金黃色，背面、頰偏灰褐色，腹面白色，密布褐色細橫紋。
- 幼鳥虹膜黃綠色，頭、背面褐色。具喉央線，胸部有縱斑，腹側有粗橫斑。
- 飛行時翼後緣稍凸，指叉5枚，後掠明顯，尾不常張開，尾端內凹，暗色橫帶較淡色橫帶細，翼下覆羽及飛羽密布細橫紋。常鼓翼伴隨短距滑翔，鼓翼快而深。

| 生態 |
繁殖於西伯利亞、中國東北及華北、朝鮮半島和日本，度冬於中南半島、東南亞等地，常與赤腹鷹同時遷移，但通常於外圍單獨行動，不混群。出現於低海拔之淺山疏林地帶，獵取小鳥、昆蟲爲食。本種於南部墾丁秋過境及北部觀音山春過境較容易觀察。

相 似 種

松雀鷹
- 喉央線明顯，胸有縱紋。
- 飛行時翼較圓短，翼後緣圓凸明顯，尾羽暗橫帶較寬。
- 幼鳥腹部斑紋較粗而密。詳見 p.120「鷹屬猛禽辨識一覽表」。

▲雄鳥虹膜紅色，腹面密布紅褐色橫紋。　　▲雌鳥腹面密布褐色細橫紋。

▲幼鳥。

松雀鷹 *Accipiter virgatus fuscipectus*

II　特有亞種　　L25~36cm.WS51~70cm

屬名:鷹屬　　英名:Besra　　別又:臺灣松雀鷹、鷹仔虎、打鳥鷹（臺）　　生息狀況:留／不普

鷹科

相|似|種
• 詳見 p.120「鷹屬猛禽辨識一覽表」。

▲親鳥育雛。

| 特徵 |
• 雌雄近似，雌鳥體型較大。嘴黑色甚短，蠟膜淡黃綠色。裸足黃色，腿與趾皆細長，中趾特長。
• 成鳥頭鼠灰色，背面灰褐色。喉白色，黑褐色喉央線明顯，上胸有黑褐色縱紋，兩側隨成長逐漸形成紅褐色斑塊。胸以下密布褐色橫紋，尾羽褐色，有 4 條暗色橫帶，最外側橫帶較多且細（異紋），尾下覆羽白色。翼短尾長，停棲時翼尖僅達尾羽 1/3 處。
• 雄鳥虹膜橙黃色，老成轉爲橙紅色。背面、頰暗灰藍色。
• 雌鳥虹膜黃色至橘黃色。背面、頰灰褐色。
• 幼鳥虹膜黃綠色至黃灰色，頭、背灰褐色，腹面米黃色，胸密布不規則褐色粗縱斑，腹部爲心形斑。
• 飛行時翼圓短，後緣突出，指尖 5 枚。尾長，尾端略平，張開呈扇形，暗色與淡色橫帶幾乎等寬，腳趾達尾羽倒數第二節暗色橫帶。

▲嘴黑色甚短，腿與趾細長，中趾特長，成鳥。

| 生態 |
爲臺灣留鳥猛禽中體型最小者，分布於中、低海拔山區森林，以低海拔丘陵地最常見。平常單獨活動，僅繁殖期成雙出現，習性隱密畏人，喜隱身於樹林內，不易觀察。領域性強，常與其他猛禽發生爭鬥，或由高空俯衝追逐入侵者。主要以鳥類爲食，也吃昆蟲、蜥蜴、鼠、蛙類。

▲尾羽暗色與淡色橫帶約略等寬。

▲喜隱身於樹林，成鳥。

▲指叉 5 枚，P5 與 P6 長度落差大，成鳥。

▲外側尾羽異紋，圖為幼鳥。

▲喉白色，喉央線明顯。

▲幼鳥胸腹密布褐色粗縱斑及心形斑。

鷹科

119

◆鷹屬猛禽辨識一覽表

特徵 / 鳥種	體型	虹膜、蠟膜	腹面斑紋	翼形及指叉	尾羽	腳、趾特徵	飛行形態
鳳頭蒼鷹	嘴較長，後頭有冠羽，體型較大，身軀略粗壯	成鳥虹膜金黃或橙色。幼鳥虹膜綠色至黃色。蠟膜黃綠色	具喉央線。成鳥胸有赤褐色的縱紋，腹部密布赤褐色橫紋；幼鳥胸有水滴狀縱斑，腹部為心形斑	飛行時翼圓短，後緣突出。指叉6枚，短而不突顯，翼下具橫紋	尾長，有4條暗色橫帶，尾端圓，張開呈扇形。外側尾羽無明顯異紋	腳黃色，腳與趾較粗短，飛行時腳趾僅達尾羽倒數第三節暗色橫帶	盤旋時雙翼水平，飛行較穩重，白色尾下覆羽蓬鬆，鼓翼快而淺，時有下壓抖翅動作
松雀鷹	嘴較短，體型小，身軀較纖瘦	雄鳥虹膜橙黃色，老成轉為橙紅色；雌鳥虹膜黃色；幼鳥虹膜黃綠色至黃灰色。蠟膜淡黃綠色	具喉央線。成鳥上胸有黑褐色縱紋，胸以下密布赤褐色橫紋。幼鳥胸密布不規則褐色粗縱斑，腹部為心形斑	飛行時翼圓短，後緣突出。指叉5枚，略突出，P5與P6長度有明顯落差。翼下具橫紋	尾長，有4條暗色橫帶，暗色與淡色橫帶幾乎等寬，尾端略平，張開呈扇形。外側尾羽異紋	腳黃色，腳與趾皆細長，中趾特長，飛行時腳趾達尾羽倒數第二節暗色橫帶	盤旋時雙翼水平，翼端略上揚，常鼓翼伴隨短距滑翔，鼓翼快而深，常變換方向。滯空時間短
日本松雀鷹	體型小，飛行時胸略突出	雄鳥虹膜橙色或紅色，雌鳥金黃色，幼鳥黃綠色。眼圈、蠟膜黃色	喉央線不明顯。雄鳥腹面密布淡紅褐色橫紋。雌鳥腹面密布褐色細橫紋。幼鳥喉央線較粗，胸部有縱斑，腹側有粗橫斑	飛行時翼較寬，中等長，後緣稍凸。指叉5枚，突出且後掠明顯。翼下密布細橫紋	尾長，有4條暗色橫帶，暗色橫帶較淡色橫帶細，尾端內凹，成雙凸形，不常張開。外側尾羽異紋	腳黃色，腳與趾均甚纖細，中趾特長	盤旋時雙翼水平，翼端略上揚，常鼓翼伴隨短距滑翔，鼓翼快而深
赤腹鷹	體型小	雄鳥虹膜暗紅色近黑，雌鳥及幼鳥黃色。蠟膜橘色	成鳥胸橙色，有些個體偏白，雌鳥色澤較濃，有不明顯橫紋；幼鳥具喉央線，胸有縱斑，腹、脇有粗橫斑或心形斑	飛行時翼窄長，後緣平直，翼端尖。指叉4枚，翼短而不突顯。翼下覆羽淡橙色或白色。成鳥翼下無斑紋，翼尖黑色	尾短，有4條暗色窄橫帶，某些個體不明顯，尾端略圓，常微張	腳橘色，略粗短	盤旋時雙翼水平，常鼓翼後短距滑翔，鼓翼快而深
北雀鷹	體型稍大，身軀修長	虹膜黃色或橙色。蠟膜黃綠色，雌鳥白色眉線明顯	雄鳥喉白色，有細縱紋，腹面密布淡紅褐色細橫紋。雌鳥腹面密布褐色細橫紋。幼鳥腹面為粗短橫斑	飛行時翼略窄長，後緣稍凸，翼端尖。指叉6枚突出，後掠明顯。翼下密布細橫紋	尾甚長，外側尾羽橫帶較多，與中央尾羽4條橫帶不對應，尾端平直	腳黃色，腳與趾皆細長，中趾特長	盤旋時雙翼水平，翼端略上揚，常鼓翼伴隨短距滑翔，鼓翼快而深
蒼鷹	體型大，身軀粗壯，飛行時頭略上抬，胸突出	成鳥虹膜黃色，老成轉為橙色；幼鳥虹膜黃綠色。蠟膜黃綠色	成鳥腹面甚白，頸以下密布暗色細橫紋。幼鳥腹面淡色，胸、腹有黑褐色縱紋	飛行時翼寬長，指叉6枚突出，翼下密布細橫紋	尾長，有4條黑色橫帶，尾端圓，中央尾羽突出，常微張，張開呈大扇形	腳黃色，腳與趾粗短	盤旋時雙翼略上揚，飛行穩重，常間歇鼓翼，鼓翼快而有力

北雀鷹 *Accipiter nisus*

屬名:鷹屬　英名:Eurasian Sparrowhawk　別名:雀鷹　生息狀況:冬、過/稀

鷹科

相似種
•詳見 p.120「鷹屬猛禽辨識一覽表」。

▲雌鳥白色眉線明顯，腹面密布暗褐色細橫紋。

| 特徵 |

• 雌雄近似，雌鳥體型較大。虹膜黃色或橙色。嘴黑色，基部鉛灰色。蠟膜黃綠色。裸足黃色，腳趾細長，中趾特長。

• 雄鳥頭頂及背面灰藍色，過眼線暗灰藍色，眉線不明顯。喉白色，有細縱紋。腹面白色，密布淡紅褐色細橫紋。尾羽有 4 條暗色橫帶，外側尾羽橫帶較多，與中央尾羽 4 條橫帶不對應，尾下覆羽白色。停棲時翼尖達尾羽 1/2 處。

• 雌鳥白色眉線明顯，背灰褐色，腹面密布褐色細橫紋。

• 幼鳥大致似雌鳥，但腹面為粗短橫斑。

• 飛行時輪廓修長，翼後緣稍凸，指叉 6 枚，後掠明顯，翼下覆羽及飛羽密布細橫紋，尾甚長，尾端平直。常鼓翼伴隨短距滑翔，鼓翼快而深。

| 生態 |

廣布於歐亞大陸，冬季南遷朝鮮半島、日本、中國華中及華南、中南半島、印度及非洲等地，春、秋過境期出現於海岸附近或低海拔山區林緣，獵捕鳥類為食，近年新北市貢寮區田寮洋偶有度冬紀錄。

▲雄鳥腹面密布淡紅褐色細橫紋，呂宏昌攝。

121

▲常鼓翼伴隨短距滑翔，鼓翼快而深，圖為幼鳥。

▲喜貼近地面低飛匿蹤追捕獵物。

▲雌亞成鳥。

▲亞成鳥。

▲雄亞成鳥。

▲幼鳥。

▲飛行時翼後緣稍凸，指叉6枚，雌鳥。

▲亞成鳥。

褐耳鷹 *Accipiter badius*

L30~36cm.WS48~56cm

屬名:**鷹屬**　　英名:Shikra　　生息狀況:迷

▲雄鳥虹膜橙色，有紅褐色頸圈，陳進億攝。

| 特徵 |

- 雌鳥體型較大。嘴黑色，基部鉛灰色。蠟膜黃色。裸足黃色。
- 雄鳥虹膜橙色或紅色，頭、背面淺灰藍色，頰綴有紅褐色，初級飛羽黑色。喉白色，有淺灰色縱紋，頸圈紅褐色，腹面密布紅褐色及白色細橫紋。
- 雌鳥似雄鳥，但虹膜黃色，背面羽色偏褐，喉灰色較濃。
- 幼鳥虹膜黃綠色，頭、背面褐色。具喉央線，腹面白色，胸至腹有縱斑，腹側有粗橫斑。
- 飛行時翼後緣稍凸，指叉 5 枚，翼下覆羽及飛羽具橫紋。

| 生態 |

分布於非洲至印度、中國南方、東南亞。出現於林緣、有稀疏樹林之農耕地、草原等地帶，常於林緣低空飛行，獵取小鳥、蛙、蜥蜴、昆蟲及鼠類為食，也會在林區外圍及平原空曠地帶盤旋。本種僅 2011 年 11 月墾丁秋過境一筆雌鳥紀錄。

▲雌鳥虹膜黃色，陳世明攝於墾丁。

相似種

日本松雀鷹
- 眼圈黃色，頭、背面暗灰藍色。
- 雄鳥腹側為整片紅褐色。
- 雌鳥腹面為褐色細橫紋。

蒼鷹 *Accipiter gentilis*

屬名:鷹屬　　英名:Northern Goshawk　　生息狀況:冬、過／稀

鷹科

相似種

• 詳見 p.120「鷹屬猛禽辨識一覽表」。

▲成鳥頸以下密布暗色細橫紋,陳世中攝。

| 特徵 |

• 雌雄近似,雌鳥體型較大。嘴鉛灰色,蠟膜黃綠色,裸足黃色。
• 成鳥虹膜黃色,老成轉為橙色。臉灰黑色,眉線白色,過眼線黑色。腹面汙白色,頸以下密布暗色細橫紋。尾長,有 4 條黑色橫帶。停棲時翼尖達尾羽 1/2 處。
• 雄成鳥背面深灰色,雌成鳥背面灰褐色。
• 幼鳥虹膜黃綠色,臉灰褐色,背面暗褐色,腹面淡褐色,胸、腹有黑褐色縱紋。
• 飛行時體型粗壯,胸突出,翼寬長,指叉 6 枚,成鳥腹面甚白,密布細橫紋。尾長,圓尾,中央尾羽略為突出,雙翼略上揚。

| 生態 |

為鷹屬猛禽體型最大者,廣泛分布北半球北部溫帶地區,東亞族群冬季南遷至中南半島、中國華南等地,日本北海道、本州亦有繁殖。為森林性猛禽,性兇猛,平時單獨生活,隱藏於樹林,常從停棲處進行掠地飛行,伺機捕捉中型鳥類及松鼠、野兔等哺乳動物,能在森林追擊飛鳥,亦能在原野搏擊野兔,自古即用以馴養成獵鷹。

▲幼鳥胸腹有黑褐色縱紋。

◀飛行時體型粗壯,中央尾羽略為凸出,圖為成鳥。

▲幼鳥。

黑鳶 *Milvus migrans*

屬名:鳶屬　　英名:Black Kite　　別名:老鷹、鶆鷂、厲鷂(臺)、麻鷹(香港)
生息狀況:留／不普，過／稀

| 相 | 似 | 種 |

栗鳶、東方澤鵟
- 栗鳶成鳥頭、頸及胸白色，幼鳥體色
  與本種相似，但尾呈圓形，非凹尾。
- 東方澤鵟雌鳥初級飛羽基部無白斑，
  滑翔時雙翼常往上舉呈 V 字形，非
  凹尾。

▲常於水域上空盤旋。

| 特徵 |
- 雌雄同色。虹膜暗褐色，眼後羽色較深。嘴黑色，蠟膜及裸足灰色。
- 成鳥全身褐色，背面羽緣淡褐色，頭部、腹面有淡褐色縱斑。尾羽略長，中央內凹，有不明顯
  之淡褐色橫斑。
- 幼鳥似成鳥，但背面羽緣白斑及腹面白色縱斑更明顯。
- 飛行時雙翼狹長，指叉 6 枚，翼下初級飛羽基部有明顯白斑，凹尾。

| 生態 |
棲息於海岸林或山坡樹林中，喜以動物屍體為食，是自然界有名的清道夫，常三、兩隻出現於
海岸、曠野、港口、水庫、河口、養殖場及道路之上空盤旋，尋找魚、蛙、鼠類之屍體及內臟，
發現後緩降抓取，在空中進食。飛行鼓翼深而緩慢，常於水域上空平展雙翼滑翔；繁殖期雌雄
鳥有空中對爪旋轉、翻滾之求偶行為，黃昏時會先聚集後再回巢，即所謂「晚點名」行為。營
巢於水域附近樹林、峭壁上，雌雄共同孵卵，由雌鳥育雛，雄鳥負責提供食物。
本種因棲地破壞、農藥汙染及人為干擾，族群數量下降，目前僅分布於新北市萬里、新店、瑞
芳山區與嘉義曾文水庫及屏東山區。北部基隆港因常有漂流的動物內臟，吸引黑鳶前來覓食，
是最容易觀察黑鳶的地方。

▲成鳥全身褐色，背面羽緣淡褐色。

▲幼鳥腹面密布白色縱斑。

▲飛行時翼下有白斑，尾略凹。

▲喜以動物屍體為食。

栗鳶 *Haliastur indus*

L44~52cm.WS110~125cm

屬名:栗鳶屬　　英名:Brahminy Kite　　別名:紅老鷹　　生息狀況:迷

相 似 種

黑鳶
• 頭褐色,翼下初級飛羽基部有明顯白斑,凹尾。

▲以魚、蟹及腐肉等為食。

| 特徵 |
• 雌雄同色。虹膜褐色,嘴灰綠色,蠟膜黃色,腳暗黃色。
• 成鳥頭、頸及胸白色,有黑褐色細縱紋,翼、背、尾及腹部紅褐色,初級飛羽黑色。
• 幼鳥全身褐色,胸具縱斑。
• 飛行時雙翼狹長,指叉 6 枚,初級飛羽黑色,圓尾。

| 生態 |
分布於中國東南、南亞、東南亞和澳洲,棲息於河流、湖泊、沼澤、沿海等水域及鄰近村莊,除繁殖期成對活動外,通常單獨活動。常於空中盤旋,或在開闊的水域滑翔,飛行時兩翼向前。主要以魚、蟹、蛙類及腐肉等為食,亦食昆蟲及爬蟲類。2006 年 9 月屏東滿州鄉有一筆紀錄;2007 年 8 月澎湖出現一隻未成鳥,滯留至 2008 年 9 月轉換為成鳥羽色,至 2009 年 1 月不明原因死亡。

▲飛行時雙翼狹長,指叉 6 枚,圓尾。

▲成鳥頭、頸及胸白色,翼、背、尾及腹部紅褐色。

白尾海鵰 *Haliaeetus albicilla*

屬名:海鵰屬　　英名:White-tailed Eagle　　生息狀況:冬 / 稀

鷹科

相似種

白腹海鵰
- 成鳥腹面白色。
- 亞成鳥尾羽沒有鑲黑邊。

▲長年滯留於宜蘭翠峰湖之個體。

▲成鳥全身褐色,尾羽白色。

| 特徵 |
- 雌雄同色。虹膜、嘴、蠟膜黃色,嘴粗大。裸足黃色。
- 成鳥全身大致褐色,頭至頸淡褐色,具暗褐色軸紋。飛羽黑褐色,翼上覆羽褐色,具淡色羽緣。尾羽白色呈楔形,尾下覆羽暗褐色。
- 未成鳥虹膜暗褐色,嘴、蠟膜黑褐色。全身大致褐色,腹面雜有白斑。各枚尾羽中央汙白色,外緣及末端黑褐色,形成鑲黑邊。隨著成長羽色漸變。
- 飛行時雙翼寬長,指叉 7 枚,振翅緩慢,尾短呈楔形。

▲幼鳥全身暗褐色,隨成長羽色漸變。

| 生態 |
繁殖於歐亞大陸北部,越冬於南歐、北非、日本、朝鮮半島、中國東南部沿海及印度北部,出現於海岸、河口、湖泊等地帶,在臺灣偶見於山區開闊湖泊及河流地帶,多單獨生活,停棲在地面或喬木上,常於枝頭佇立甚久。以魚類為主食,也捕食鳥類、中小型哺乳動物及腐肉。春過境期間北部觀音山偶有北返個體紀錄,高雄鳳山水庫、宜蘭翠峰湖亦有零星紀錄,尤其翠峰湖自 2002 年起有一隻成鳥長年滯留,冬季常飛至新店市廣興附近水域活動、覓食。

▲滯留個體冬季會飛至新店廣興水域停棲覓食。

129

白腹海鵰 *Haliaeetus leucogaster*

II　L70~85cm.WS178~218cm

屬名:海鵰屬　　英名:White-bellied Sea-Eagle　　生息狀況:迷

▲生活於熱帶海濱地區,陳世明攝。

| 特徵 |

•雌雄同色。虹膜褐色,蠟膜灰色。嘴粗大,灰黑色。裸足灰褐色。

•成鳥頭、頸、腹面白色,背面黑褐色,飛羽黑色。尾羽白色,基部有黑色橫帶。

•亞成鳥羽色漸變,背面褐色,腹面淺褐色,上胸羽色較深,形成寬橫帶。

•飛行時全身黑白兩色,雙翼寬長,略後弓,振翼緩慢有力,指叉6枚,白色尾短呈楔形。

▲成鳥頭、頸及腹面白色,陳世明攝。

| 生態 |

分布於印度、中國東南沿海、東南亞及澳洲。生活於熱帶海濱,以魚類及海蛇為主食,兼食蛙、爬蟲類及腐肉,常佇立於水邊樹上或岩石上。飛行時姿態優雅,發現獵物即俯衝以雙爪撲抓水面的魚類,也會掠奪其他海鳥的魚獲;繁殖期雌雄鳥會有空中雙爪互抓翻滾之求偶行為。

▲亞成鳥羽色漸變,2011年10月攝於新北市萬里。

毛足鵟 *Buteo lagopus*

屬名:**鵟屬**　英名:Rough-legged Hawk　別名:毛腳鵟　生息狀況:迷

相 似 種

鵟、大鵟
- 鵟裸足,尾羽非白色,末端無明顯黑帶。
- 大鵟翼較長,白色翼窗甚明顯,尾有多道橫帶。

▲初級飛羽基部白色,尾白色,末端有黑帶。

| 特徵 |

- 虹膜暗褐色或淡黃色。嘴黑色,蠟膜黃色。毛足,趾黃色。
- 頭乳白色,有褐色細縱紋,眼後線黑褐色,背部褐色,羽緣淡色,形成白斑。腹暗褐色,尾下覆羽乳白色。尾白色,末端有黑帶。
- 飛行時指叉5枚,翼寬廣,初級飛羽基部白色。翼下偏白,有不明顯之褐色橫帶,黑色腕斑明顯,翼後緣及翼尖黑色,尾白色呈扇形,末端有黑帶。

▲毛足鵟為分布最北的鷹科鳥種。

| 生態 |

廣布北半球高緯度地區,度冬南遷僅至歐亞大陸中部、北美洲中部等中緯度地區,生長於寒帶,足部演化為被毛。出現於河口、溼地、草原、荒地或高海拔山區,主食鼠類。臺灣不在其度冬範圍,數年才有一次紀錄,春過境期間北部偶見北返個體,合歡山區夏季曾有幾筆紀錄。

▲生長於寒帶,足部被毛。

東方鵟 *Buteo japonicus*

屬名:鵟屬　　英名:Eastern Buzzard　　別名:普通鵟、鵟、東亞鵟　　生息狀況:冬、過/不普,冬/普（金門）

鷹科

相似種

毛足鵟、大鵟
- 毛足鵟羽色較白,毛足,尾白色,末端黑帶明顯。
- 大鵟翼較長,白色翼窗甚醒目,尾有橫帶。

▲幼鳥虹膜淡褐色,胸側粗縱斑較多。

| 特徵 |
- 雌雄同色。嘴灰黑色,蠟膜黃綠色,裸足黃色。
- 體色自淡色至深色,為連續性變化。成鳥虹膜暗褐色,頭褐色至淡褐色,有黑褐色眼後線及頰線。背面大致褐色,覆羽羽緣淡色。腹面淡褐色,胸有深褐色縱斑,腹部有黑褐色粗斑。尾上褐色,尾下色淡,有多道不明顯細橫帶及末端帶,亦有無橫帶者。
- 幼鳥似成鳥,但虹膜淡黃色或淡褐色,胸側粗縱斑較多;尾較淡,細橫帶較明顯,無末端帶。
- 飛行時體略肥胖,翼寬,黑色腕斑明顯,翼後緣及翼尖黑色,指叉5枚,幼鳥翼後緣不黑,初級飛羽基部色淡,形成不明顯翼窗。盤旋時翼呈淺V字形,尾羽常張開呈扇形。

▲為金門普遍冬候鳥。

| 生態 |
本種以往被視為鵟（*Buteo buteo*）之一亞種,現獨立為種。繁殖於西伯利亞、蒙古、日本、韓國及中國東北,越冬於印度,北部至中國華南及中南半島。出現於海岸附近之草原,農耕地帶,喜停棲於空曠草原或荒地之枝頭、電桿上,主食鼠類,常於空中懸停搜尋獵物。本種於嘉義鰲鼓農場有度冬紀錄,春過境期間北部觀音山區較易觀察到北返個體,在金門及馬祖則為普遍冬候鳥。

▲飛行時體略肥胖,黑色腕斑明顯

132

歐亞鵟 *Buteo buteo*

屬名：鵟屬　英名：Common Buzzard　別名：普通鵟　生息狀況：冬／稀（金門）

| 相 似 種 |

東方鵟
• 體型較大，脛羽非暗褐色。

▲成鳥虹膜暗褐色。

| 特徵 |

• 雌雄同色。嘴灰黑色；蠟膜黃綠色；裸足黃色。
• 成鳥虹膜暗褐色，體羽自淡色至暗色變異大。淡色者似東方鵟，但脛羽暗褐色具橫斑，飛行時下腹兩側暗褐色明顯。暗色者全身深褐色偏紅褐，翼黑褐色，胸、腹有淡色橫斑，脛羽黑褐色具橫斑。尾上深褐色，尾下色淡，有多道不明顯細橫帶及末端帶，亦有無橫帶及末端帶者。
• 幼鳥似成鳥，但虹膜淡黃色或淡褐色，尾較淡，細橫帶較明顯。
• 飛行時體略肥胖，翼寬，指叉5枚，翼下覆羽深褐色，翼後緣及翼尖黑色，幼鳥翼後緣不黑。盤旋時翼呈淺V字形，尾羽常張開呈扇形。

▲脛羽暗褐色，下腹兩側暗褐色明顯。

| 生態 |

繁殖於歐洲及亞洲北部，越冬於歐洲南部、非洲西北部、東部及南部、印度、中國華南及中南半島。出現於海岸附近之草原，農耕地帶，喜停棲於空曠草原或荒地之枝頭、電桿上，主食鼠類，常於空中懸停搜尋獵物。本種出現於金門者為 *B.b.vulpinus* 亞種，常被稱為 Steppe Buzzard 草原鵟，新北市田寮洋曾有紀錄。

大鵟 *Buteo hemilasius*

屬名：鵟屬　　英名：Upland Buzzard　　生息狀況：迷，過／稀（金、馬）

▲淡色型幼鳥，頭乳白色，體色較淡。

| 特徵 |

- 雌雄同色。虹膜黃褐至暗褐色，嘴灰黑色，蠟膜黃綠色，裸足，趾黃色，跗蹠上半部被暗褐色羽毛。
- 體色自淡色至暗色，變異大，淡色型頭乳白色，頸有褐色縱紋，後頸縱紋顏色較深，背部淺褐色，羽緣色淡。胸乳白色，腹側及脛羽深褐色。翼下覆羽褐色，尾淡褐色或乳白色，有多道細橫帶，尾下覆羽白色。暗色型全身大致深褐色，尾部如淡色型；亦有中間型。
- 淡色型幼鳥虹膜淡黃色或黃色，背部羽色較深，腹面縱紋較多，飛行時翼下覆羽較白，後緣不黑。
- 飛行時體粗壯，翼寬長，初級飛羽基部白色，形成醒目翼窗，翼下黑色腕斑明顯，翼後緣及翼尖黑色，指叉5枚。尾有多道橫帶，自尾端至基部由深漸淡。盤旋時雙翼略上揚，鼓翅緩慢。

| 生態 |

繁殖於西伯利亞、蒙古、中國東北及新疆，越冬於喜馬拉雅山脈、中國華中、華南。出現於海岸、河口、溼地、草原荒地等，喜停棲於草原或電桿、枯枝高處，發現田野鼠輩即俯衝獵食。主食野兔、野鼠等，也吃小型鳥類、蛇、蜥蜴與蝗蟲等昆蟲類。大鵟具有不規則的遷移習性，臺灣至2004年始於嘉義鰲鼓農場發現第一筆野外紀錄；2020年底至2021年初全臺各地出現多筆紀錄。

（相似種）

鵟、毛足鵟

- 鵟體型較小，翼較圓短，無明顯白色翼窗，尾上褐色，尾橫帶不明顯。
- 毛足鵟體型較小，毛足，白色翼窗較不明顯，尾白色，末端具黑帶。

鷹科

▲出現於海岸、河口、草原荒地等地帶。

▲跗蹠被暗褐色羽毛。

▲飛行時白色翼窗醒目，圖為成鳥，虹膜暗褐色。

▲幼鳥虹膜淡黃色。

草鴞科
Tytonidae

除極地以外，全球均有分布，大部分為留鳥，臺灣僅 1 種。雌雄同色，具心形顏盤，頸短、腳長、爪尖銳、尾短。棲息於平地至山區等各種環境，以鼠類為主食，也會獵食鳥類、蛙類、爬蟲及昆蟲，難以消化的骨頭、羽毛則以橄欖形塊狀食繭吐出。採一夫一妻制，營巢於草地、樹洞或岩洞，雌鳥負責孵卵，雄鳥負責獵食，雛鳥為晚成性。

草鴞 *Tyto longimembris pithecops*

Ⅰ 特有亞種 L32~38cm

屬名：草鴞屬　　英名：Australasian Grass-Owl　　別名：東方草鴞、猴面鳥　　生息狀況：留／稀

▲於巢區低伏張翼做威嚇狀，柯木村攝。

| 特徵 |
- 虹膜褐色。嘴粉色。腳略白，跗蹠長，具短毛。
- 無角羽。顏盤上寬下窄，呈心形，淡褐色或乳白色，下緣有細黑邊。頭上、背面深褐色，有白色細斑，翼有紅褐色寬橫斑，尾有黑色橫斑。胸淡黃色，腹以下白色，胸至腹部有黑褐色斑點。
- 幼鳥顏盤粉褐色，背羽色較深，腹面黃褐色較濃，隨年齡增長漸淡。

| 生態 |
棲息於平地至低海拔丘陵之濃密草生地中，局限分布於中南部和東部地區，北部極少發現。夜行性，白天休息，夜間飛到田野中獵食鼠類。築巢於草叢或灌叢中，偏好白茅、甜根子草和五節芒等所組成的大片草生地，會利用長草構築出隧道般通道。由於低海拔地區人為開發嚴重，賴以繁殖營巢的荒地逐漸消逝，加上殺草劑、滅鼠藥廣泛使用，造成中毒及主食鼠類減少，使草鴞面臨嚴重生存危機，名列臺灣瀕臨絕種野生動物。其他亞種分布於印度、中國東南部、菲律賓、新幾內亞及澳洲。

▲幼鳥顏盤及腹面羽色較深。

▲雛鳥，柯木村攝。

▲成鳥顏盤上寬下窄，呈心形，下緣有細黑邊。

▲入夜後佇立於鳳梨田灑水器獵食田鼠。　　　▲夜間飛至田野獵食鼠類。

◀跗蹠長，
披短毛。

▶草鴞面臨嚴
重生存危機。

鴟鴞科
Strigidae

貓頭鷹為鴟鴞科鳥類通稱，廣布世界各地，為小至大型夜行性猛禽，大多為留鳥，部分為遷徙性候鳥，臺灣有 8 種繁殖。雌雄同色，頭大、頸短、嘴銳利呈鉤狀，有的種類具顏盤、角羽。眼睛大，位於顏盤中央兩側，眼球為圓柱狀，視覺敏銳，具夜視能力。頸部可作 180 度以上旋轉，藉由靈活的脖子轉換其視野。顏盤具集音效果，聽覺敏銳，捕獵時可憑聽覺定位獵物之所在。羽毛柔軟，飛羽末梢呈細微裂狀，具消音效果，飛行無聲，讓獵物難以發覺。腳強健，外趾（第 4 趾）可前可後，常呈前後各 2 對爪，趾爪銳利。棲息於平地至山區等各種環境，以小型哺乳類動物、鳥類、昆蟲為食，難以消化的骨頭、羽毛則以橄欖形塊狀食繭吐出。採一夫一妻制，營巢於樹洞、岩洞，雌鳥負責孵卵，雄鳥負責獵食，雛鳥為晚成性。

黃嘴角鴞 *Otus spilocephalus hambroecki*

Ⅱ　特有亞種　L17~21cm

屬名：角鴞屬　　英名：Mountain Scops-Owl　　別名：臺灣木葉鴞　　生息狀況：留 / 普

▲完全夜行性，以昆蟲、小鳥為食。　　　　▲虹膜及嘴黃色。

| 特徵 |
• 虹膜、嘴黃色。跗蹠被羽，趾肉褐色。
• 顏盤黃褐色，盤緣黑褐色。眉斑至角羽灰褐色，有黑褐色細斑。背面大致褐色，有黑褐及灰白色斑紋，翼有黃褐色橫斑。腹面灰白色，有褐色及黑褐色斑紋。

| 生態 |
其他亞種分布於喜馬拉雅山脈、中國華南及東南亞。夜行性，棲息於中至低海拔闊葉林中，白天於樹洞或濃密樹叢中休息，夜間單獨活動。喜鳴叫，常發出「嘘～嘘～」的雙音節哨音以宣示領域。性隱密，不易觀察。飛行無聲，以昆蟲、小鳥為食。

相似種

領角鴞、東方角鴞
• 領角鴞體型較大，嘴鉛灰色，眼暗紅色，顏盤灰色較濃，背面羽色較暗。
• 東方角鴞嘴黑色，角羽較長，體態較纖細，腹面有黑色縱斑。

領角鴞 *Otus lettia glabripes*

屬名：角鴞屬　　英名：Collared Scops-Owl　　別名：赤足木葉鴞　　生息狀況：留／普

鴟鴞科

相似種

黃嘴角鴞
- 體型較小，虹膜及嘴黃色。
- 背面褐色較濃。

▲完全夜行性，白天於茂密枝上或貼近樹幹休息。

| 特徵 |
- 虹膜暗紅色。嘴鉛灰色。跗蹠被羽，趾灰褐色。
- 顏盤灰色，盤緣黑褐色。角羽明顯，背面大致灰褐色，有黑褐色斑紋，後頸、肩羽、初級飛羽有黃褐色斑，尾羽有暗褐色橫斑。前頸灰白色，有黑褐色橫斑；胸至腹灰褐色，有黑褐色縱斑。

| 生態 |
其他亞種分布於印度、東北亞至東南亞。棲息於平地至低海拔山區闊葉林中，生活環境為鴟鴞科中最接近人類者。夜行性，白天於枝葉茂密的樹上休息，宛若樹瘤，黃昏後活動，以昆蟲為主食，也會捕食蛙類、蜥蜴、小鳥等。春夏夜晚常鳴叫，聲音為「戶～」單音，每次間隔數秒。築巢於樹洞，近年來校園、都會公園常有紀錄。

▲為鴟鴞科中最接近人類者。

蘭嶼角鴞 / 優雅角鴞 *Otus elegans botelensis*

屬名：角鴞屬　英名：Ryukyu Scops-Owl　別名：嘟嘟晤　生息狀況：留／普（蘭嶼）

相似種
黃嘴角鴞
• 嘴黃色。
• 腹面無暗褐色縱斑。

▲僅分布於蘭嶼，棲息於原始林內。

| 特徵 |
• 虹膜黃色。嘴橄灰色或黑色。跗蹠被羽，
  趾灰褐色。
• 眼先、眉斑灰白色。顏盤不明顯，暗褐色，
  雜有灰色羽毛。角羽較短，紅褐色。背面
  暗褐色，黑色及黃褐色斑駁，肩羽有一列
  白斑。前頸至胸淡黃褐色，腹以下羽色較
  白，胸、腹有暗褐色縱斑。

| 生態 |
其他亞種分布於琉球群島至菲律賓呂宋島
間之系列小島上。臺灣僅分布於蘭嶼，棲
息於原始林內，單獨或成對活動，無明顯
領域性。夜行性，以昆蟲及無脊椎動物為
主食，於樹林、林緣或芋田等空曠地區搜
尋獵物，發現後即飛撲捕捉。築巢於樹洞，
雌鳥負責孵卵，雄鳥負責獵食。當地達悟
族依其叫聲稱之為「嘟嘟晤」，鳴聲主要
有雙音「忽胡～忽胡～」及單音「胡～」，
雌鳥另會發出「要～」叫聲。

▲夜行性，以昆蟲及無脊椎動物為主食。

東方角鴞 *Otus sunia*

L17~21cm

屬名：角鴞屬　　英名：Oriental Scops-Owl　　別名：日本角鴞、紅角鴞　　生息狀況：過／稀

鴟鴞科

> **相似種**
>
> **黃嘴角鴞、領角鴞**
> • 黃嘴角鴞嘴黃色，角羽較短，
> 　腹面無黑色縱斑。
> • 領角鴞體型較大，嘴鉛灰色，
> 　眼暗紅色，顏盤灰色較濃。

▲偏灰個體，保護色良好，擅於擬態與環境融為一體，周明村攝。

| 特徵 |

• 虹膜黃色。嘴黑色。跗蹠被羽，趾灰褐
色。

• 有褐色型、赤色型及中間型，也有偏灰
個體。褐色型顏盤灰褐色，角羽明顯。
背面大致褐色，有暗褐色斑紋，頭上有
黑褐色縱斑，肩羽有一列白斑。腹面灰
白色，有黑色縱斑及褐色斑紋。赤色型
全身赤褐色，背面斑紋較少。

| 生態 |

分布於印度、中南半島、中國南部者為留
鳥，繁殖於西伯利亞東部、中國北部、日
本、韓國者冬季南遷至東南亞度冬。出現
於海岸、丘陵地及離島樹林，白天於濃密
枝葉間休息，黃昏後於林緣覓食，以昆蟲
為主食。休息時遇有威脅，會豎起角羽警
戒，並有全身挺直僵硬的擬態動作。

▲褐色型，周明村攝。

▲赤色型，全身赤褐色，背面斑紋較少，張珮文攝。

黃魚鴞 *Ketupa flavipes*

屬名:魚鴞屬　英名:Tawny Fish-Owl　別名:黃腿魚鴞　生息狀況:留 / 稀

相似種

雕鴞
- 體型較大。
- 虹膜橙黃色。
- 腹面各羽具褐色橫斑。
- 跗蹠有被羽。

▲棲息於中、低海拔山區溪流附近之原始闊葉林中。

| 特徵 |

- 虹膜黃色。嘴黑色。腳灰黃色。
- 顏盤不明顯,角羽長而蓬鬆,呈水平狀, 眼先及喉部白色。頭、角羽及腹面黃褐 色,各羽有黑色軸斑,形成粗縱斑。背面 黑褐、黃褐色斑駁,翼有黃褐色橫斑。

| 生態 |

為臺灣鴟鴞科鳥類體型最大者,分布於喜 馬拉雅山脈至中國南部及中南半島,在臺 灣棲息於中低海拔山區溪流附近之原始闊 葉林中,為臺灣唯一親水性的貓頭鷹。主 要於夜間活動,陰天、黃昏亦會覓食,常 停棲於樹枝上靜止不動。以蝦蟹、蛙類、 魚類為食,也捕食鼠類、鳥類等,腳趾內 面有角質突起,適於捕魚。由於種群稀少, 溪岸開發及人為干擾等威脅,名列臺灣珍 貴稀有野生動物。

有些學者主張將本種列為鵰鴞屬 *Bubo*,學 名為 *Bubo flavipes*。

▲為臺灣鴟鴞科鳥類體型最大者。

▲會到養鱒場捕魚。

鵂鶹 / 領鵂鶹 *Glaucidium brodiei pardalotum*

II 特有亞種 L15~17cm

屬名：鵂鶹屬　　英名：Collared Owlet　　生息狀況：留 / 不普

鴟鴞科

▲常發出單調圓潤的「忽、忽忽、忽」哨音。

| 特徵 |

- 虹膜黃色。嘴黃綠色，鼻孔呈管狀。腳黃褐色。
- 頭圓，黑褐色，密布白色點斑，無角羽。後頭淡黃褐色，有一對似眼睛之黑斑。背黑褐色，有淡褐色橫斑，喉以下白色，胸及胸側有黑褐色橫斑，腹有黑褐色水滴形縱斑。

| 生態 |

其他亞種分布於尼泊爾至中國南部、中南半島及印尼。為臺灣體型最小的貓頭鷹，棲息於中、低海拔山區闊葉林或針闊葉混合林中，夜行性，日間亦活動，常發出單調圓潤的「忽、忽忽、忽」哨音。具良好保護色，停棲於樹幹時狀似樹瘤，常被鳥友戲稱為「小葫蘆」。性凶猛，以小鳥、兩棲爬蟲類及昆蟲為食，常引起周遭小鳥一陣鼓譟與騷動，並發出警戒聲。營巢於樹洞，雌鳥負責孵卵與餵食，雄鳥負責獵捕供食。

▲具良好保護色，停棲於樹幹時狀似樹瘤。

▲後頭有一對似假眼之黑斑。

短耳鴞 *Asio flammeus*

屬名:耳鴞屬　　英名:Short-eared Owl　　別名:短耳虎斑鴞　　生息狀況:冬 / 不普，過 / 稀（金、馬）

相似種

長耳鴞
• 角羽明顯，顏盤黃褐色較濃。
• 腹面為箭簇形斑。
• 停棲時身體挺直。

▲短耳鴞顏盤明顯，角羽短。

| 特徵 |
• 虹膜黃色，眼周黑色。嘴黑色。腳偏白，
  跗蹠、趾密布淡黃色羽毛。
• 顏盤黃白色，雜有褐色羽毛，盤緣白色有
  黑褐色點斑，角羽短。背面褐色，有暗褐
  色斑紋，翼、尾羽有暗褐色橫斑。腹面淡
  黃褐色，有暗褐色縱斑。
• 飛行時翼尖黑色，翼下黑色腕斑明顯。

▲飛行時翼尖黑色，翼下黑色腕斑明顯。

| 生態 |
廣布於歐洲、亞洲及美洲，東亞族群繁殖
於西伯利亞、中國東北，越冬於朝鮮半島、
日本、中國華中、華南。10～4月出現於
海岸附近開闊草地、河床及農耕地帶，偏
好有低矮植被之環境，平常多藏匿於草叢、
茂密樹叢中，偶於晝間活動。陰天或黃昏
時於低空盤旋，伺機捕食地上活動的小型
哺乳類、鳥類和昆蟲。

▲偶於晝間活動。

褐鷹鴞 *Ninox japonica*

屬名：鷹鴞屬　　英名：Northern Boobook　　別名：鷹鴞　　生息狀況：留、過/不普；過/稀（金、馬）

▲顏盤不明顯，長相似鷹。

| 特徵 |
- 眼大，虹膜黃色。嘴藍灰色，蠟膜綠色。腳黃色，趾具堅硬剛毛。
- 頭圓，顏盤不明顯，無角羽。頭、背面暗褐色，頭部羽色較暗，肩羽有白斑，翼、尾羽有褐色橫斑。腹面白色，有暗褐色粗縱斑。

| 生態 |
鷹鴞屬 *Ninox* 為鴟鴞科中長得最像鷹的一屬，分布於印度、東北亞、中國、東南亞等地。臺灣有 *N. j. japonica* 及 *N. j. totogo* 兩亞種，前者為一般在臺灣發現的亞種，主要為留鳥族群，春秋則有部分過境鳥；後者體型較小，羽色較暗，腹面暗褐色粗縱斑較密集，為蘭嶼、琉球群島的留鳥。夜行性，白天偶爾活動，單獨或成對出現於海岸、中至低海拔山區樹林地帶，飛行能力強，直接在空中捕食大型昆蟲，也會攝取蝙蝠、小鳥、蛙類、蜥蜴等，繁殖期雄鳥會發出「胡～胡～」哨音。

▲夜間常於路燈昆蟲聚集處捕食昆蟲。

鴟鴞科

雕鴞 *Bubo bubo*

屬名:雕鴞屬　　英名:Eurasian Eagle-Owl　　生息狀況:迷

▲僅 2007 年高雄南星計畫區一筆紀錄。

| 特徵 |

- 虹膜橙黃色。嘴黑色。跗蹠、趾密布淡褐色羽毛。
- 顏盤灰褐色,角羽長。頭上、角羽黑褐色。背面黑褐與黃褐色斑駁,翼有黑褐色橫斑。頸及腹面黃褐色,有黑色縱斑,腹以下有深褐色細橫紋。隨地理位置不同,體羽多變化。

| 生態 |

廣布於歐亞大陸、中東及印度,棲息於山地森林、平原、疏林及峭壁等地帶。夜行性,單獨活動,白天隱匿於樹上休息,以鼠類、蛙類、鳥類等為食。性兇猛,遇有威脅時會聳起雙肩,頭朝下雙翅半開於體側,以威嚇侵入者。本種白天被發現,常是因為被鴉科等鳥類圍攻而出現。臺灣僅2007 年 4 月高雄南星計畫區一筆紀錄。

▲顏盤灰褐色,角羽長。

戴勝科
Upupidae

本科僅 2 種，分布於歐洲、亞洲和非洲，中國有廣泛分布。生活於農耕地、疏林或草地，於地面覓食，嘴細長下彎，擅於挖掘地下或腐木之蟲卵或昆蟲幼蟲。頭上有冠，警戒或覓食時常張開，採一夫一妻制，營巢於洞穴、樹洞或牆縫內，雌鳥負責孵蛋，雄鳥提供食物，雛鳥為晚成性。

戴勝 *Upupa epops*

L26~32cm

屬名：戴勝屬　　英名：Eurasian Hoopoe　　生息狀況：冬、過／稀，留／普（金門）

▲單獨或成對出現於海岸附近之農耕地或草地。

| 特徵 |

• 雌雄同色。虹膜暗褐色。嘴細長而下彎，黑色，嘴基肉色。腳黑色。

• 頭、頸至胸黃褐色，頭上具長冠羽，張開如扇，末端黑色。上背淡褐色，翼及尾羽具黑白相間條紋，腹以下白色。

| 生態 |

分布於非洲、歐亞大陸、印度及東南亞。常單獨或成對出現於海岸附近之農耕地、草原或疏林地，以長嘴翻掘找尋土裡昆蟲的蛹或幼蟲、蚯蚓、蜘蛛等，也常於落葉堆或腐蝕之樹幹中啄食昆蟲。喜歡沙浴，不甚懼人，警戒或覓食時常張開冠羽，受驚時立即飛向附近高處，飛行呈波浪狀。在繁殖地營巢於破墓穴、樹洞或牆縫內，因穢物及雛鳥糞便不加清理，加上尾部皮脂腺會分泌惡臭，使得巢穴奇臭無比，故在中國有臭婆娘之稱。又因常在墳地出入，金門人俗稱墓坑鳥。鳴聲如「hoop、hoop…」，為英名 Hoopoe 之由來。

▲警戒或覓食時常張開冠羽。

▲以長嘴翻掘土裡之昆蟲。

翠鳥科
Alcedinidae

分布於世界各地，以熱帶地區居多，有留鳥及遷徙性候鳥。雌雄同色，體色多亮麗，頭大頸短，翼圓短，嘴粗長而尖，尾、腳略短，腳為第2、第3兩趾基部相連之駢足趾。棲息於溪畔、湖泊、沼澤、樹林、熱帶雨林、紅樹林及草原等地帶，以魚、蟹類、蛙、爬蟲、昆蟲等為主食，除繁殖季外多單獨活動，飛行力強，常佇立於水邊之枯枝或岩石上伺機捕食獵物，亦會在空中定點振翅尋找獵物，急降而下獵食。採一夫一妻制，通常於岸邊土堤或枯木挖洞營巢。

翠鳥 *Alcedo atthis*

L16cm

屬名：翠鳥屬　　英名：Common Kingfisher　　別名：普通翠鳥、魚狗、釣魚翁　　生息狀況：留／普，過／不普

▲雄鳥嘴全黑。

| 特徵 |
• 虹膜暗褐色。雄鳥嘴黑色，雌鳥下嘴橙紅色。腳短，紅色。
• 成鳥頭部及翼藍綠色，具亮藍色點斑，眼先、頰橙紅色，後頸側有白斑。背中央至尾羽銀藍色。喉白色，胸以下橙紅色，下腹以下羽色較淡。
• 幼鳥似成鳥，但羽色較淡，腹面有黑色細縱紋。

| 生態 |
廣泛分布於歐洲、亞洲、北非及東南亞。出現於平地至中、低海拔之湖泊、溪流、池塘及溝渠等水域，以魚、蝦為主食，兼食水生昆蟲。常蹲踞於水邊岩石或突出之枝條上注視水面，也會於空中定點鼓翅，發現獵物時，即俯衝入水捕食。捕獲獵物後會返回原棲處，進食前先將魚拍打昏厥，再將魚頭甩向喉嚨方向後吞食。飛行時貼近水面快速直線前進，常發出單調尖銳鳴聲。求偶期雄鳥有獻食行為，於水域周邊土堤鑿洞築巢。

▲雌鳥下嘴橙紅色。

▲常蹲踞於水邊突出處注視水面。

黑背三趾翠鳥 *Ceyx erithaca*

L12.5~14cm

屬名：三趾翠鳥屬　　英名：Black-backed Dwarf-Kingfisher　　別名：三趾翡翠　　生息狀況：迷（馬祖）

| 特徵 |
- 虹膜深褐色。嘴、腳紅色，僅有三趾。
- 似赤背三趾翠鳥，但額黑色，耳後、上背及翼覆羽藍黑色。

| 生態 |
分布於印度西南、斯里蘭卡、不丹、印度東北至中國南部、馬來半島北部及印尼，部分冬季遷徙到泰國、馬來半島南部及蘇門答臘，棲息於近溪流之樹林，多在低矮樹林間低飛尋找獵物，捕食昆蟲、小型甲殼類及魚類。

▲嘴、腳紅色，僅有三趾，許映威攝。

赤背三趾翠鳥 *Ceyx rufidorsa*

L12.5~14cm

屬名：三趾翠鳥屬　　英名：Rufous-backed Dwarf-Kingfisher　　別名：三趾翡翠　　生息狀況：迷

| 特徵 |
- 虹膜深褐色。嘴、腳紅色，僅有三趾。
- 額、頭上至後頸紫紅色，後頸側有白斑。耳後、上背、翼覆羽紫紅色，下背、腰、尾上覆羽及尾羽橙紅色。喉黃白色，頰、胸以下黃色。

| 生態 |
分布於馬來半島、印尼、婆羅洲、蘇門答臘及菲律賓西部，棲息於落葉或常綠的次生林、紅樹林中，常見於棕櫚、竹林或灌木叢，常在溪流和池塘附近活動尋找獵物，捕食昆蟲、小型甲殼類及魚類。臺灣僅1997年4月高雄市梓官區一筆救傷紀錄。

▲額、頭上至後頸紫紅色，後頸側有白斑，李泰花攝。

赤翡翠 *Halcyon coromanda*

屬名：翡翠屬　　英名：Ruddy Kingfisher　　生息狀況：過 / 稀

▲亞種 *bangsi* 背面紫色較濃。

| 特徵 |
- 虹膜深褐色。嘴、腳紅色。
- 全身大致橙紅色，背面具紫色光澤，腰部
  中央淺藍色。喉淡橙褐色，下腹至尾下覆
  羽羽色較淡。

| 生態 |
臺灣有 *H. c. major* 及 *H. c. bangsi* 二個亞種，
major 繁殖於中國東北、朝鮮半島及日本，
冬季南遷至大陸東部、菲律賓及蘇拉威西
等地；*bangsi* 背面紫色較濃，繁殖於琉球
群島，冬季南遷至菲律賓、蘇拉威西北邊，
均為過境鳥。單獨出現於濃密闊葉林、海
岸樹林中，以昆蟲、魚、蟹、蝸牛、蜥蜴、
蛙類等為食，停棲時常不停擺動頭部或尾
羽。飛行振翅快速，常直線穿梭於樹林，
宛如飛行中的紅寶石，有時邊飛邊鳴叫，
鳴聲清脆響亮。本種於臺灣本島、蘭嶼及
彭佳嶼等離島都有紀錄。

▲單獨出現於濃密闊葉林及海岸樹林中，
亞種 *major*。

157

蒼翡翠 / 白胸翡翠 *Halcyon smyrnensis*

L27cm

屬名：翡翠屬　英名：White-throated Kingfisher　別名：蒼翡翠　生息狀況：過／稀（臺、馬），留／普（金門）

▲背、腰、翼及尾亮藍綠色，具光澤。

| 特徵 |

・虹膜深褐色。嘴深紅至暗紅色。腳紅色。
・成鳥頭至頸暗栗褐色，背、腰、翼及尾亮藍綠色具
　光澤，中覆羽黑色，小覆羽暗栗褐色。頦、喉至胸
　白色，腹至尾下覆羽暗栗褐色。雄鳥羽色較暗。
・飛行時初級飛羽內側白色，末端黑色。
・幼鳥似成鳥，但嘴黑色，嘴尖橙紅色，胸有不明顯
　暗色橫紋。

▲常佇立於水域附近的樹枝上等待獵物。

| 生態 |

分布於中東、南亞、中國南方、東南亞及南洋群島。
單獨或成對出現於海邊、水庫、池塘、沼澤及農耕
地，飛行呈直線。食性廣，以昆蟲、魚、蟹、蛙、
蜥蜴等為食，常佇立於水域附近的樹枝、岩石或電
線上等待，發現獵物立即衝下捕食，進食前會先甩
打獵物後再行吞食。繁殖時於土壁上挖洞築巢，雌
雄共同孵卵、育雛。

▶飛行時初級飛
羽內側白色，末
端黑色。

▲幼鳥嘴黑色，嘴尖橙紅色。

黑頭翡翠 *Halcyon pileata*

L28cm

屬名：翡翠屬　　英名：Black-capped Kingfisher　　別名：藍翡翠　　生息狀況：冬、過／稀

▲常佇立於水域附近枯枝定點等待獵物。

| 特徵 |

- 虹膜深褐色。嘴、腳紅色。
- 頭黑色，背部、飛羽深藍色，翼覆羽及初級飛羽末端黑色。喉、頸、胸中央大致白色，胸側、腹以下橙黃色。
- 飛行時初級飛羽內側白色甚醒目。

| 生態 |

分布於印度、尼泊爾、緬甸、中國華南者為留鳥；繁殖於中國及朝鮮半島者，冬季南遷至中南半島及南洋群島。單獨出現於沼澤、河口、溪流、紅樹林等水域地帶，性差怯機警，見人即飛。常佇立於水域附近枯枝定點等待獵物，以螃蟹、魚蝦、昆蟲、蛙及蜥蜴為食，飛行直線而快速。本種在金門為稀有冬候鳥及過境鳥，冬季較易觀察。

▲食性廣，捕獲螃蟹會先將蟹腳甩斷。

▲頭及覆羽黑色，背部深藍色。

159

白領翡翠 *Todiramphus chloris*

L24cm

屬名：領翡翠屬　　英名：Collared Kingfisher　　生息狀況：迷

▲出現於沿海溼地等近水域地帶。

| 特徵 |
- 虹膜深褐色。上嘴黑色，下嘴淡粉紅色。腳灰黑色。
- 頭上、翼、背及尾呈亮藍綠色，過眼線黑色，嘴上具白點。頸環、腹面白色。初級飛羽基部具白色斑。

| 生態 |
分布於印度、中國西南、中南半島、南洋群島至澳洲，出現於沿海溼地、紅樹林、河流、湖泊、農地等近水域地帶，常停棲於水邊之岩石、樹枝上，伺機捕食魚、蟹、昆蟲、蛙、蜥蜴、鳥蛋及雛鳥等。臺灣曾出現於蘭嶼、澎湖、臺南及宜蘭等近海地帶。

▲以魚、蟹、昆蟲等為食。

斑翡翠 *Ceryle rudis*

L29cm

屬名:魚狗屬　　英名:Pied Kingfisher　　別名:斑魚狗　　生息狀況:留 / 不普（金門）

▲雄鳥胸部具一粗一細 2 條黑色橫帶。

▲於水域上空定點振翅搜尋獵物。

| 特徵 |
- 虹膜深褐色。嘴、腳黑色。
- 頭上黑色，具短冠羽。眼先及眉線白色，眼後方黑色。背面黑、白相間。腹面白色，雄鳥胸部具一粗一細 2 條黑色橫帶，雌鳥僅有一具缺口之黑色粗橫帶。

| 生態 |
廣布於非洲、中東、印度及中國南方，本種為金門留鳥，臺灣尚無紀錄。單獨或成對出現於湖泊、水塘等水域附近，常停棲於水邊之岩石、電線、突出之枝條上，或於水域上空定點振翅搜尋獵物，發現獵物即凌空垂直俯衝入水捕魚。繁殖期於水域周邊土堤挖洞營巢。

▲於土堤挖洞營巢，雌鳥。

◄雌鳥胸部僅有一具缺口之黑色粗橫帶。

▲斑翡翠為金門不普遍留鳥。

翠鳥科

161

蜂虎科
Meropidae

分布於非洲、歐洲、亞洲及澳洲之熱帶及溫帶地區。羽色豔麗，體型纖細，嘴長而尖，稍向下彎。翼尖長，許多種類中央尾羽較長。棲息於開闊疏林地帶，飛行敏捷，擅於空中捕食飛蟲，食物因地點、季節而異，除蜂類外，亦捕食蜻蜓、蛾、蝴蝶、白蟻等昆蟲。採一夫一妻制，集群繁殖，於土堤高處挖掘土洞為巢，形成聚落，雛鳥為晚成性。

藍喉蜂虎 *Merops viridis*

L 21~23.5cm

屬名：蜂虎屬　　英名：Blue-throated Bee-eater　　別名：紅頭吃蜂鳥　　生息狀況：迷（金門）

▲頭上至上背咖啡色，翼藍綠色，李泰花攝。

▲未成鳥中央尾羽無延長。

| 特徵 |
- 虹膜紅色。嘴黑色，長而尖，略下彎。腳黑褐色。
- 過眼線黑色，頭上至上背咖啡色，翼藍綠色，腰、尾淺藍色。喉藍色，胸、腹以下淺綠色，中央 2 根尾羽特長。
- 幼鳥中央尾羽無延長，頭及上背綠色。
- 飛行時翼下橙褐色。

| 生態 |
分布於中國東南、泰國、馬來半島、印尼至蘇門答臘、爪哇及婆羅洲等地，棲息於開闊原野、沼澤、沙灘灌叢、林地、農田及花園，繁殖期群聚於多沙

▲李泰花攝。

地帶。食蟲性，以蜜蜂及其他膜翅目昆蟲、蒼蠅、甲蟲等為食，較其他蜂虎少飛行或滑翔，常於棲木上等待過往昆蟲，偶爾從水面、地面掠食。2016 年 6 月金門有一筆紀錄。

藍頰蜂虎 *Merops persicus*

屬名：蜂虎屬　　英名：Blue-cheeked Bee-eater　　生息狀況：迷（金門）

相似種

栗喉蜂虎
•過眼線上、下緣水藍色範圍較小，頭上至背、胸、腹偏黃綠色。

▲藍頰蜂虎過眼線上、下緣白色及水藍色範圍較栗喉蜂虎大。

| 特徵 |
• 虹膜紅色。嘴黑色，長而尖，略下彎。腳黑色。
• 整體似栗喉蜂虎，但過眼線上、下緣白色及水藍色範圍較大。頭上至背、腰、尾亮綠色，翼藍綠色。頦黃色，喉栗紅色，胸以下亮綠色，中央2根尾羽特長。
• 雄鳥嘴及中央尾羽較雌鳥長。
• 飛行時翼下橙黃色。

| 生態 |
繁殖於非洲西北、中東、西亞及印度西北等地，越多於非洲中部。棲息於近水沙漠、草原、沙丘、灌叢及雜草叢生的荒地，食蟲性，於空中快速飛行捕捉飛蟲，主要以蜻蜓、蜜蜂等昆蟲爲食，飛行技巧高超，動作敏捷。2017年5月金門有一筆紀錄，與栗喉蜂虎混群。

▲ 2017 年 5 月攝於金門海濱。

▲飛行時翼下橙黃色。

栗喉蜂虎 *Merops philippinus*

L29cm

屬名:蜂虎屬　　英名:Blue-tailed Bee-eater　　別名:藍尾蜂虎　　生息狀況:迷，夏／普（金門）

相 似 種

彩虹蜂虎
• 喉下緣具黑帶，後頭橙褐色。

▲繁殖期雄鳥有獻食行為。

| 特徵 |

• 虹膜紅色。嘴黑色，長而尖，略下彎。腳黑色。
• 過眼線黑色，上、下緣水藍色。頭上及背黃綠色，翼藍綠色，腰、尾藍色，中央2根尾羽特長。頦黃色，喉栗紅色，胸黃綠色，腹以下淺綠色。
• 雄鳥嘴及中央尾羽較雌鳥長。
• 飛行時翼下橙黃色。

| 生態 |

分布於東南亞、新幾內亞、菲律賓、印度、斯里蘭卡及中國大陸東南、西南及海南島等地。每年3～4月飛抵金門營巢繁殖，10月初南返。結群出現於開闊地、林緣、土堤等地帶，喜停棲於裸露樹枝或電線上。食蟲性，飛行、覓食技巧高超，動作敏捷，常於空中捕捉飛蟲。集體營巢，有合作繁殖行為，喜歡選擇無植被且易於挖掘的海岸沙壁、沙質田埂、池壁等挖掘巢穴，一方面不易受爬蟲類干擾，亦方便共同營巢。求偶配對時，雄鳥有捕捉昆蟲獻食給雌鳥之行為。

▲頭上及背黃綠色，翼藍綠色，腰、尾藍色。

▲於沙壁挖掘巢穴集體營巢。

▲栗喉蜂虎是金門的夏日精靈。

▲飛行時翼下橙黃色。

▲捕食蜜蜂、蜻蜓、蝴蝶等飛蟲。

彩虹蜂虎 *Merops ornatus*

屬名:蜂虎屬　　英名:Rainbow Bee-eater　　生息狀況:迷

蜂虎科

相│似│種

栗喉蜂虎
•喉下緣無黑帶，
　後頭黃綠色。

▲ 2017 年 7 月攝於花蓮光復鄉。

▲幼鳥喉下黑帶不明顯。

| 特徵 |

• 虹膜紅色。嘴、腳黑色。

• 過眼線黑色，上、下緣水藍色。頭上及背綠褐色，後頭橙褐色，腰、尾上覆羽藍色，尾羽黑色，中央 2 根尾羽藍色特長。喉黃色至橙褐色，下緣有黑帶。胸至上腹綠色，下腹至尾下覆羽水藍色。

• 飛行時飛羽橙黃色。

▲以蜻蜓、蜜蜂、草蟬等昆蟲為食。

| 生態 |

繁殖於澳洲，冬季北遷至新幾內亞、小巽他群島等地，最北至琉球群島。成對或小群出現於開闊地帶，喜停棲於樹枝或電線上，伺機飛出捕食飛蟲，以各種蜂類及昆蟲為食。臺灣除 2005 年 7 月綠島柚子湖一筆紀錄外，2017 年 6 月花蓮光復鄉出現一群七隻，有成鳥及幼鳥，停留至 7 月後消失。

▲後頭橙褐色，腰、尾上覆羽藍色。

佛法僧科
Coraciidae

分布於非洲、歐亞大陸、東南亞及澳洲，有留鳥及遷徙性候鳥，臺灣1種。雌雄同色，羽色鮮豔。嘴粗短，先端呈鉤狀，頭大頸短，翼長腳短，鳴聲粗啞。棲息於開闊樹林、疏林及林緣地帶，以昆蟲、蛙、蜥蜴、小鼠為食，通常單獨活動，擅飛行，常停棲於樹枝上，伺機捕食飛行中之昆蟲。採一夫一妻制，營巢於樹洞、土堤或建築物縫隙，雌雄共同孵卵、育雛，雛鳥為晚成性。

佛法僧／三寶鳥 *Eurystomus orientalis*

L27~32cm

屬名：三寶鳥屬　　英名：Dollarbird　　生息狀況：過／稀

▲喜停棲於視野開闊之枯枝或高壓電線上。

▲成鳥嘴紅色，喉寶藍色具光澤。

| 特徵 |

• 虹膜深褐色。嘴粗短，紅色。腳紅色。
• 成鳥頭黑色，背面藍綠色，尾羽暗藍色。喉寶藍色具光澤，胸至尾下覆羽藍綠色。
• 飛行時初級飛羽有藍白色斑。
• 幼鳥上嘴黑色，下嘴紅色，喉黑色，羽色不似成鳥鮮豔。

| 生態 |

繁殖於西伯利亞東部、朝鮮半島、日本及中國東北至華中等地，越冬於中國華南、中南半島及南洋群島，度冬區有留鳥族群，分布於澳洲者為夏候鳥。單獨出現於平地至低海拔樹林，喜停棲於視野開闊之枯枝或高壓電線上，伺機捕食地面或空中飛蟲，再折返原處，主要以甲蟲、蜻蜓、蟋蟀、蝗蟲等為食，無法消化的食物以食繭吐出。飛行飄忽不定，擅滑翔、翻滾及高速俯衝。領域性強，鳴聲粗厲，利用樹洞或啄木鳥舊巢築巢。臺灣秋過境紀錄較多，2004年6月臺中霧峰山區曾有一對佛法僧於枯樹洞中繁殖，其間曾有求偶、獻食、交尾及餵食行為，可惜因颱風吹襲巢樹傾倒而失敗。

▲飛行時初級飛羽有藍白色斑。

鬚鴷科
Megalaimidae

鬚鴷科因喙基部有鬚而得名,分布於南亞、中南半島、馬來西亞、印尼、菲律賓等地,臺灣1種,主要棲息在熱帶森林中,為樹棲型鳥類,大多數羽色鮮豔,頭大頸短,嘴粗壯有力,嘴基具剛毛,翼圓,腳短,為前後各2之對趾足。鑿樹洞築巢,但嘴不似啄木鳥般堅硬,只能找枯木或木質較軟的樹種鑿洞,以果實和昆蟲為食,鳴聲宏亮,不擅飛行,有些會像啄木鳥一樣在樹幹上攀行。

五色鳥／臺灣擬啄木 *Psilopogon nuchalis*

特有種　L20~22cm

屬名:擬鴷屬　　英名:Taiwan Barbet　　別名:花和尚、黑眉擬啄木鳥　　生息狀況:留/普

▲出現於平地至中、低海拔樹林之中上層。　　▲以漿果為主食。

| 特徵 |

• 雌雄同色。虹膜暗紅色。嘴黑色粗厚,嘴基具剛毛。腳灰綠色。

• 體型圓胖,額、喉金黃色,眉線藍黑色,眼先紅色,頰、頸圈藍色,胸口有紅斑。背面、胸以下翠綠色。雄鳥後頸有紅色斑,雌鳥紅斑不明顯。

▲五色鳥族群相當普遍。

| 生態 |

出現於平地至中、低海拔樹林中、上層,都會公園亦常發現其蹤跡。常單獨行動,靜立於枯枝上或枝葉間,發出單調渾厚的「嘓、嘓、嘓…」叫聲。具保護色不易被發現,以漿果為主食,亦食昆蟲。性不好動,亦不擅飛行,夜棲於樹洞中。採一夫一妻制,繁殖時以強而有力的嘴於樹幹鑿洞,築巢於樹洞內,雌鳥孵蛋期間,雄鳥負責外出尋找食物餵食雌鳥,雛鳥孵出後,雄鳥與雌鳥均會外出覓食,共同負起餵哺雛鳥的責任。

廣布於歐洲、亞洲、非洲及美洲，臺灣4種。體型多呈梭形，嘴尖銳堅硬，舌細長伸縮自如，舌尖有倒刺和黏液，利於勾取樹縫中的昆蟲幼蟲。腳趾為前後各2之對趾，趾爪尖銳強勁，利於攀爬樹幹。尾羽呈楔尾或平尾，羽軸堅硬，抵住樹幹具有支撐身體作用。棲息於森林環境，擁有良好聽覺，能聽到昆蟲、螞蟻在樹幹裡活動的聲音，常邊攀爬邊敲擊樹幹，啄取樹皮或朽木內的昆蟲，也到地面覓食。採一夫一妻制，營巢於樹洞，雌雄共同孵卵、育雛，雛鳥為晚成性。

地啄木 / 蟻鴷 *Jynx torquilla*

L16~17cm

屬名：蟻鴷屬　英名：Eurasian Wryneck　別名：蛇頭鳥　生息狀況：冬、過／稀，冬／不普（金門）

▲地啄木多於地面活動，保護色良好。

▲腹面具黑褐色細橫斑。

| 特徵 |

• 雌雄同色。虹膜淡紅褐色。嘴圓錐形，肉褐色，舌極長。腳黃褐色。

• 背面灰褐色，黑、白及褐色斑駁；過眼線黑褐色，頭至背中央有一條黑色縱帶。喉至胸淡黃褐色，腹、脇白色，尾羽灰褐色，均具黑褐色細橫斑。

| 生態 |

廣布於歐亞大陸、庫頁島及日本，度冬於非洲、印度、中國華南、海南島及中南半島等地。多出現於低海拔樹林、海岸植叢、草地中，不擅攀樹，亦不啄木，多於地面活動，體色與地面枯草或土表相似，保護色良好。尾羽柔軟，不似一般啄木鳥堅硬；頭甚靈活，舌甚長，以舌尖黏食地面或朽木上之螞蟻、白蟻，兼食昆蟲。

▲舌極長，利於黏食螞蟻。

▶出現在螞蟻巢上。

小啄木 *Yungipicus canicapillus*

屬名：啄木鳥屬　　英名：Gray-capped Woodpecker　　別名：星頭啄木鳥　　生息狀況：留／普

啄木鳥科

| 相 | 似 | 種 |

大赤啄木
• 體型較大，頭頂、下腹至尾下覆羽紅色。

▲啄木時以尾羽抵住樹幹支撐身體。

| 特徵 |
• 虹膜褐色。嘴、腳灰色。
• 頭上暗灰色，臉白色，過眼線褐色。後頸至背面大致黑色，頸側有黑色塊斑；下背至腰、翼有白斑。尾黑色，外側尾羽白色，有黑色橫斑。喉以下淡黃褐色，有黑褐色縱斑。
• 雄鳥後頭兩側有紅斑，雌鳥則無。

| 生態 |
分布於西伯利亞東南、朝鮮半島、中國東半部、東南亞等地，為臺灣最常見的啄木鳥。棲息於中、低海拔闊葉林中，低海拔山區雜木林較常見。單獨或成對活動，趾爪強而有力，常於樹幹以螺旋狀向上攀爬，啄食樹皮或朽木內的昆蟲，亦食漿果。啄木時，以尾羽抵住樹幹支撐身體。 以樹洞為巢，飛行成波浪狀，常發出「匹、匹、匹」單調鳴聲。

註：Dickinson（2003）認為臺灣的小啄木為臺灣特有亞種 *D. c. kaleensis*。

▲育雛中的小啄木。

大赤啄木 *Dendrocopos leucotos insularis*

II　特有亞種　L23~28cm

屬名：啄木鳥屬　　英名：White-backed Woodpecker　　別名：白背啄木鳥　　生息狀況：留 / 不普

▲雄鳥頭頂、下腹及尾下覆羽紅色。

▲雄鳥頭頂紅色。

| 特徵 |

- 虹膜暗紅色。嘴、腳灰色。
- 雄鳥額粉黃色，頭頂紅色，喉、頰、頸側乳白色，有黑色 Y 形斑。後頸至背部黑色，腰白色，翼黑色有白斑，外側尾羽有白色橫斑。胸至上腹黃白色，胸側、上腹、脇有黑色縱紋；下腹、尾下覆羽紅色。
- 雌鳥似雄鳥，但頭頂黑色。

| 生態 |

廣布於歐洲、亞洲，在臺灣棲息於中至高海拔原始針闊葉混合林或闊葉林中，單獨或成對出現，鳴聲宏亮。常攀爬、啄打腐朽的樹幹，啄食樹皮或朽木內的昆蟲，亦食漿果。啄木時，以尾羽抵住樹幹支撐身體，聲音急促響亮。舌頭具有倒刺，可輕易的把小蟲鉤出來。由於族群數量少及面臨棲地喪失等威脅，有待保育。

▲雌雄共同鑿樹洞育雛，左雄右雌。

▲雌鳥似雄鳥，但頭頂黑色。

相 似 種

小啄木

- 體型較小，頭頂、下腹、尾下覆羽無紅色。

啄木鳥科

171

綠啄木 *Picus canus*

Ⅱ L26~33cm

屬名：綠啄木屬 　　英名：Gray-faced Woodpecker 　　別名：山啄木、黑枕綠啄木 　　生息狀況：留／稀

▲雌鳥似雄鳥，但額頭無紅斑。

| 特徵 |
- 虹膜淡紅色。上嘴灰色，下嘴黃色。腳灰色。
- 雄鳥頭灰色，眼先、腮線黑色，額頭紅色，頭上有黑色細縱紋延伸至後頸。背面黃綠色，飛羽黑色有白色細斑，尾羽有黑色橫斑。腹面淡黃綠色。
- 雌鳥似雄鳥，但頭頂灰黑色，無紅斑。

| 生態 |
廣布於歐洲、亞洲，在臺灣棲息於中至高海拔針闊葉混合林或闊葉林中。多單獨活動，繁殖期成對出現，會相互追逐，常發出嘹亮鳴聲。以螞蟻、樹皮或朽木內的昆蟲為主食，偶食漿果。飛行呈波浪狀，常收攏雙翅滑行，繁殖期雌雄共同營巢於高樹樹洞。由於族群數量稀少及面臨棲地喪失等威脅，有待保育。

註：Dickinson（2003）認為臺灣的綠啄木為臺灣特有亞種 *P. c. tancolo*。

▲雄鳥額頭紅色。

隼科
Falconidae

分布世界各地，為晝行性猛禽，臺灣僅遊隼 1 種繁殖。主要棲息於空曠平原或海岸懸崖地帶。雌鳥體型通常較雄鳥大，嘴粗短，先端呈鉤狀，上嘴基部有蠟膜；翼長而尖，飛行時初級飛羽末端呈尖形；爪銳利，尾長。飛行快速敏捷，通常快速振翅後短暫滑翔，較少盤旋，有些種類會於空中定點振翅。以鳥類、昆蟲、小型動物、動物屍體等為主食，常於空中自背後攻擊飛行中之鳥類，或垂直俯衝捕捉地面之小型動物，築巢於樹上或懸崖上。

紅隼 *Falco tinnunculus*

II   L33~38cm.WS68.5~76cm

屬名：隼屬　　　英名：Eurasian Kestrel　　　別名：茶隼　　　生息狀況：冬／普

相似種

遊隼、黃爪隼

• 遊隼體型粗壯，翼較寬，黑色髭線甚為醒目，背面不帶紅褐色。
• 黃爪隼雄鳥背上無黑色斑點，爪為白色或淡黃色。

▲雄鳥，頭鼠灰色，眼下有不明顯髭線。

| 特徵 |

• 虹膜暗褐色，眼圈黃色。嘴灰黑色，蠟膜及裸足黃色。
• 雄鳥頭鼠灰色，眼下有不明顯髭線。背部紅褐色，有黑色斑點，飛羽黑色。腹面淡皮黃色，有黑褐色縱紋。尾羽灰色，有黑色寬次端帶及白色細末端帶。
• 雌鳥頭褐色有細縱紋，背面褐色，密布三角形斑點及橫斑，腹面縱紋較雄鳥粗。尾羽褐色或灰色，有暗色細橫帶，末端橫帶較寬。
• 飛行時翼窄長，尾細長，懸停時張開尾羽。背部紅褐色與黑色翼端對比明顯。

| 生態 |

廣布世界各地，每年 9 月即陸續抵臺，翌年 3 月開始北返。平原農耕地、河口、草原、沼澤等開闊地區都可見其蹤跡，中、低海拔山區偶亦可見。單獨或成對活動，習慣停棲於地面突起物、電桿、電塔或建築物頂、窗臺上，飛行鼓翼快速，常於空中張開尾羽懸停，如風箏般停留在空中搜尋獵物，以小型鳥類、鼠類及昆蟲為主食。

▲雄鳥獵食老鼠。

▶雌鳥捕獲老鼠。

◀雄鳥，常於空中
張開尾羽懸停。

▲以小型鳥類、鼠類及
昆蟲為食，雄鳥。

◀雌鳥尾羽有暗色橫帶。

▶雌鳥背面
密布橫斑。

黃爪隼 *Falco naumanni*

屬名：隼屬　　英名：Lesser Kestrel　　生息狀況：迷

L29~32cm

▲左雄鳥右雌鳥。

| 特徵 |

• 虹膜暗褐色，眼圈黃色。嘴灰黑色，蠟膜及裸足黃色，爪黃白色。

• 雄鳥似紅隼雄鳥，但體型較小，臉頰無明顯暗色髭紋，背紅色較濃，無黑色點斑，大覆羽藍灰色。

• 雌鳥與幼鳥極似紅隼，但爪黃白色。

• 飛行時雄鳥胸腹及翼下斑紋較紅隼少。

▲飛行時胸腹及翼下斑紋較紅隼少。

| 生態 |

分布於北非、歐洲、中東、西伯利亞南部、蒙古及中國北部；越冬於非洲撒哈拉以南、地中海地區、印度及緬甸。棲息於曠野、荒漠草地、牧場及河谷疏林等地帶。以昆蟲為主食，主要為蝗蟲及甲蟲，亦食鼠類及小型鳥類。本種於 2004 年 10 月墾丁國家公園曾有觀察紀錄。

▶雄鳥背上無黑斑，大覆羽藍灰色，爪黃白色，蔡榮華攝。

紅腳隼 *Falco amurensis*

II　L♂26cm ♀30cm.WS63~71cm

屬名：隼屬　　英名：Amur Falcon　　別名：阿穆爾隼、紅足隼　　生息狀況：過／稀

隼科

相|似|種

燕隼
- 體型較大，雙翼狹長。
- 蠟膜、眼圈黃色，眼下一大一小黑色髭線明顯。

▲幼鳥翼覆羽羽緣淡紅褐色。

▲雌鳥眼下有短髭線，背面有黑色橫斑。

| 特徵 |
- 雌雄異色。虹膜暗褐色。雄鳥蠟膜、眼圈及裸足橙紅色，雌鳥為橙黃色。嘴灰黑色。
- 雄鳥頭、背面暗灰色，腹面灰色較淺，下腹、尾下覆羽橙紅色。
- 雌鳥眼下有短髭線，喉及頸側白色。背面暗灰色，有黑色橫斑。腹面白色，有黑色斑紋；下腹、尾下覆羽淡橘色，尾灰色，有黑色細橫帶。
- 幼鳥似雌鳥，頭褐色，有白色細眉線，背面羽緣淡紅褐色。腹面白色，有黑褐色縱斑。
- 飛行似燕隼，但翼基部較寬，成鳥翼下覆羽白色，與黑色飛羽對比明顯。

▲雄鳥下腹及尾下覆羽橙紅色，張珮文攝。

| 生態 |
繁殖於西伯利亞至朝鮮半島北部、中國北部及東北部，Amur 即黑龍江之意。生活於疏林草原，以大型昆蟲為主食，喜站立於電線上。冬季自東北亞向西南穿越印度半島至非洲東南部度冬，偶爾過境臺灣。

▲幼鳥懸停。

灰背隼 *Falco columbarius*

II　L24~32cm.WS53~73cm

屬名：隼屬　　英名：Merlin　　生息狀況：冬、過／稀

相似種

燕隼、紅隼、小型鷹屬
- 燕隼及紅隼體型較大，翼較狹長，翼端較尖。
- 小型鷹屬猛禽翼較寬圓，飛行較慢。

▲雄鳥，圖為北美洲之亞種，體色較深，游萩平攝。

| 特徵 |
- 雌雄異色。虹膜暗褐色，眼圈、蠟膜及裸足黃色。嘴灰黑色。
- 雄鳥頭頂、背面藍灰色，具黑色軸斑。喉白色，後頸、頸側、腹面栗褐色具黑色縱斑。尾灰色，末端有黑色寬帶及白色端斑。
- 雌鳥頭、背面灰褐色，白色眉線長而明顯。腹面白色，胸腹多深褐色縱斑，尾具白色橫斑。
- 飛行時雙翼水平，翼較他種隼寬短，翼端較不尖，指叉較明顯。常快速鼓翼與滑翔交替，低空高速飛行。

| 生態 |
廣布於北半球北方，東亞族群多季南遷至中國華南、朝鮮半島及日本度冬。單獨出現於開闊之林緣、草原地帶，於樹上、木樁或地面停棲。飛行疾如閃電，常低空直線高速飛行，發現獵物立即俯衝捕食。主要以小型鳥類、鼠類、昆蟲及爬蟲類等為食。

▲雌鳥胸腹多深褐色縱斑，李日偉攝。

燕隼 *Falco subbuteo*

屬名:隼屬　　英名:Eurasian Hobby　　生息狀況:過 / 不普

相似種

遊隼、紅隼

- 遊隼體型粗壯，翼較寬，下腹、尾下覆羽非赤褐色。
- 紅隼尾羽較長，背面紅褐色，常於空中定點振翅。

隼科

▲於空中巡航尋找獵物。

▲成鳥下腹及尾下覆羽赤褐色。

▲亞成鳥背面羽緣淡色。

| 特徵 |

- 雌雄同色。虹膜暗褐色，眼圈、蠟膜黃色，嘴灰黑色。裸足橘黃色。
- 成鳥頭至背面大致暗藍灰色，有白色細眉線，眼下有一大一小黑色髭線，頰有心形白斑。喉至上腹白色，胸腹有黑褐色縱紋。下腹、尾下覆羽赤褐色，停棲時翼長於尾。
- 幼鳥背面暗褐色，覆羽有淡色羽緣，後頸有白斑，下腹非赤褐色。
- 飛行時雙翼狹長、後掠，輪廓似大型雨燕。成鳥下腹、尾下覆羽赤褐色明顯。

| 生態 |

繁殖於歐亞大陸、非洲西北部，冬季南遷至非洲、印度及中國華南等地。出現於開闊疏林、曠野、海岸地帶，喜停棲於視野開闊的枯枝高點或電線上。過境時常做短暫停留，飛行敏捷迅速，常高速滑翔，在同一空域來回巡航尋找獵物，於飛行中捕捉小型鳥類、昆蟲或蝙蝠為食。

遊隼 *Falco peregrinus*

屬名:**隼屬**　　英名:Peregrine Falcon　　別名:隼　　生息狀況:留／稀，冬、過／不普

隼科

相似種

燕隼
・體型較小，臉部髭線較細，腹面為縱斑。
・成鳥下腹及尾下覆羽赤褐色，飛行時，翼較狹長。

▲雄鳥（右）抓回紫綬帶交給雌鳥（左）育雛。

| 特徵 |
・雌雄同色。虹膜暗褐色，眼圈、蠟膜黃色，嘴灰黑色。裸足黃色，中趾特長。
・成鳥頭灰黑色，頰有白斑，眼下黑色髭線粗而明顯。背部暗灰色，腹面白色，胸部有黑色細斑，腹部及脛羽密布黑色短橫紋，尾羽有數條黑色橫帶。
・雌鳥明顯大於雄鳥，腹部橫紋較長。
・幼鳥背面暗灰褐色，有淡色羽緣，腹面淡褐色，有黑褐色縱紋。
・飛行時體型粗壯，雙翼基部寬末端尖，翼下白色，密布黑色橫帶

▲雄成鳥。

| 生態 |
廣布世界各地，出現於海岸、草澤及湖泊等地帶，喜好有制高點之曠野，常利用海岸懸崖、高壓電塔棲息。以鳥類爲主食，飛行快速，多於空中追捕飛行中的鳥類，獵食時常驚起成群的鴨科或鷸科鳥類。近年北海岸、東北角有少數繁殖紀錄。

▲雌雄交尾。

▲剛離巢的幼鳥相互嬉戲。

▲ *ernesti* 亞種雌鳥，頭全黑，體色暗。

◀雄鳥（右）沙浴，雌鳥（左）日光浴。

▲幼鳥。

▲ *ernesti* 亞種北部也有繁殖紀錄。

▲成鳥。

▲成鳥進食。

主要分布於東南亞熱帶及亞熱帶森林，部分種類分布於非洲、澳洲，大部分為留鳥，少數為候鳥。雌雄同色，體型粗壯，羽色鮮豔。嘴粗厚，頸短。翼圓，尾短，腳長。生活於落葉林或竹叢中，性機警隱密，常發出嘹亮的哨音。具領域性，通常單獨活動，擅行走，在地上以跳躍方式移動，飛行呈直線。常於落葉中翻撿昆蟲、蟲蛹、蚯蚓、軟體動物等為食，大都築巢於地面。

藍翅八色鳥 *Pitta moluccensis*

L18~20cm

| 屬名：八色鳥屬 | 英名：Blue-winged Pitta | 別名：馬來八色鶫 | 生息狀況：迷 |

▲胸、腹黃褐色鮮明，李明華攝。

| 特徵 |
• 虹膜暗褐色。嘴黑色。腳淡紅色。
• 頭上褐色，頭央線黑色，臉至後頸黑色。背暗綠色，翼覆羽及尾上覆羽亮藍色具金屬光澤。喉、頸側白色，胸、腹黃褐色，腹中央至尾下覆羽鮮紅色。
• 飛行時初級飛羽之大部分白色，先端黑色。

| 生態 |
繁殖於中國西南部、中南半島等地，越冬於馬來半島、蘇門答臘及婆羅洲，棲息於溪流附近之闊葉林、次生林、竹林及灌木叢。於地面跳動覓食，翻撿落葉下之蚯蚓、昆蟲、軟體動物等為食，臺灣僅 2001 年 4 月高雄鳳山、2009 年 4 月臺南七股 2 筆紀錄。

八色鳥 / 仙八色鶇 *Pitta nympha*

II　L16~20cm

屬名:八色鳥屬　　英名:Fairy Pitta　　別名:八色鶇　　生息狀況:夏/不普

八色鳥科

相似種

藍翅八色鳥
- 胸、腹黃褐色。
- 翼覆羽亮藍色及初級飛羽的白斑較大。
- 頭部色彩對比不明顯。

▲小覆羽淡藍色具金屬光澤。

| 特徵 |
- 虹膜暗褐色。嘴黑色。腳淡紅色。
- 頭上栗褐色，頭央線黑色，眉線乳黃色，延伸至後頭，過眼線至後頸黑色。背藍綠色，小覆羽、尾上覆羽淡藍色具金屬光澤。尾羽黑色，末端藍色。喉白色，胸、腹乳白色，腹中央至尾下覆羽鮮紅色。
- 飛行時初級飛羽黑色，中段有白斑甚醒目。

| 生態 |
繁殖於日本、韓國、中國東部及東南部、臺灣等地，越冬於大陸南部、越南、婆羅洲。每年4月底來臺求偶繁殖，至9月離開。單獨或成對散居於低海拔山區近水邊之濃密闊葉林、竹林底層或荒廢果園，棲地通常具有植被密度高、環境潮溼、地表腐植質多及人煙稀少等特點。性隱密，飛行快速，覓食於地面，以翻尋、挖掘、撿拾地面或落葉下之蚯蚓、昆蟲、螺類等為食，求偶及繁殖前期常發出「忽悠、忽悠」的悠揚哨音。5月中、下旬開始選擇隱蔽處築巢，雌雄共同孵卵、育雛，育雛期親鳥十分機警，進出採取迂迴路線，先於距巢甚遠處觀望，待無潛在危險後才迂迴入巢，雛鳥為晚成性。本種面臨棲地喪失等威脅，有待保育。

▲每年4月底來臺求偶繁殖。

▲以蚯蚓、昆蟲、螺類等為食。

綠胸八色鳥 *Pitta sordida*

L16~19cm

屬名:八色鳥屬　　英名:Hooded Pitta　　別名:黑頭八色鶇　　生息狀況:迷

▲頭至頸黑色,翼覆羽亮藍色具光澤。

| 特徵 |
• 虹膜暗褐色。嘴黑色。腳肉色。
• 頭至頸黑色,背面深綠色,翼覆羽亮藍色
　具光澤,尾羽黑色,末端藍色。胸、腹蘋
　果綠色,腹中央至尾下覆羽鮮紅色。

| 生態 |
分布於印度至中國西南部、東南亞、菲律
賓、印尼及新幾內亞等地,棲息於樹林底
層,於地面跳動覓食,翻撿落葉及朽木下
之蚯蚓、昆蟲、軟體動物等為食,臺灣僅
2010 年 4 月臺南七股 1 筆紀錄。

▲臺灣僅 2010 年 4 月臺南七股 1 筆紀錄。

山椒鳥科
Campephagidae

分布於亞洲、非洲及澳洲之熱帶與亞熱帶地區，體型大小不一，為樹棲型鳥類，嘴短而粗，先端微彎成鉤狀，身體修長，腳弱小，生活於樹林中上層，單獨或成群活動，以昆蟲為食，兼食漿果，飛行呈波浪狀。採一夫一妻制，營巢於高樹上，巢呈杯狀，多由雌雄共同孵卵及育雛。

灰喉山椒鳥 *Pericrocotus solaris*

L17~19cm

屬名：山椒鳥屬　　英名：Gray-chinned Minivet　　別名：紅山椒鳥、戲班仔（臺）　　生息狀況：留／普

▲雄鳥胸以下橙紅色。

| 特徵 |
- 虹膜深褐色。嘴、腳黑色。
- 成鳥頰、頸鼠灰色，喉灰白色；中央 2 根尾羽及基部黑色。
- 雄鳥頭、背部、翼黑色，翼有橙紅色斑，腰至尾羽、胸以下橙紅色。
- 雌鳥頭、背部、翼灰黑色，翼有黃斑，腰至尾上覆羽橄黃色，尾羽、胸以下黃色。
- 雄亞成鳥大致似雌鳥，但腰部略帶橙紅色。

| 生態 |
分布於喜馬拉雅山脈至中國西南、華南、海南島、臺灣、中南半島及蘇門答臘、婆羅洲等地。棲息於中、低海拔山區闊葉林，常與小卷尾、朱鸝共棲，成群於樹梢間活動，非繁殖季常形成數十隻之大群，繁殖季則成對活動。以昆蟲為主食，亦食漿果，會在樹梢定點鼓翼，飛啄枝葉上的昆蟲，飛行呈波浪狀。

▲雌鳥胸以下黃色。

185

長尾山椒鳥 *Pericrocotus ethologus*

L 17.5~20.5cm

屬名：山椒鳥屬　　英名：Long-tailed Minivet　　生息狀況：迷

灰喉山椒鳥
•雄鳥頭、背羽色較淺，
喉灰色，翼斑橙紅色；
雌鳥額基無黃色。

▲雌鳥頭上、後頸灰色，頰淺灰色，喉淺黃色。

| 特徵 |
• 虹膜深褐色；嘴、腳黑色。
• 雄鳥頭、喉、頸、背及翼黑色，翼有紅色
大翼斑，呈∏形向下延伸，腰至尾上覆
羽、胸以下紅色。中央尾羽黑色，外側尾
羽紅色。
• 雌鳥頭上、後頸灰色，頰淺灰色，喉淺黃
色。額基、胸以下鮮黃色。背偏欖灰色，
翼灰黑色，有鮮黃色翼斑。腰至尾上覆羽
黃綠色，中央尾羽黑色，外側尾羽黃色。

▲雄鳥，翼有紅色大翼斑，呈∏形向下延伸。

| 生態 |
分布於阿富汗往東至印度、中南半島、中
國西藏南部、中國西南、華中、華北等地，
棲息於低至中海拔山區闊葉林或混生林，
也見於開墾地附近樹林，常成群於樹冠層
活動，以昆蟲為主食，臺灣僅有 1 次發現
紀錄。

▲棲息於低至中海拔山區闊葉林或混生林。

赤紅山椒鳥 *Pericrocotus flammeus*

屬名:山椒鳥屬　　英名:Scarlet Minivet　　別名:紅十字鳥　　生息狀況:迷（金門）

山椒鳥科

▲雄鳥，三級飛羽有橙紅色小斑塊，廖建輝攝。

▲雌鳥喉、頦、耳羽及額頭鮮黃色，三級飛羽有黃色小斑塊。

| 特徵 |

• 虹膜暗褐色，嘴、腳黑色。

• 雄鳥頭部、頸部和背部藍黑色，胸以下、腰及尾上覆羽橙紅色。翼黑色，有橙紅色大翼斑，三級飛羽有橙紅色小斑塊。中央尾羽黑色，外側尾羽橙紅色。

• 雌鳥背部灰色，雄鳥紅色部分由黃色取代，且黃色延伸至喉、頦、耳羽及額頭。

| 生態 |

分布於印度至中國西南、東南及南部、中南半島、馬來西亞、印尼及菲律賓等地，棲息於低山森林、丘陵、平原及農田等環境中。喜原始森林，多成對或小群於喬木上層或中層活動，以昆蟲、小型節肢動物為食。

▲雄鳥胸以下橙紅色。

相似種

長尾山椒鳥

• 體型修長，尾較長，紅色大翼斑呈∏形。

▲棲息於低山森林、丘陵、平原及農田等環境。

187

琉球山椒鳥 *Pericrocotus tegimae*

L18~21cm

屬名：山椒鳥屬　　英名：Ryukyu Minivet　　生息狀況：迷

▲棲息於山區闊葉林或混合林。

| 特徵 |
- 虹膜深褐色。嘴、腳黑色。
- 雄鳥額白色與眉線相連，頭頂至後頸、過眼線及耳羽黑色。背部灰黑色，翼及尾羽黑色。喉至頸側白色，胸部深灰色，腹以下白色。
- 雌鳥大致似雄鳥，但額、頭頂至後頸深灰色，胸部、背面羽色較淡。

| 生態 |
繁殖於日本南西諸島及琉球群島，棲息於山區闊葉林或混合林，以昆蟲為主食，臺灣於2008年3月臺南七股出現第一筆紀錄，2020年底全臺出現多筆紀錄。

▲胸部深灰色。

▲常與其他山椒混群，以昆蟲為主食。

相 似 種
灰山椒鳥
- 額白色較寬，胸部白色。

灰山椒鳥 *Pericrocotus divaricatus*

L18~21cm

屬名：山椒鳥屬　　英名：Ashy Minivet　　生息狀況：冬、過／稀，過／普（馬祖），過／不普（金門）

相似種

小灰山椒鳥、琉球山椒鳥
- 小灰山椒鳥略帶褐色，腰及尾上覆羽淺褐色，頸背灰色較濃。
- 琉球山椒鳥雄鳥額白色較窄，具白色眉線，胸部深灰色。

▲雄鳥額、前頭白色。

| 特徵 |
- 虹膜暗褐色。嘴、腳黑色。
- 雄鳥額、前頭白色，後頭至後頸、過眼線及耳羽黑色。背至尾上覆羽、肩羽灰色，翼、尾羽黑色，外側尾羽末端白色。頰、喉以下白色。
- 雌鳥大致似雄鳥，但頭頂至後頸灰色。
- 飛行時初、次級飛羽基部白色，呈翼帶狀。

| 生態 |
繁殖於日本、朝鮮半島、中國東北和西伯利亞東部一帶，遷徙期間見於中國華東、華南，於東南亞越冬。出現於平地至低海拔山區或沿海闊葉林上層，以昆蟲為主食，常成小群活動，飛行呈波浪狀，偶爾可見數十隻之大群在樹冠層移動，邊飛邊鳴叫，啄食樹林上層之昆蟲。

▲出現於山區樹林上層。

▲雌鳥頭頂至後頸灰色。

小灰山椒鳥 *Pericrocotus cantonensis*

L18~19cm

屬名：山椒鳥屬　　英名：Brown-rumped Minivet　　生息狀況：迷，過／稀（金、馬）

山椒鳥科

相似種

灰山椒鳥
• 雄鳥頭頂至後頸黑色。
• 雌鳥不帶褐色，尾上覆羽灰色。

▲雌鳥似雄鳥，但褐味較濃。

| 特徵 |
• 虹膜暗褐色。嘴、腳黑色。
• 雄鳥前頭白色，過眼線黑色，耳羽鼠灰色。後頭至後頸、背面鼠灰色，略帶褐色；翼黑色，通常具白色翼帶，腰及尾上覆羽淺褐色。頰、頸側、喉以下白色，胸側、脇略帶褐色。
• 雌鳥似雄鳥，但褐色較濃，前頭白色較窄。

▲雄鳥前頭白色，李日偉攝。

| 生態 |
繁殖於中國華中、華南及華東，於東南亞越冬。出現於海岸樹林中，性活潑好動，於樹木中、上層跳動啄食昆蟲。2003 年臺南七股、2007 年臺南七股、野柳各有一筆紀錄，金門 2021 年有繁殖紀錄，或許因為與灰山椒鳥極為相似，以往過境之小灰山椒有被誤為灰山椒之可能，其生態有待持續觀察。

▲出現於海岸樹林中。

粉紅山椒鳥 *Pericrocotus roseus*

屬名：山椒鳥屬　　英名：Rosy Minivet　　別名：小灰十字鳥　　生息狀況：迷

▲雄鳥，有橙紅色大翼斑，楊永利攝。

| 特徵 |

- 虹膜暗褐色；嘴、腳黑色。
- 雄鳥額基、頦、喉近白色，過眼線黑色，頰淺灰色。頭上至上背、肩羽灰色，下背淡粉紅色，腰及尾上覆羽橙紅色。翼黑褐色，有橙紅色大翼斑，胸以下粉紅色。中央尾羽黑褐色，外側尾羽橙紅色。
- 雌鳥背部略帶橄欖綠色調，雄鳥體色之粉紅、橙紅色由淡黃色、黃色取代。

| 生態 |

分布於巴基斯坦北部至印度、中國西南部及南部、中南半島等地，冬季至印度中南部及東南亞部分地區。棲息於開闊之闊葉林、混生林、開墾地之稀疏樹林及雨林邊緣，於樹冠層活動，以昆蟲、小型節肢動物為食，非繁殖季常結成大群活動。2010年5月馬祖東莒、2015年5月馬祖東引各有一筆紀錄。

▲雄鳥胸以下粉紅色。

山椒鳥科

花翅山椒鳥 *Coracina macei*

II L23~30cm

屬名：鵑鵙屬　　英名：Large Cuckooshrike　　別名：大鵑鵙　　生息狀況：留／稀

| 相 | 似 | 種 |

黑翅山椒鳥
• 體型較小，羽色較暗，尾下有白斑。
• 雌鳥腹以下有暗色橫斑。

▲雄鳥額、臉、喉黑色。

| 特徵 |

• 虹膜暗褐色。嘴黑色，先端微下彎。腳黑色。
• 雄鳥額、臉、喉黑色，背、胸鉛灰色，初級飛羽、尾羽黑色，次級飛羽末端有白色羽緣。腰、尾上覆羽羽色較淡，腹、尾下覆羽及尾羽末端白色。
• 雌鳥似雄鳥，但額、臉、喉黑色較淡。

| 生態 |

分布於印度至中國西南、華南、海南島、臺灣、中南半島及馬來半島等地。棲息於中、低海拔山區開闊的闊葉林中，單獨或成對活動於樹冠層，飛行呈波浪狀，常邊飛邊鳴叫，鳴聲嘹亮刺耳。於空中捕食昆蟲，亦食植物嫩芽、漿果等，2005年2月高雄市六龜區曾記錄一對花翅山椒鳥於高樹築巢育雛。本種族群稀少，呈不連續分布，有待關注與保育。

▲雌鳥似雄鳥，但額、臉、喉黑色較淡。

▲雄鳥餵雛。

黑原鵑鵙 *Lalage nigra*

屬名 : 鳴鵑鵙屬　　英名 :Pied Triller　　別名 : 黑鳴鵑鵙　　生息狀況 : 迷

▲雄鳥，喜於高枝上鳴唱。

| 特徵 |
- 虹膜褐色。嘴、腳黑色。
- 雄鳥頭頂至後頸、過眼線黑色。額、頰、喉以下白色。背、翼及尾羽黑色，尾羽末端白色。腰、尾上覆羽灰色。翼覆羽、次級及三級飛羽外緣白色。
- 雌鳥似雄鳥，但羽色偏灰，胸、腹及腰有暗色橫紋。

| 生態 |
分布於東南亞，包括菲律賓、泰國、馬來西亞、印尼等地，喜於樹冠層活動，常於高枝上鳴唱，以昆蟲為食。本種僅 2007 年 11 月高雄南星計畫區一筆紀錄，喜歡活動於鐵刀木林中上層，停留期間甚長，至 2008 年 10 月仍有紀錄。

相 似 種
灰山椒鳥、小灰山椒鳥
- 大覆羽非白色。

山椒鳥科

黑翅山椒鳥 *Lalage melaschistos*

L19.5~24cm

屬名：鳴鵑鵙屬　　英名：Black-winged Cuckooshrike　　別名：暗灰鵑鵙　　生息狀況：冬、過 / 稀

▲幼鳥覆羽有淡色羽緣。

▲雄鳥，翼及尾羽黑色。

| 特徵 |
- 虹膜暗紅色。嘴、腳黑色。
- 雄鳥全身大致鼠灰色，過眼線黑色不明顯，翼、覆羽及尾羽黑色而有光澤。下腹、尾下覆羽灰白色，外側尾羽末端白色，於尾下形成明顯白斑。
- 雌鳥似雄鳥，但羽色較淡，耳羽具白斑，腹以下有暗色橫紋。

▲雌鳥耳羽有白斑，腹部有暗色橫紋。

| 生態 |
分布於印度、尼泊爾、中國華中至華南、中南半島等地，在臺灣出現於離島、海岸及丘陵地之樹林，單獨或成對於開闊樹林的樹冠層活動，飛行呈波浪狀。以昆蟲為主食，亦食植物果實。

相似種

花翅山椒鳥
- 體型較大，羽色較淡，尾下無白斑。
- 雄鳥額、臉、喉黑色。

▲單獨或成對於開闊樹林的樹冠層活動。

綠鵙科
Vireonidae

全球 63 種，臺灣 1 種，分布於南亞、東南亞及美洲。為小型樹棲性鳥類，在亞洲者多為留鳥，在美洲會者遷徙。體色以綠色或黃色為主，有些具白眼圈，有些雄性較鮮豔。嘴似樹鶯而稍厚，略帶鉤。頭大頸短，腳強健。翼圓，有的有翼帶，尾中等長。擅鳴唱，棲息於各種環境中，多數生活於森林邊緣，以昆蟲、漿果及種籽為食。以植物纖維、苔蘚及蜘蛛絲築巢於枝椏間，雌雄合作或由雌鳥孵卵。

綠畫眉 / 綠鳳鶥 *Erpornis zantholeuca*

L11~13cm

屬名：綠鳳鶥屬　　英名：White-bellied Erpornis　　別名：白腹鳳鶥　　生息狀況：留 / 普

▲背面大致黃綠色，頭上有冠羽。

| 特徵 |
- 虹膜暗褐色。上嘴暗褐色，下嘴肉色。腳肉色。
- 背面大致黃綠色，頭上有冠羽，頰、喉以下灰白色，胸側、脅羽色略濃，尾下覆羽黃綠色。

| 生態 |
分布於喜馬拉雅山脈、中國南方、東南亞等地。常單獨或三、兩隻出現於低至中海拔山區闊葉林或次生林之上層。性活潑、好動，常混於其他畫眉科鳥群中。雜食性，以昆蟲、種籽、果實為食。

▲體色與環境一致，不易觀察。

相 似 種

綠繡眼
- 眼圈白色，無冠羽。
- 喉、頸綠色。

▶出現於低至中海拔山區闊葉林。

黃鸝科
Oriolidae

主要分布於非洲、亞洲及澳洲等熱帶及亞熱帶地區，大多為留鳥。雌雄相似，羽色豔麗，嘴粗厚，先端尖而下彎，尾羽略長，鳴聲嘹亮悅耳富變化。棲息於平地至低海拔山區樹林地帶，樹棲性，以昆蟲、植物果實為主食，大多於樹林上層活動，飛行力強，飛行呈波浪狀。採一夫一妻制，築巢於高樹枝梢，雌雄共同育雛，雛鳥為晚成性。

黃鸝 *Oriolus chinensis*

II　L24~28cm

屬名：黃鸝屬　　　英名：Black-naped Oriole　　　別名：黃鶯、黑枕黃鸝　　　生息狀況：留、過／稀

▲常穿梭於枝葉間攝食昆蟲、蜘蛛等。

| 特徵 |

• 雌雄同色。虹膜淡紅色。嘴桃紅色。腳近黑。

• 成鳥全身鮮黃色，黑色過眼線粗且長，延伸至後頭相連。翼黑色，有黃斑，次級飛羽外瓣黃色。尾羽黑色，末端黃色，愈外側尾羽黃色範圍愈大。雌鳥過眼線較細，黃色體羽略帶綠色。

• 幼鳥無過眼線或不明顯，背面橄欖黃色，腹面近白而具黑色縱紋。

| 生態 |

分布於印度、中國東半部、東南亞、印尼、菲律賓等地，北方族群會南遷度冬。亞種 *O. c. diffusus* 分布於中國東半部、海南島及臺灣，單獨或成對出現於平地至低海拔樹林地帶，少數為過境鳥。樹棲性，常穿梭於枝葉間攝食昆蟲、蜘蛛等，亦食果實、種籽，少於地面活動。飛行呈波浪狀，振翅緩慢有力。鳴聲婉轉悅耳，也會發出粗啞的「嘎～」聲。雌雄共同築巢，以植物纖維、草莖、樹皮等為巢材，於高樹枝梢編成吊籃狀懸巢。

臺灣的黃鸝一般認為是 *O. c. diffusus* 亞種，屏東穎達農場、墾丁、花蓮鳳林、兆豐農場等地有留鳥族群，春、秋季節海岸地帶及離島有零星過境。但部分個體如北部地區之繁殖族群，其虹膜鮮紅色，飛羽及尾羽黃色斑塊與 *diffusus* 亞種明顯不同，應為人為引進之外來亞種，其分類地位尚待釐清。

◀分布於北部地區之族群虹膜紅色。

▶成鳥全身鮮黃色,黑色過眼線粗長。

◀幼鳥腹面近白,具黑色縱紋。

朱鸝 *Oriolus traillii ardens*

II　特有亞種　L25~27cm

屬名:黃鸝屬　　英名:Maroon Oriole　　別名:大緋鳥、紅鶯(臺)　　生息狀況:留/不普

▲雄鳥頭、頸、胸中央及翼黑色,其餘部分鮮紅色。

| 特徵 |
- 虹膜白色。嘴、腳鉛藍色。
- 雄鳥頭、頸、上胸中央及翼黑色,其餘部分鮮紅色。
- 雌鳥似雄鳥,但腹部汙白色,有黑色縱斑。
- 幼鳥似雌鳥,但羽色較淺。

| 生態 |
分布於喜馬拉雅山區至中國西南、中南半島、臺灣等地。棲息於平地至低海拔闊葉林及次生林,樹棲性,常單獨或成對於樹冠層活動,或與小卷尾、灰喉山椒鳥混群。以昆蟲、漿果等為食,飛行呈波浪狀。營巢於高樹枝上,巢呈深杯狀。由於本種繁殖成功率不高,加上棲地環境遭開發破壞,致族群稀少,有待關注與保育。

▲雌鳥腹部汙白色,有黑色縱斑。

▲棲息於平地至低海拔闊葉林及次生林。

卷尾科
Dicruridae

主要分布於非洲、亞洲及澳洲等熱帶及亞熱帶地區，臺灣有 2 種繁殖。雌雄同色，羽色單純，嘴強而有力，先端略下鉤；尾長而分叉，外側末端略向上捲。好鳴叫，棲息於樹林、平原或農田地帶，以昆蟲為主食，喜停棲於高處伺機飛捕空中飛蟲。性兇猛好鬥，飛行技巧佳，常追逐或攻擊其他鳥類。採一夫一妻制，築巢於樹上，巢呈碗形，雌雄共同孵卵、育雛，雛鳥為晚成性。繁殖期領域性極強，會主動攻擊靠近巢位者。

大卷尾 *Dicrurus macrocercus harterti*

特有亞種　L27~30cm

屬名：卷尾屬　　英名：Black Drongo　　別名：黑卷尾、烏秋（臺）　　生息狀況：留／普，過／稀

▲成鳥全身藍黑色。

▲尾羽分叉深，末端寬而略上捲。

| 特徵 |

• 虹膜暗褐色。嘴、腳黑色。
• 成鳥全身藍黑色，尾羽長，分叉深，末端寬而略上捲。
• 幼鳥下嘴基有小白斑，腹面帶灰色，有不規則白斑。

| 生態 |

其他亞種分布於伊朗至印度、中國、東南亞等地，過境者為 *cathoecus* 亞種。單獨或成群出現於平地至低海拔地區之樹林、城郊、公園等地帶，常停棲於電線、枝頭、牛背上，伺機飛捕空中飛蟲或啄食牛身上的昆蟲；也常於農地翻耕或作物收割時，捕捉驚起的小蟲。性凶猛好鬥，育雛期間會攻擊靠近巢位的行人及動物。飛行技巧高超，常追逐其他鳥類，會主動追擊飛過的猛禽。叫聲為「卡啾～嘰卡啾～」，營巢於林緣樹上或電線上，以芒草、花穗及纖維等為巢材，巢呈碗形。

▲幼鳥下嘴基有小白斑，腹面有不規則白斑。

相似種

小卷尾
• 體型略小，全身有藍色金屬光澤。
• 大多出現於山區之闊葉林帶。

灰卷尾 *Dicrurus leucophaeus*

L24~29cm

屬名:卷尾屬　　英名:Ashy Drongo　　別名:白頰卷尾　　生息狀況:冬、過 / 稀

▲全身大致灰色,眼周白色。

| 特徵 |

• 虹膜紅色或灰色。嘴灰黑色。腳黑色。
• 眼周、頰白色。背面鼠灰色,後頸略淡,
　飛羽黑褐色。腹面灰色,尾羽長而分叉
　深,末端較寬。

| 生態 |

分布於印度、中國、東南亞及大巽他群島,
北方族群冬季南遷越冬。灰卷尾各亞種之
羽色深淺有別,出現於臺灣者為羽色較淺
之 *leucogenis* 亞種。通常單獨或成對出現於
沿海、平原及丘陵之樹林上層,常停棲於
視野開闊之裸露枝條,捕食過往昆蟲。

▲虹膜紅色,尾羽分叉深。

▲出現於臺灣者為 *leucogenis* 亞種。

200

鴉嘴卷尾 *Dicrurus annectens*

屬名:卷尾屬　　英名:Crow-billed Drongo　　生息狀況:迷（金、馬）

卷尾科

| 相 | 似 | 種 |

大卷尾、烏鶲
•大卷尾全身黑色無金屬光澤，嘴較細小，
　嘴基有白斑。
•烏鶲尾下覆羽及外側尾羽具白色橫斑。

▲體型較大卷尾稍大，但嘴較粗厚，李泰花攝。

| 特徵 |

• 虹膜紅褐色。嘴黑色似烏鴉嘴，基部寬而
　粗厚，先端下彎。腳黑色。
•體型較大卷尾稍大，但嘴較粗厚。額、臉、
　喉黑色，全身藍黑色具金屬光澤，尾羽分
　叉，外側尾羽上翻。雌鳥體色光澤較雄鳥
　稍淡。
• 幼鳥腹面有不規則白色點斑。

| 生態 |

繁殖於尼泊爾、印度東北至中國大陸南部、
海南島及中南半島北部，冬季遷徙至中南
半島南部、馬來半島、印尼等地，棲息於
熱帶、亞熱帶闊葉林及常綠林中，單獨或
成對活動，喜開闊林地、灌叢及林間草地，
主食昆蟲，具卷尾科鳥類典型的捕食習性，
常停棲於樹冠枝上，伺機起飛襲擊空中過
往飛蟲，或於林間草地捕食昆蟲。

▲幼鳥腹面有不規則白色點斑，李泰花攝。

小卷尾 *Dicrurus aeneus braunianus*

特有亞種　L23~25cm

屬名：卷尾屬　　英名：Bronzed Drongo　　別名：古銅色卷尾、山烏秋（臺）　　生息狀況：留／普

▲全身藍黑色具金屬光澤。

▲出現於中、低海拔山區闊葉林中上層。

| 特徵 |

• 虹膜褐色。嘴、腳黑色。
• 額、臉、喉黑色，全身藍黑色具金屬光澤，尾羽長而分叉，末端較寬。

| 生態 |

其他亞種分布於印度、中國南部、東南亞等地。單獨或小群出現於中、低海拔山區闊葉林中上層，喜停棲於樹梢、突出樹枝或電線上，伺機獵捕飛行中的昆蟲。常與灰喉山椒混群活動，飛行快速呈波浪狀。甚吵嚷，有時相互追逐，遇有猛禽出現，會群起追逐圍攻。營巢於樹林上層，以芒草、花穗及纖維為巢材，巢呈碗形。

相似種

大卷尾、烏鶲

• 大卷尾體型略大，無金屬光澤。大多出現於平地樹林、農耕地帶。
• 烏鶲尾下具白色橫斑。

▲喜停棲於樹枝或電線上，伺機獵捕昆蟲。

髮冠卷尾 *Dicrurus hottentottus*

屬名:卷尾屬　　英名:Hair-crested Drongo　　生息狀況:過 / 稀

▲全身藍黑色具金屬光澤。

▲喜停棲於樹梢突出樹枝。

| 特徵 |
- 虹膜黑褐色。嘴、腳黑色。
- 全身藍黑色具金屬光澤,頭、背黑色較深,與飛羽成對比,頭上有一撮細長飾羽,頸、胸具閃藍色點斑。尾羽長而分叉,末端寬而向上捲。

| 生態 |
分布於印度、中國、東南亞及大巽他群島,北方族群冬季南遷越冬。過境期偶見於沿海防風林及離島地區,常停棲於樹梢、突出樹枝上,在空中捕捉昆蟲。以野柳、臺南曾文溪口及澎湖、馬祖過境期紀錄較多。

相似種

大卷尾、小卷尾
- 大卷尾及小卷尾頭上無細長飾羽,背部與飛羽羽色一致。

▲頭上有一撮細長飾羽。

王鶲科
Monarchidae

主要分布於亞洲、非洲、澳洲及太平洋小島上，大多為留鳥，少數為遷徙性候鳥。雌雄相似，嘴寬扁，嘴鬚長，翼圓短，腳細，有些種類雄鳥中央尾羽特長。生活於樹林或灌叢，為樹棲性鳥類。單獨或成對活動，以昆蟲為主食，常停於枝上伺機捕食樹上或空中之飛蟲。採一夫一妻制，以植物纖維、草莖、蜘蛛絲為巢材，築巢於樹枝分叉處，巢呈杯狀，雌雄共同孵卵、育雛。

黑枕藍鶲 / 黑枕王鶲 *Hypothymis azurea oberholseri*

特有亞種　 L15~17cm

屬名:黑枕王鶲屬　　英名:Black-naped Monarch　　生息狀況:留 / 普

▲雄鳥頭、胸、背及尾湛藍色、後枕有黑斑。

| 特徵 |

- 虹膜深褐色，眼圈藍色。嘴藍色，嘴端黑色。腳偏藍色。
- 雄鳥頭、胸、背及尾大致湛藍色，嘴基上、下緣黑色，後枕有一黑斑，前頸下有黑色細橫帶，腹以下灰白色。
- 雌鳥頭、頸部灰藍色，胸淺灰藍色，背、翼及尾羽灰褐色，腹以下灰白色。

▲雌鳥背、翼及尾羽灰褐色。

| 生態 |

廣布於亞洲東部、南部及南洋群島等地。單獨或成對出現於平地、低海拔山區之樹林或竹林，都會公園也有牠的蹤跡。性活潑，喜於濃密枝椏間活動，以昆蟲為主食，常停於枝上伺機捕食空中飛蟲。鳴聲清脆宏亮，繁殖季常會發出「回、回、回、回」的連續哨音。

▶左雌鳥右雄鳥共同育雛。

阿穆爾綬帶 *Terpsiphone incei*

L♂48cm ♀20cm

屬名：綬帶屬　　英名：Amur Paradise-Flycatcher　　別名：亞洲綬帶、亞洲壽帶　　生息狀況：過／稀

▲ 雌鳥似雄鳥非繁殖羽，無長尾羽。　▲ 喉與胸界線明顯。　▲ 白色型雄鳥，王建華攝。

| 特徵 |
- 虹膜褐色。嘴、眼圈藍色。腳藍色。
- 雄鳥頭部藍黑色具金屬光澤，頭後有冠羽。背部與尾羽栗紅色，胸淺灰藍色，喉與胸交界處界線明顯。繁殖期中央 2 根尾羽甚長，非繁殖期無長尾羽。
- 雌鳥似雄鳥非繁殖羽，無長尾羽。
- 幼鳥似雌鳥，但頭部光澤較少，眼圈及嘴藍色不明顯。

| 生態 |
分布於印度、中國、東南亞及巽他群島，雄鳥具赤色及白色兩種色型，過境臺灣者為赤色型。出現於海岸附近樹林，喜於密林裡穿梭活動，捕食樹上或空中的昆蟲為食，過境期間野柳、龜山島、臺南曾文溪口、澎湖等海岸樹林偶有觀察紀錄。2011 年 5 月馬祖有一筆白色型雄鳥紀錄。

▲雄鳥繁殖羽，許映威攝。

◆紫綬帶與阿穆爾綬帶雌鳥辨識一覽表：

紫綬帶雄鳥眼圈藍色較寬，背部紫色，翼及尾羽黑色，易與阿穆爾綬帶區分；兩者雌鳥羽色相近：

特徵 鳥種	頭部	喉與胸羽色差異	背面顏色	尾羽顏色
紫綬帶 雌鳥	頭部黑色不具光澤	喉至胸為由深變淡之漸層，喉與胸交界處界線不明顯	背部紅褐色，羽色較暗	尾羽紅褐色，尾下顯得較暗
阿穆爾綬帶 雌鳥	頭部藍黑色具金屬光澤。惟於光線陰暗或逆光處光澤不顯，與紫綬帶雌鳥極似，需加注意	喉藍黑色，胸淡藍灰色，喉與胸交界處界線明顯	背部至尾羽栗紅色，較鮮豔亮麗	尾羽上、下均為一致之栗紅色，較鮮豔亮麗

紫綬帶 / 紫壽帶 *Terpsiphone atrocaudata* II L♂35~45cm ♀17.5cm

屬名:綬帶屬　英名:Japanese Paradise-Flycatcher　生息狀況:過 / 不普,夏 / 普、留 / 稀(蘭嶼)

相似種
• 詳見 p.205「紫綬帶與阿穆爾綬帶雌鳥辨識一覽表」。

▲雄鳥繁殖羽中央尾羽甚長。

| 特徵 |

• 虹膜深褐色。嘴、眼圈藍色。腳鉛藍色。
• 雄鳥頭、胸黑色,頭後有冠羽。背部紫色,腹以下汙白色,翼及尾羽黑色,繁殖期中央2根尾羽甚長。
• 雌鳥頭、胸羽色較雄鳥淡,背面大致紅褐色,喉至胸羽色漸淺,尾羽暗褐色,無長尾羽。
• 幼鳥似雌鳥,無藍眼圈,嘴褐色。
• 亞種 *T.a.periophthalmica* 雄鳥背部黑色,具紫色光澤。

| 生態 |

指名亞種 *T.a.atrocaudata* 繁殖於日本、朝鮮半島,越冬於東南亞,過境期間部分個體會經過臺灣、金門及馬祖。出現於平地、丘陵及海岸附近之樹林,性畏人,喜於密林裡穿梭活動,捕食樹上或空中的昆蟲。另一亞種 *T.a.periophthalmica*(黑綬帶 Black Paradise-Flycatcher)繁殖於蘭嶼及菲律賓巴丹島,蘭嶼之族群僅於繁殖季出現,應為夏候鳥,少數留下度冬。由於棲地喪失,族群快速下降,有待關注及保育。

▲雄鳥非繁殖羽。

王鶲科

▲紫綬帶喉胸界線不明顯。

▲雄幼鳥，背部偏紫，尾羽偏黑。

▲雌幼鳥，無藍眼圈，嘴褐色，背面大致紅褐色。

▲雄鳥頭、胸黑色，頭後有冠羽。

▲蘭嶼黑綬帶雌成鳥，王詮程攝。

▲蘭嶼黑綬帶雄鳥繁殖羽，王詮程攝。

伯勞科
Laniidae

主要分布於歐洲、亞洲、非洲中、北部及北美洲。臺灣 10 種，多為遷徙性候鳥，僅棕背伯勞 1 種繁殖。雌雄相似，嘴粗大，先端具利鉤與齒突，適於撕開獵物；腳強壯，趾爪銳利彎曲；尾狹長，能在獵捕飛行中快速轉向。棲息於平原至山區之林緣、疏林、灌叢、草原及農耕地帶。屬名 Lanius 為拉丁語「屠戶」之意，性兇猛，領域性強，喜佇立於視野良好、突出之樹枝或電線上，伺機捕食地上之昆蟲、爬蟲、蛙類、小鳥及小型哺乳類。經常將獵物串掛於尖銳竹刺、鐵絲、樹枝上撕食，具貯食習性。好鳴叫，喜站在樹梢，發出粗厲刺耳的叫聲，某些種類擅於模仿其他鳥類鳴聲。築巢於灌木林之樹枝上，以乾草、細枝、羽毛等為巢材，雌鳥負責孵卵，雌雄共同育雛，雛鳥為晚成性。

虎紋伯勞 *Lanius tigrinus*

L17~18.5cm

屬名：伯勞屬　　英名：Tiger Shrike　　生息狀況：迷，過／稀（馬祖）

相似種
灰頭紅尾伯勞
• 背灰褐色，無鱗狀橫斑。
• 胸側、脇橙黃色。

▲雄鳥背至尾具黑色鱗狀橫斑，腹面白色，李日偉攝。

| 特徵 |
• 虹膜暗褐色。嘴粗厚，近黑色。腳黑褐色。
• 雄鳥額、過眼帶黑色，頭上至後頸藍灰色，背至尾栗褐色，具黑色鱗狀橫斑。腹面白色。
• 雌鳥似雄鳥，但眼先及眉線色淺，額至後頸灰色，背部羽色較暗，胸側、脇有暗褐色波形橫紋。
• 幼鳥似雌鳥，但嘴色淡，頭上至後頸褐色具暗褐色斑，無過眼線，背部羽色偏褐。

| 生態 |
繁殖於西伯利亞東部、中國東北、華北、華中及朝鮮半島、日本，冬季南遷於華南、中南半島及大巽他群島。出現於平地至丘陵之林緣、農耕地帶，喜停棲於樹梢上或電線上，叫聲粗厲響亮，仰首翹尾。性凶猛，以昆蟲、爬蟲、蛙類等為食，有時亦會襲擊其他小鳥。

▲幼鳥背面具鱗斑。

▲金門地區族群腹面橙褐色較濃。

▲中間型腹面沾有橙色。

▲暗色型全身大致灰、灰褐及黑色。

灰背伯勞 *Lanius tephronotus*

L21~23cm

屬名：伯勞屬　　英名：Gray-backed Shrike　　生息狀況：迷

▲成鳥額基、過眼帶黑色，頭上至背大部分深灰色。

| 特徵 |

• 雌雄同色。虹膜暗褐色。嘴、腳黑色。
• 成鳥額基、過眼帶黑色，頭上至背大部分
　深灰色，翼黑色有淡色羽緣。喉、胸至腹
　中央白色，胸側、脇、下腹至尾上、下覆
　羽紅褐色。尾長，黑色。
• 幼鳥背面具鱗斑。

| 生態 |

分布於印度、中南半島、中國南部及西部，
越冬至東南亞。棲息於山地疏林、灌叢、
牧場、農田，常停棲在樹梢或電線上，以
昆蟲爲主食，亦食蜥蜴、青蛙、小鳥等，
於開放棲地狩獵，主要捕食地面的獵物。

相 似 種

棕背伯勞
• 肩羽、下背及外側尾
　羽外緣橙褐色。

▲棲息於山地疏林、灌叢、農田等地。

楔尾伯勞 *Lanius sphenocercus*

L28~31cm

屬名：伯勞屬　　英名：Chinese Gray Shrike　　生息狀況：冬／稀，過／稀（金門）

▲喜停棲於開闊，視野良好之枝頭或突出物上。

| 特徵 |

• 雌雄同色。虹膜暗褐色。嘴、腳黑色。

• 額乳白色，過眼帶黑色。頭上、背至尾上覆羽灰色，翼黑色，具明顯白斑。尾長，中央尾羽黑色具白端斑，外側尾羽白色。腹面乳白色。

| 生態 |

分布於俄羅斯、蒙古、中國北部、東部及朝鮮半島。生活於平原至山地較乾旱的林緣及疏林地帶、尤以草地及半荒漠疏林為多，喜停棲於開闊、視野良好之枝頭或電線上，性凶猛，以昆蟲、爬蟲、鼠類、蛙類等為食，會於空中定點振翅，亦能長時間追捕小鳥，捕獲獵物後常就地或刺掛於棘刺上撕食，有貯食習性。

相似種

西方灰伯勞

• 體型較小，飛行時僅初級飛羽具白斑。

▲翼黑色，具明顯白斑。

219

西方灰伯勞 *Lanius excubitor*

屬名:伯勞屬　　英名:Great Gray Shrike　　生息狀況:迷

L24~25cm

相 似 種

楔尾伯勞
• 體型較大,飛行時初級及次級飛羽均具白斑。

▲ 2020 年 12 月臺南八掌溪口有一筆紀錄。

| 特徵 |

• 雌雄同色。虹膜暗褐色。嘴、腳黑色。

• 雄鳥額基白色,過眼帶黑色,眉線白色不明顯或無。頭上、背至尾上覆羽淺灰色,尾上覆羽通常稍淡。肩羽白,翼黑色,具明顯白斑,三級飛羽末端白色。喉至腹白色。尾長,中央尾羽黑色具白端斑,外側尾羽白色。雌鳥似雄鳥,但翼白斑較小,腹面偏灰白。

• 幼鳥嘴肉色,體色大致淺灰褐色。

• 飛行時初級飛羽覆羽白色醒目。

▲常停棲於孤木、灌叢、塔架、電線及護欄上。

| 生態 |

廣布於歐亞大陸,於中亞、印度、非洲越冬,棲息於平原至山地之疏林、灌叢、牧場、農田,也會出現在沼澤,常停棲於孤木、灌叢、塔架、電線及護欄上,以昆蟲、老鼠、蜥蜴、青蛙、小鳥等為食,會將捕獲之獵物刺掛在棘刺上。本種種群龐大,2020 年 12 月臺南八掌溪口有一筆 *L.e.pallidirostris* 亞種(Steppe)幼鳥紀錄,除捕食昆蟲外,也會於灘地獵取螃蟹、彈塗魚等為食,食性頗為特殊。該個體停留至翌年 3 月,換成接近成鳥羽色。

▲飛行時初級飛羽覆羽白色醒目,幼鳥。

鴉科
Corvidae

分布世界各地，為中至大型陸棲性鳥類。雌雄同色，嘴粗厚，先端微下鉤，多數種類上嘴基至鼻孔間有粗硬剛毛覆蓋；腳強而有力。生活於平地至高海拔、都市至森林等各種環境中。雜食性，食物包括昆蟲、爬蟲、小型哺乳動物、腐肉、屍體及植物果實、種籽等，也會掠食雛鳥及鳥蛋。有群聚共棲習性，智商高，適應力強，許多種類適應了人類的生活環境，依附人類所丟棄的食物為食。築巢於樹上或岩壁上，雛鳥為晚成性。

松鴉 *Garrulus glandarius taivanus*

特有亞種　　L33cm

屬名：松鴉屬　　英名：Eurasian Jay　　別名：橿鳥　　生息狀況：留／普

相似種

樹鵲
•臉至胸羽色較暗。
•尾羽較長。
•翼之白斑及尾下覆羽橙褐色甚為醒目。

▲以植物種籽、核果為主食，兼食昆蟲。

| 特徵 |
• 虹膜淺褐色。嘴藍灰色，上嘴基有撮黑毛。腳淡紅褐色。
• 全身大致粉紅褐色，額、顎線黑色，背、肩羽羽色較暗，喉部偏白。翼黑色，初級覆羽、小翼羽及次級飛羽有銀藍、黑色相間橫斑。尾羽黑色，腰及尾上、下覆羽白色。

▲翼上有銀藍，黑色相間橫斑。

| 生態 |
其他亞種分布於歐洲、非洲西北、中東到東亞、東南亞。棲息於中、高海拔之針葉林及針、闊葉混合林中，單獨或小群活動，寒冬會降遷至低海拔山區避寒。雜食性，以植物種籽、核果為主食，亦攝取昆蟲、爬蟲等動物性食物，秋冬季節有貯食習性。不甚懼人，領域性強，擅模仿其他鳥種鳴聲。築巢於高樹，雌鳥孵卵、雄鳥守衛，雌雄共同育雛。

▲寒冬會降遷至低海拔山區避寒。

221

灰喜鵲 *Cyanopica cyanus*

L33~38cm

屬名：灰喜鵲屬　　英名：Azure-winged Magpie　　生息狀況：引進種／稀

▲體型修長，下背、翼及尾羽天藍色。

| 特徵 |

• 體型修長。虹膜褐色。嘴、腳黑色。
• 頭上、耳羽及後頸黑色，肩、背灰藍色，下背、翼、尾羽天藍色，尾長，末端白色。喉、頸側、胸、腹汙白色。

| 生態 |

分布於東北亞、中國、朝鮮半島、日本等地，生活於低山田野、樹林、城市及公園，常結小群穿梭於樹林間。雜食性，以昆蟲、植物種籽為食，性喧嘩，族群數量擴充快速，容易適應環境成為優勢種，擠壓其他物種生存空間，需進一步的關注。

▲灰喜鵲容易適應環境成為優勢種，需進一步的關注。

臺灣藍鵲 *Urocissa caerulea*

屬名：藍鵲屬　　英名：Taiwan Blue Magpie　　別名：長尾山娘（臺）　生息狀況：留／普

鴉科

相似種

喜鵲、紅嘴藍鵲
- 喜鵲嘴、腳非紅色，尾羽較短，肩羽及腹白色甚為醒目。
- 紅嘴藍鵲虹膜紅色，頭上至後頸、腹以下白色。

▲常出現於山區道路、公園之樹林或電線上。

| 特徵 |
- 虹膜黃色。嘴、腳紅色。
- 頭、頸至胸黑色，其餘部分藍色，下腹羽色略淡。飛羽末端白色，尾上覆羽末端黑色。尾羽甚長，末端白色，除中央 2 根藍色特長外，其他各羽中段黑色，末端白色，形成黑白相間。

| 生態 |
棲息於中、低海拔之闊葉林、次生林、果園或開墾地，常出現於山區道路、公園之樹林或電線上。喜群居，群體多由家庭成員組成，性兇悍、喧嘩。雜食性，以植物果實、小鳥、野鼠、蜥蜴、蛇或昆蟲等為食，也會撿食垃圾及廚餘。飛行呈直線，常成小群依序滑翔、穿越山谷、樹林，鄉野稱之為「長尾陣」。繁殖期以樹枝、草葉為巢材，築巢於高枝上，巢粗糙呈淺盤狀。育雛時，前幾窩尚未開始繁殖的哥哥姐姐，會幫忙親鳥哺餵雛鳥，擔任保姆和守衛的角色，稱為「巢邊幫手制」。具兇猛的護巢本能，對於侵襲者會毫不留情的攻擊。鳴聲似「嘎～鏘、嘎～鏘」或一連串的「鏘、鏘、鏘……」。

紅嘴藍鵲（*Urocissa erythrorhyncha*，Red-billed Blue Magpie）與臺灣藍鵲羽色相似，但虹膜紅色，頭上至後頸、腹以下白色，分布於印度東北、中國華中、華南、緬甸及中南半島等地，2002 年開始出現於臺中市武陵農場，最多曾達廿餘隻；2007 年又於大甲郊區發現一對紅嘴藍鵲與臺灣藍鵲雜交產下三隻雛鳥。因棲地、習性及食物與臺灣藍鵲相同，為避免族群擴散，威脅臺灣藍鵲的生存及汙染基因，經農委會進行移除，並送至特生中心收容。

▲喜群居，群體多由家庭成員組成。

▲頭、頸至胸黑色，其餘部分藍色。

▲常成小群依序滑翔，穿越山谷。

▲紅嘴藍鵲虹膜紅色，頭上至後頸、腹以下白色。

樹鵲 / 灰樹鵲 *Dendrocitta formosae formosae*

特有亞種　L34cm

屬名：樹鵲屬　　英名：Gray Treepie　　生息狀況：留／普

▲性吵嚷，常發出「咯哩～歸、咯哩～歸」叫聲。

| 特徵 |

• 虹膜紅褐色。嘴、腳灰黑色。
• 額、臉、喉黑褐色，頭頂至後頸、頸側鼠灰色。背、肩羽褐色，翼黑色具白斑、腰、尾上覆羽灰色。尾黑色甚長，中央尾羽基部灰色。胸、脇灰褐色，腹汙白色，尾下覆羽橙褐色。

| 生態 |

分布於喜馬拉雅山脈、印度、緬甸、中南半島及中國華中、華南及東南部，分布於臺灣者為指名亞種。單獨或成群出現於平地至中海拔之闊葉林、次生林，警覺性高，飛行呈波浪狀，振翅幅度大而緩慢。喜群聚，性吵嚷，常在樹林中上層穿行跳躍，發出「咯哩～歸、咯哩～歸」、「嘎、嘎、嘎、嘎……」叫聲。雜食性，以昆蟲、蜥蜴、植物之果實為主食。築巢於高樹，以樹枝為巢材，巢呈淺盤狀，雌雄共同育雛。

▲背、肩羽褐色，翼黑色具白斑。

▲出現於平地至中海拔之闊葉林、次生林。

喜鵲 *Pica serica*

屬名：鵲屬　　英名：Oriental Magpie　　別名：客鳥（臺）　　生息狀況：引進種 / 普

相│似│種

臺灣藍鵲
• 嘴、腳紅色，虹膜黃色。
• 除頭至胸黑色外，其餘部分藍色。

鴉科

▲多於地面取食，以昆蟲、垃圾、果實等為食。

| 特徵 |
• 虹膜褐色。嘴、腳黑色。
• 頭至頸、背、胸黑色。肩羽、腹部白色。
　翼、尾暗藍色，尾甚長，尾下覆羽黑色。
• 飛行時初級飛羽內瓣及背兩側白色甚為醒
　目。

| 生態 |
廣布於歐亞大陸及北非之喜鵲（*Pica pica*）
已裂解為 5 種，分布於臺灣者為 *Pica
sericea*，據文獻記載為清康熙年間由中國
華南引進，俗名「客鳥」。主要分布於西
部平原，單獨或小群出現於荒野、農地、
郊區及城市。適應力強，雜食性，多於地
面取食，以昆蟲、爬蟲、鼠類、果實等為食，
幾乎什麼都吃。飛行呈直線，振翅緩慢；
叫聲為粗啞的嘎嘎聲。築巢於高樹，以枯
枝為巢材，堆搭呈球狀，雌雄共同育雛。

▲尾羽有亮麗金屬光澤。

▲肩羽、腹部白色醒目。

星鴉 *Nucifraga caryocatactes owstoni*

特有亞種　L32~34cm

屬名:星鴉屬　　英名:Eurasian Nutcracker　　生息狀況:留／普

鴉科

▲臉、頸側、胸、後頸至背有白斑。

| 特徵 |

• 虹膜深褐色。嘴、腳黑色。
• 頭上黑色，翼及尾羽藍黑色，其餘部分黑褐色。臉部、頸側、胸、後頸至背部具白色斑點。尾下覆羽及外側尾羽白色。

| 生態 |

其他亞種分布於歐亞大陸北部、日本、中國中部及西南。單獨或成對出現於中、高海拔山區針葉林中，冬季會降遷至較低海拔山區，喜停棲於高大枯木或松樹頂，常倒懸於松枝上啄食毬果內之松子，亦食昆蟲，有貯食習性，以備冬季食用。

相似種

巨嘴鴉
• 體型甚大，嘴亦粗大。
• 全身黑色，無白色斑點。

▲親鳥（右）餵食幼鳥。

東方寒鴉 *Corvus dauuricus*

L34~36cm

屬名：鴉屬　　英名：Daurian Jackdaw　　別名：達烏里寒鴉　　生息狀況：迷，冬 / 稀（金門）

▲幼鳥全身黑色，臉側、後頸及頸側有銀灰色細紋。

鴉科

| 特徵 |

• 虹膜深褐色。嘴短，黑色。腳黑色。
• 成鳥後頸、上背、頸側至胸以下汙白色，其餘部分黑色，眼後有灰白色細紋。
• 幼鳥全身大致黑色，僅臉側、後頸及頸側有銀灰色細紋。

| 生態 |

分布於西伯利亞東部、中國東北、華北、華中及華東、朝鮮半島及日本，北方族群會南遷至中國東南越冬，棲息於平地和低山地區之草原、農地、疏林地帶，在原棲地喜結成大群。雜食性，以昆蟲、穀類、腐肉、植物種籽等為食，取食於地面。本種僅零星出現於金門、嘉義、宜蘭、野柳等地。

相 似 種

玉頸鴉
• 體型及嘴較粗大。
• 頸側白色僅延伸至胸部，腹部黑色。

▲成鳥後頸、上背、頸側至胸以下汙白色。

家烏鴉 *Corvus splendens*

L40~43cm

屬名：鴉屬　　英名：House Crow　　別名：家鴉　　生息狀況：迷

▲雜食性，以昆蟲、爬蟲、人類食餘或農作物等為食。

| 特徵 |

• 虹膜深褐色。嘴、腳黑色。
• 後頸、頸側至前胸灰色，胸以下暗灰色，
　其餘部分藍黑色而有光澤。

| 生態 |

繁殖於印度、尼泊爾、緬甸西部及南部、
中國西南。喜結群，生活於郊野、農地、
村落及城市附近。雜食性，以昆蟲、爬蟲、
人類食餘或農作物等為食，常翻撿垃圾堆
內的食物，或在農耕地上取食。本種可能
藉由船舶散布至非原生地，零星出現於臺
南、嘉義、雲林等海岸，高雄曾有繁殖紀
錄。

相 似 種

巨嘴鴉及小嘴烏鴉
• 體型較大，全身黑色。

▲零星出現，為偶見迷鳥。

禿鼻鴉 *Corvus frugilegus*

屬名:鴉屬　　英名:Rook　　別名:禿鼻烏鴉　　生息狀況:冬/稀,過/稀(馬祖),冬/稀(金門)

鴉科

相似種

巨嘴鴉、小嘴烏鴉

• 巨嘴鴉嘴粗厚,額頭特別突出。
• 小嘴烏鴉額頭較平,嘴較厚實,上嘴弧度較彎,有隆起感。

▲成鳥嘴基裸露無毛,呈灰白色。

| 特徵 |

• 虹膜深褐色。嘴、腳黑色。嘴較平直,先端尖細,呈圓錐形。
• 額高,全身黑色而有藍色或紫色光澤。成鳥嘴基裸露無毛,呈灰白色,亞成鳥似成鳥,但嘴基有黑色羽毛。
• 飛行時翼尖指突明顯,圓尾。鳴叫時伸頸聳肩,張開尾羽成扇形。

| 生態 |

分布於歐洲至中東、北非及東亞,棲息於平原、低海拔山區之農耕地、田野及草地,有時會接近人類居住處。喜群居,繁殖季於巢區會大量聚集。在臺灣零星出現於沿海農耕地,雜食性,在地上以步行方式尋找或挖掘昆蟲、蚯蚓、軟體動物、腐肉、穀類等為食。

▲亞成鳥嘴基有黑色羽毛。

▶飛行時翼尖指突明顯,圓尾。

▲以步行方式挖掘昆蟲、軟體動物、腐肉、穀類等為食。

231

小嘴烏鴉 *Corvus corone*

L48~53cm

屬名：鴉屬　　英名：Carrion Crow　　別名：小嘴鴉、細嘴烏鴉　　生息狀況：冬／稀，過／稀（馬祖）

▲全身黑色，隱約具光澤，身體羽緣呈鱗狀。

| 特徵 |

- 虹膜深褐色。嘴、腳黑色。嘴厚實，上嘴
  有隆起感，嘴基被覆黑毛。
- 前額較平。全身黑色，隱約具光澤，身體
  羽緣呈鱗狀。
- 飛行時尾端較平。鳴叫時伸頸點頭，尾羽
  下壓。

| 生態 |

分布於歐亞大陸、非洲東北部及日本，大
部分為留鳥，棲息於淺山地區，在原棲地
喜結成大群，冬季東亞族群部分會南遷至
中國華南及東南。取食於草地、農耕地及
垃圾場，以昆蟲、腐肉、蛙類及果實、種
籽等為食。

▲飛行時尾端較禿鼻鴉平。

▲取食於草地、農耕地及垃圾場。

> (相似種)
>
> **巨嘴鴉、禿鼻鴉**
> - 巨嘴鴉嘴粗厚，額頭更顯拱圓形。
> - 禿鼻鴉有藍色或紫色光澤，額頭較
>   高，嘴較平直而尖，呈圓錐形。

鴉科

巨嘴鴉 *Corvus macrorhynchos*

L46~59cm

屬名:鴉屬　英名:Large-billed Crow　別名:大嘴烏鴉、烏鴉　生息狀況:留／普,過／稀(金門)

相似種

禿鼻鴉、小嘴烏鴉
• 禿鼻鴉體型較小,嘴較細長,
　成鳥嘴基裸露無毛。
• 小嘴烏鴉額頭較平,嘴較小。

▲以果實、昆蟲及腐肉為食,為很好的清道夫。

| 特徵 |
• 虹膜深褐色。嘴、腳黑色。嘴大而粗厚,
　先端微下彎,剛毛長。
• 額頭突出,全身黑色,會因光線而呈藍、
　紫或綠色金屬光澤,腹面羽色略淡。

| 生態 |
廣泛分布於東亞、東南亞及南亞,亞種 *C.
m. colonorum* 分布於中國華東、華南、海南
島、中南半島及臺灣。單獨或成小群出現
於平地至高海拔山區,冬季會降遷至較低
海拔山區。性機警,常停棲於視野開闊之
高枝,人稍靠近即成群飛離。飛行呈直線,
振翅平穩緩慢。雜食性,通常於地面覓食,
以果實、昆蟲及腐肉為食,有時亦捕食爬
蟲、雛鳥及鳥蛋,喜撿食人們丟棄之食物,
尤好腐肉,是自然界很好的清道夫。常發
出粗啞的「啊～啊～啊～」連續叫聲。築
巢於高枝上,雛鳥為晚成性。

▲全身黑色,隨光線而呈藍、紫或綠色金屬光澤。

▲冬季會降遷至較低海拔山區。

233

玉頸鴉 *Corvus pectoralis*

L50~55cm

屬名:鴉屬　　英名:Collared Crow　　別名:白頸鴉　　生息狀況:留/不普（金門）

▲後頸至上背，頸側至下胸有白色環斑。

| 特徵 |
- 虹膜深褐色。嘴、腳黑色。嘴粗厚。
- 後頸至上背、頸側至下胸有白色環斑，其餘部分黑色而有紫色光澤。
- 幼鳥全身黑色。

| 生態 |
分布於中國華東、華中、華南及越南北部，大部分為留鳥。為金門不普遍留鳥，單獨或成小群出現於平原、丘陵、耕地、河灘等地帶，性機警，比其他鴉類難接近，在金門常見於海岸、湖岸等水域活動。雜食性，以昆蟲、蝸牛、泥鰍、腐肉、穀類等為食，也是自然界的清道夫。

▲出現於平原、丘陵、耕地、河灘等地帶。

相似種

東方寒鴉
- 體型較小，胸至腹皆為白色。

▲為金門不普遍留鳥。

細嘴鶲科
Stenostiridae

為近年新分出的科，分布於非洲、南亞及東南亞，雌雄同色，體型小，嘴細窄，體色多為藍、灰及黃色，有些種類具扇尾。棲息於樹林，以昆蟲為主食，採一夫一妻制，營巢於樹枝分叉處，巢呈杯狀。

方尾鶲 *Culicicapa ceylonensis*

L13cm

屬名:方尾鶲屬　　英名:Gray-headed Canary-Flycatcher　　生息狀況:迷

▲頭灰色，背面黃綠色。

▲多於樹林中層活動。

| 特徵 |

• 虹膜褐色，眼圈白色。上嘴黑色，
　下嘴色淡。腳黃褐色。

• 頭灰色，略具冠羽，背面黃綠色。
　喉至上胸灰白色，下胸以下黃色。

| 生態 |

分布於印度至中國南方、中南半島、
馬來半島及異他群島。生活於低至中
海拔山區森林，多於樹林中層活動，
性活潑，常與其他鳥種混群，於枝椏
間跳躍，不停捕食及追逐過往昆蟲。
本種僅 2004 年 4 月新竹一筆紀錄。

▲性活潑，常於枝椏間跳動。

235

山雀科
Paridae

分布於歐洲、亞洲、美洲及非洲，大部分為留鳥。為小型樹棲性鳥類，雌雄同色，嘴小，短而尖，腳短而有力。棲息於低至高海拔山區樹林中，性活潑好動，喜群居，好鳴唱，常於枝頭跳動，或做短距離飛行。以昆蟲、植物果實為食，在樹洞或岩縫中築巢，一夫一妻制，雌雄共同育雛。

煤山雀 *Periparus ater ptilosus*

III　特有亞種　　L10~12cm

屬名：煤山雀屬　　英名：Coal Tit　　生息狀況：留／普

▲以昆蟲等為主食。

| 特徵 |
• 虹膜褐色。嘴黑色。腳鉛灰色。
• 頭、喉至上胸黑色，黑色冠羽高聳，頰、頸側、冠羽下方至後頸中央白色。背、肩大致鉛藍灰色，翼灰褐色，具二條白色翼帶。
• 下胸以下汙白色，胸側有黑色羽毛。

| 生態 |
廣布於非洲北部、歐亞大陸及鄰近海島。分布於臺灣者為特有亞種，棲息於中高海拔山區針葉林，是臺灣山雀科中體型最小、分布海拔最高的鳥兒。生性活潑好動，常出現在高海拔針葉或混生林上層，繁殖季喜歡站在樹冠頂端鳴唱，鳴聲輕快似「滴戚、滴戚～」聲。以昆蟲等為主食，亦喜愛植物嫩芽、樹籽。

▲幼鳥體色較淡。

▲出現在高海拔樹林上層。

黃腹山雀 *Periparus venustulus*

屬名:煤山雀屬　　英名:Yellow-bellied Tit　　生息狀況:迷,過/稀(馬祖)

山雀科

相|似|種

青背山雀、白頰山雀
•胸、腹有黑色縱帶。

▲雄鳥非繁殖羽喉部轉黃色。

| 特徵 |

• 虹膜褐色。嘴黑色。腳鉛灰色。
• 雄鳥繁殖羽頭、喉至上胸黑色,非繁殖羽
  喉部轉黃色。頰、後頸中央白色。背部藍
  黑色,翼、尾羽灰藍色,翼有二條白色點
  狀翼帶,外緣欖綠色。胸、腹黃色。
• 雌鳥羽色較淡而不鮮明,頭及背部偏灰綠
  色,頰及喉部黃白色,顎線深灰色,眉略
  具淺色斑點,腹面黃色較淡。
• 幼鳥似雌鳥但色暗,上體多橄欖色。

▲雌鳥羽色較淡而不鮮明,頭及背部偏灰綠色。

| 生態 |

單型種,分布於大陸東北、華東、華中、
華南及東南地區,單獨、成對或結群棲息
於山區至平原之混交林,常於針葉、闊葉
樹或灌叢間活動,以昆蟲幼蟲、種籽為食。
有間發性急劇繁殖特性,種群數量因大量
繁殖驟增,非繁殖季會結群降遷至低海拔
及沿海地區,韓國、日本均有紀錄。106 年
10 月金山青年活動中心及新竹金城湖曾出
現大量遷徙族群。

▲黃腹山雀有間發性急劇繁殖特性。

赤腹山雀 *Sittiparus castaneoventris*

屬名:赤腹山雀屬　　英名:Chestnut-bellied Tit　　別名:臺灣山雀、雜色山雀　　生息狀況:留 / 不普

山雀科

▲族群呈不連續分布。

| 特徵 |

• 虹膜褐色。嘴黑色。腳鉛灰色。
• 額、嘴基、頰、頸側白色;頭上至後頸、喉至上胸黑色;後頭至後頸中央白色,後頸下方有小塊赤褐色。背、翼及尾羽深灰藍色,下胸以下赤褐色。

| 生態 |

爲臺灣特有種,棲息於低至中海拔山區闊葉樹林之中、上層,冬季有降遷現象。群居性,常與其他小型畫眉科、山雀科等鳥類混群活動,以昆蟲爲主食。族群少,呈不連續分布,北部烏來、陽明山、汐止以及宜蘭山區有少數族群;中部則於八仙山、谷關等山區較常見。

▲啄食九芎果實內的小蟲。

相似種

雜色山雀
• 體型較大,額、眼先、耳羽乳黃色。
• 上背赤褐色。

▲會利用山區水源洗澡。

雜色山雀 *Sittiparus varius*

屬名:赤腹山雀屬　　英名:Varied Tit　　生息狀況:迷

▲指名亞種 *varius* 喉與上胸間有乳白色橫帶。

| 特徵 |

• 虹膜褐色。嘴黑色。腳鉛灰色。

• 額、眼先、耳羽乳黃色,頸側白色。頭頂至後頸黑色,後頭中央有白斑。

• 上背赤褐色,下背、翼及尾羽深灰藍色,頰、喉黑色,指名亞種 *S. v. varius* 喉與上胸間有乳白色橫帶,胸、腹及脇赤褐色,腹中央至尾下覆羽羽色較淡。

| 生態 |

分布於中國大陸東北、日本、朝鮮半島、琉球群島等地,棲息於低海拔森林中、上層,或於林下灌叢上層活動,以昆蟲為主食,亦食植物種籽,過境期偶見於海岸及離島。

▲上背赤褐色。

(相 似 種)

赤腹山雀

• 體型較小,額、眼先、臉頰白色,上背無赤褐色,喉、胸間無乳白色橫帶。

239

青背山雀／綠背山雀 *Parus monticolus insperatus*

III　特有亞種　L12~13cm

屬名：山雀屬　　英名：Green-backed Tit　　生息狀況：留／普

山雀科

相似種

白頰山雀
• 僅一條白色翼帶，腹兩側白色

▲分布於中、低海拔山區。

| 特徵 |
• 虹膜褐色。嘴黑色。腳鉛灰色。
• 頭、喉至上胸黑色，頰、後頸中央白色。背部黃綠色，翼、尾羽灰藍色，有二條白色翼帶。胸、腹中央有黑色縱帶，兩側黃色，雄鳥黑色縱帶比雌鳥寬長。
• 幼鳥羽色較淡，胸、腹黑色縱帶較淡而窄短。

| 生態 |
廣布於喜馬拉雅山區、中國西南及越南。分布於臺灣者為特有亞種，棲息於中、低海拔山區闊葉林或闊、針葉混合林，夏季會出現於高海拔山區，冬季則常降遷至低海拔山麓或丘陵地帶度冬。喜成群活動，會混群於紅頭山雀或各種小型畫眉科鳥群中，生性活潑不怕人，常發出輕快悅耳的「嘰、嘰、啾～」鳴聲，或單調的「居、居、居……」聲。以昆蟲、果實或種籽為食；築巢於山區路燈電桿洞、枯樹洞或房舍屋簷。

▲以昆蟲、果實或種籽為食。

▲頰及後頸中央白色。

白頰山雀 *Parus minor*

L12.5~15cm

屬名：山雀屬　　英名：Japanese Tit　　別名：大山雀、日本山雀　　生息狀況：迷，留/稀（馬祖）

▲頰有大白斑，白色翼帶明顯。

| 特徵 |
- 虹膜褐色。嘴、腳黑色。
- 頭、喉至上胸黑色，頰、後頸中央白色，背部藍灰綠色，翼、尾羽灰藍色，有一條白色翼帶。
- 胸、腹中央有黑色縱帶，雄鳥較寬，雌鳥較窄，縱帶兩側灰白色（有些亞種沾黃色）。

| 生態 |
分布於中國大陸、朝鮮半島、日本、俄羅斯遠東地區及中南半島北部，出現於臺灣者為 *P. m. commixtus* 華南亞種。生活於平地至山區開闊樹林、林緣及農墾地等環境，為馬祖稀有留鳥，在臺灣為迷鳥，零星出現於海岸或山區林緣。性活潑，鳴聲悅耳，平易近人，以昆蟲為主食。

相似種
青背山雀
- 有二條白色翼帶，腹兩側黃色。

▲胸、腹中央有黑色縱帶。

▲白頰山雀在臺灣為迷鳥。

241

黃山雀 *Machlolophus holsti*

II　特有種　L12.5~13cm

屬名：黃山雀屬　　英名：Taiwan Yellow Tit　　別名：臺灣四十雀、師公仔（臺）　　生息狀況：留 / 不普

山雀科

相似種

青背山雀
- 無羽冠，頰白色。
- 喉至上胸黑色，腹中央有黑色縱帶。

▲雄鳥背部暗藍灰色。

▲雄鳥具黑色臀斑。

▲常有腳踩櫻花吸食花蜜行為。

▲雌鳥背部偏灰綠，無黑色臀斑。

▲分布於中海拔山區。

| 特徵 |
- 虹膜深褐色。嘴黑色。腳鉛灰色。
- 額兩側、頰、胸腹黃色，額中央至頭上、後頸側藍黑色，具冠羽，冠下至後頸中央白色。
- 雄鳥背部暗藍灰色，翼、尾羽灰藍色，有灰色翼帶，尾羽外側及尾下覆羽白色，具黑色臀斑。雌鳥似雄鳥，背羽偏灰綠色，無臀斑。

| 生態 |
黃山雀屬為臺灣特有，僅黃山雀一種，分布於中海拔山區闊葉林或闊、針葉混合林，冬季會降遷至低海拔山區。繁殖期鳴聲嘹亮多變，常單獨或成對混群於其他山雀科或小型畫眉科鳥群中。雜食性，以昆蟲及植物果實為食，櫻花盛開季節常有腳踩櫻花，從花托吸食花蜜行為。築巢於樹洞中，亦曾見於山區電桿孔洞中築巢。因棲地森林砍伐致族群數量稀少，加上人類獵捕壓力，宜多加關注保育。

攀雀科
Remizidae

分布於歐洲、亞洲、非洲及北美洲，大部分為留鳥。嘴短，先端尖細，腳強而有力。主要生活於水域附近之灌叢、草原地帶，群棲性，常穿梭於草叢間。擅攀緣、倒懸於樹枝上，以植物種籽、昆蟲為主食。築巢於矮樹上，以蘆葦花絮、棉絮、草莖纖維等為巢材，織成囊狀懸吊於枝梢，具出入口。雌雄共同孵卵、育雛，雛鳥為晚成性。

攀雀 *Remiz consobrinus*

L9~12cm

屬名：攀雀屬　　　英名：Chinese Penduline-Tit　　　別名：中華攀雀
生息狀況：迷，過／稀（馬祖），冬／稀（金門）

▲雄鳥頭上灰色，過眼線黑色，背紅褐色。　　▲雌鳥羽色較淡，過眼線褐色。

| 特徵 |
- 虹膜深褐色。嘴灰黑色，先端尖細，呈尖錐形。腳藍灰色。
- 雄鳥頭上灰色，過眼線黑色甚粗，眉線白色。背紅褐色，大覆羽栗褐色，翼、尾羽暗褐色，羽緣淡紅褐色；尾端呈凹形。腹面大致黃白色，頦、喉稍淡，胸側茶褐色。
- 雌鳥及幼鳥似雄鳥，但羽色較淡，過眼線褐色，頭上略帶褐色。

| 生態 |
廣布於歐亞大陸，東亞族群冬季南遷至日本、朝鮮半島及中國東部，喜於近水之蘆葦叢、草叢活動，攀緣或倒懸於樹枝上，以昆蟲、種籽為食，非繁殖期常結成小群。本種僅零星出現於海岸或水域附近之草叢地帶，金門紀錄較多。

百靈科
Alaudidae

主要分布於歐亞大陸及非洲，大多為候鳥，部分為留鳥，臺灣有1種繁殖。雌雄同色，許多種類具冠羽或羽角，嘴短而尖，翼尖，三級飛羽甚長。跗蹠長，後趾爪長而直。地棲性，生活於開闊、地形單純之草原、農耕地等環境，常出現於乾旱地帶，喜歡以沙浴清潔羽毛。大部分種類於非繁殖季成群生活，有些則終年有領域行為。鳴聲悅耳多變，喜於突出之土丘上鳴唱，或於空中飛鳴。在地面覓食，食物以種籽、昆蟲為主。一夫一妻制，具領域性，雌鳥單獨在地面築巢、孵卵，雌雄鳥共同育雛，雛鳥為晚成性。

賽氏短趾百靈 *Calandrella dukhunensis*

L14~15cm

屬名：短趾百靈屬　　英名：Sykes's Short-toed Lark　　別名：大短趾百靈　　生息狀況：迷

相似種

亞洲短趾百靈
• 體型及嘴較小，眉線不明顯。
• 喉部具細紋，胸部散布黑色稀疏細縱紋。
• 三級飛羽短於初級飛羽。

▲白色眉線明顯，三級飛羽甚長，蓋住初級飛羽羽尖。

| 特徵 |
• 虹膜褐色。嘴粗短，角質色。腳肉色。
• 背面淡褐色，具黑色縱紋，淡皮黃色眉線延伸至眼後，過眼線黑色。翼黑褐色具淡色羽緣，腹面灰白色，頸側具黑色斑塊。停棲時三級飛羽甚長，蓋住初級飛羽羽尖。

| 生態 |
繁殖於中國中部及北部、蒙古中部及東部、南至西藏，越冬於印度中部、南部及亞洲東部。生活於半荒漠、乾旱草原、農耕地等空曠地帶，擅於地面行走，遇干擾常伏低不動，因具保護色而不易被發覺。常站於突出之土丘上鳴唱，或於空中飛鳴，鳴聲尖細優美。於地面覓食草籽、嫩芽、昆蟲等為食。

亞洲短趾百靈 *Alaudala cheleensis*

屬名:小百靈屬　　英名:Asian Short-toed Lark　　別名:小短趾百靈　　生息狀況:迷

▲於地面活動,以草籽、昆蟲等為食。

| 特徵 |
- 虹膜深褐色。嘴粗短,角質黃色。腳肉色。
- 背面淡灰褐色,具黑色縱紋。喉、胸白色,胸部散布黑色稀疏細縱紋,腹部淡粉色,尾羽具白色寬邊。停棲時三級飛羽短於初級飛羽。

| 生態 |
繁殖於中亞、西伯利亞南部、蒙古、中國北方及東北,少數冬季向南遷移,棲息於乾旱平原及草地,於地面活動,主要以草籽、嫩芽等為食,亦食昆蟲。擅於空中飛鳴,鳴聲多變悅耳。2005年3月新北市金山發現第一筆紀錄。

▲胸部散布黑色稀疏細縱紋。

相似種

賽氏短趾百靈
- 體型及嘴較大,眉線寬而明顯。
- 喉部細紋較少,頸側具黑色斑塊。
- 三級飛羽甚長,蓋住初級飛羽。

▲停棲時三級飛羽短於初級飛羽。

歐亞雲雀 *Alauda arvensis*

屬名：雲雀屬　　英名：Eurasian Skylark　　別名：雲雀　　生息狀況：冬／稀

相 似 種

小雲雀
• 體型較小而瘦長，嘴較大。
• 飛行時翼後緣無白色。

▲過境期出現於草地、海岸附近。

| 特徵 |
• 虹膜深褐色。嘴黑褐色。腳黑褐色或肉色。
• 頭上黃褐色，有黑褐色縱紋，具短冠羽，警戒時會豎起。眉線乳白色，頰褐色，有黑褐色細紋。背面褐色，具黑褐色軸斑及淡色羽緣，外側尾羽白色。腹面白色，胸、脇微帶褐色，喉、胸密布黑褐色縱紋。
• 飛行時翼後緣白色。

| 生態 |
繁殖於歐亞大陸、朝鮮半島、日本及中國北方，越冬於北非、印度西北及中國華南等地區。9月至4月單獨或成群出現於開闊草地、農耕地、海岸及離島。地棲性，擅於地面奔走，警戒時會蹲下伏低身體。鳴聲活潑悅耳，為持續連串顫鳴，常從地面直衝升空，於高空振翅鳴唱，接著俯衝落地。以草籽、昆蟲為食。

▲警戒時會蹲下伏低身體。

▲歐亞雲雀有許多亞種，羽色具差異。

小雲雀 *Alauda gulgula*

L15.5~18cm

屬名：雲雀屬　　英名：Oriental Skylark　　別名：半天鳥（臺）　　生息狀況：留／普

▲繁殖期雄鳥鳴唱聲婉轉多變。

▲棲息於開闊草地、河床、旱田等空曠地帶。

| 特徵 |

- 虹膜暗褐色。上嘴黑褐色，下嘴肉色。腳肉黃色。
- 頭上黃褐色，有黑褐色縱紋，具短冠羽。眉線黃白色，頰褐色，有黑褐色條紋。背面褐色，有黑褐色軸斑及淡色羽緣，外側尾羽白色。喉乳黃色，頸側、胸黃褐色，有黑褐色縱紋，腹以下淡黃褐色。

▲澎湖之小雲雀體羽黑色較少，黃褐色較濃。

| 生態 |

棲息於開闊草地、河床、旱田等空曠地帶，地棲性，於地面步行活動覓食，遇干擾時常豎起冠羽警戒，以奔跑方式逃離。繁殖期雄鳥鳴唱聲婉轉多變，常站在突出之土丘、石塊或木樁上聳起冠羽鳴唱，或垂直升空，於空中定點振翅鳴唱，歌聲結束隨即俯衝落地。以昆蟲、植物種籽為食，築巢於地上，以細草莖築成淺杯狀巢，繁殖期親鳥進出巢位會採迂迴路徑，避免被掠食者發現。臺灣有二亞種，臺灣本島為 *A. g. wattersi* 亞種，背部羽色較濃，各羽中央呈黑色，嘴較長，後趾爪發達。澎湖群島為 *A. g. coelivox* 華南亞種，體羽黑色較少，黃褐色較濃，嘴較短而厚。

相似種

歐亞雲雀、大花鷚

- 歐亞雲雀體型較大而圓胖，嘴較短小，初級飛羽突出較長；飛行時翼後緣白色。
- 大花鷚體型較大，嘴、尾羽較長，有明顯之黑色顎線，鳴聲粗啞。

雲雀、百靈與鷚辨識小撇步：
雲雀、百靈屬於百靈科，鷚則屬於鶺鴒科，其外觀類似，可由下列特徵粗辨：
▲百靈科通常具冠羽，尾及腳均較鷚短。
▲嘴型：百靈科嘴較短而厚；鷚嘴較細長。
▲趾爪：百靈科後爪長而直；鷚後爪彎曲呈圓弧狀。
▲姿勢：百靈科站姿較平；鷚站姿較挺直。

扇尾鶯科
Cisticolidae

分布於非洲、亞洲及澳洲，大多為留鳥，臺灣有5種繁殖。雌雄相似，體型小，翅圓短，尾長。不擅長距飛行，生活於草生地或灌木叢中，能適應乾燥至潮溼環境，多數種類習性隱密不易觀察。繁殖期常以各式展示飛行吸引異性，以昆蟲為主食，築巢於地面或接近地面之草叢中，以乾草、樹葉、蜘蛛絲及棉絮為巢材，巢呈杯狀、布袋狀或球狀，也會利用周邊的草葉直接拉近編築，築巢於草莖中。

斑紋鷦鶯 *Prinia crinigera striata*

特有亞種　L16cm

屬名：鷦鶯屬　　英名：Striated Prinia　　別名：山鷦鶯　　生息狀況：留／不普

相│似│種
褐頭鷦鶯、灰頭鷦鶯
•背面、腹面皆無縱紋。

▲喜停棲於芒草莖或枝頭上鳴唱。

| 特徵 |
• 虹膜橙褐色。雄鳥繁殖期嘴黑色，非繁殖期轉為褐色，雌鳥下嘴基肉色。腳粉紅色。
• 眉線不明顯，背面大致褐色，頭上至背有黑褐色縱紋，尾羽甚長。腹面淡黃褐色至汙白色，胸、脇有黑色縱紋。雌鳥羽色略淡，胸縱紋較模糊。

| 生態 |
本種為臺灣鷦鶯屬鳥類分布海拔最高者。出現於低至中海拔山區之芒草、灌木叢中，喜停棲於芒草莖或枝頭上鳴唱，以昆蟲為主食。

▲頭上至背有黑褐色縱紋。

灰頭鷦鶯 *Prinia flaviventris*

L12~14cm

| 屬名:鷦鶯屬 | 英名:Yellow-bellied Prinia | 別名:黃腹鷦鶯、芒噹丟仔 | 生息狀況:留／普 |

▲雌鳥頰較白，白色眉線超過眼後。

| 特徵 |
- 虹膜橙褐色。嘴黑色。腳粉紅色。
- 雄鳥眼先暗灰色，有白色短眉線。頭上暗灰色，背部大致橄欖褐色，尾羽略長，有不明顯淡色橫斑。喉白色，胸乳黃色，腹以下淡黃褐色，脇羽色較濃。
- 雌鳥似雄鳥，但頰較白，白色眉線較長，略超過眼後。

| 生態 |
出現於平地至丘陵地帶之農耕地、草叢、灌叢中，爲鄉間常見的野鳥。性活潑好動，常停棲於草莖上下擺動尾羽大聲鳴唱。鳴聲爲似羊之「咩～」，或「氣死你得賠～氣死你得賠～」急促的音節。以昆蟲爲主食。

相似種

褐頭鷦鶯、斑紋鷦鶯
- 褐頭鷦鶯頭上褐色，尾羽較長。
- 斑紋鷦鶯背面、腹面有縱紋，尾羽較長。

▲雄鳥，常停棲於草莖上下擺動尾羽大聲鳴唱。

褐頭鷦鶯 *Prinia inornata flavirostris*

屬名：鷦鶯屬　　英名：Plain Prinia　　別名：臺灣鷦鶯、芒噹丟仔　　生息狀況：留／普

▲ 喜於荒地芒草中活動，以昆蟲為主食。

| 特徵 |
• 虹膜橙褐色。繁殖期嘴黑色，非繁殖期褐色，下嘴基粉色。腳粉紅色。
• 頭上、背面大致褐色，眉線白色不明顯。尾羽甚長而參差不齊，有不明顯之淡色橫斑，腹面淡黃褐色。

| 生態 |
單獨或成鬆散小群出現於平地至中海拔之農耕地、河床、灌叢、芒草叢中，為鄉間常見的野鳥。以昆蟲為主食，喜於荒地芒草中活動覓食，不停的跳躍、上下擺動尾羽。繁殖期雄鳥常停於草莖頂端發出單調平緩的「滴、滴、滴⋯」鳴聲，不時翹尾拍翅；展示飛行時常「噗、噗」拍翅作響，擺動尾羽，形成不規則的上下彈跳路線。築巢於長草叢中，會利用周邊的長草葉直接拉近編築成長橢圓形巢。

▲ 尾羽甚長而參差不齊。

▲ 繁殖期嘴黑色。

棕扇尾鶯 *Cisticola juncidis*

L11cm

屬名：扇尾鶯屬　　英名：Zitting Cisticola　　別名：錦鴝
生息狀況：留／普，過／不普（金、馬），冬／稀（金門）

相似種
• 詳見 p.253「黃頭扇尾鶯雄鳥非繁殖羽及雌鳥與棕扇尾鶯比較表」。

▲繁殖期常停於高草莖上鳴唱。

| 特徵 |
• 雌雄同色。虹膜褐色。上嘴褐色，下嘴粉紅。腳粉紅至近紅色。
• 繁殖羽眉線白色，耳羽淡褐色。頭上具黑褐色縱紋，背面大致黑褐色，有淡黃褐色羽緣，腹面白色。尾下各羽末端白色，黑白對比明顯。繁殖期雄鳥嘴基轉黑色。
• 非繁殖羽羽色較黯淡，尾羽較長。

| 生態 |
棲息於平原開闊草地、農耕地、河床及雜草叢生之荒地，較偏愛溼地環境。單獨活動，以昆蟲為主食，常穿梭於草叢間捕食昆蟲。繁殖期雄鳥常停於高草莖上，發出嘹亮的「滴、滴、滴⋯」及「戚察～戚察～」叫聲；或於空中做波浪狀展示飛行，張開尾羽，邊飛邊鳴，漸次攀升至高空，最後以急速墜落方式降落至草叢。

▲眉線白色，尾下黑白對比明顯。

扇尾鶯科

黃頭扇尾鶯 *Cisticola exilis volitans*

屬名：扇尾鶯屬　　英名：Golden-headed Cisticola　　別名：白頭錦鴝　　生息狀況：留／不普

扇尾鶯科

▲雄鳥繁殖羽頭上乳白色。

| 特徵 |

- 虹膜褐色。上嘴黑褐色，下嘴粉紅。腳粉紅色。
- 雄鳥繁殖羽頭上乳白色，眉線至頸側黃褐色。背面大致黑褐色，有淡黃褐色羽緣。喉白色，腹面乳黃色。尾羽黑色稍短，末端白色。非繁殖羽頭上具黑褐色斑紋，體側黃褐色，尾羽甚長。
- 雌鳥似雄鳥非繁殖羽，但體側較淡，尾羽較短，尾端淡褐色。

| 生態 |

出現於平原至低海拔丘陵雜草叢生之荒地、河床，偏愛較乾燥之環境。單獨活動，常穿梭於草叢間捕食昆蟲，飛行呈波浪狀。繁殖期雄鳥常停於草莖或枝頭，豎起冠羽不停鳴叫，有時會飛上高空邊飛邊鳴，再急速俯衝至地面草叢，鳴聲似「茲、茲、歸里」，冬季不鳴唱。一夫多妻制，繁殖期雄鳥具領域性，於同一領域有與多隻雌鳥繁殖的情形，由雌鳥負責孵卵、育雛。

▲繁殖期雄鳥豎起冠羽鳴唱。

▲非繁殖羽頭上具黑褐色斑紋，體側黃褐色，尾羽長。

▲雌鳥尾羽較短，末端淡褐色。

◆黃頭扇尾鶯雄鳥非繁殖羽及雌鳥與棕扇尾鶯比較表：

鳥種＼特徵	眉線	眼圈	尾羽	尾下顏色對比
黃頭扇尾鶯	眉線、頸側為一致之黃褐色	有較明顯的白色眼圈	尾羽顏色一致，無黑色次端帶，末端淡褐色。雄鳥非繁殖羽尾羽甚長	末端淡褐色，與黑色對比較不明顯
棕扇尾鶯	任何季節眉線均為明顯白色	白色眼圈不顯	具黑色次端帶，末端白色	尾下各羽末端白色，黑白分明，對比明顯

葦鶯科
Acrocephalidae

分布於歐亞大陸、非洲、澳洲及太平洋諸島，繁殖於北方者多具遷徙性。為中、小型鶯類，背面多為黃褐色，腹面為較淺的乳白色，部分種類背面有暗色條紋。體型修長，背部至尾平直。嘴長而直，尾端圓，腳強健。棲息於近水域之草叢或灌叢，以昆蟲為食。

厚嘴葦鶯 *Arundinax aedon*

L18~21cm

屬名：蘆鶯屬　　英名：Thick-billed Warbler　　別名：蘆鶯　　生息狀況：迷

| 特徵 |
- 虹膜褐色，眼圈及眼先淡色。嘴粗厚，上嘴峰黑褐色，下嘴肉黃色。腳鉛灰色。
- 頭上褐色，無眉線及過眼線。背面深褐色，翼短。頦及喉近白，腹乳白色或皮黃色，脇及尾下覆羽皮黃色。尾長，尾端凸，外側尾羽白色。

| 生態 |
繁殖於西伯利亞至蒙古，越冬至印度、中國南部及緬甸、泰國、印尼。棲息於森林、林地及次生灌叢，性隱匿，常隱藏於灌叢中，以昆蟲為食。

相似種
東方大葦鶯
- 額較平，嘴較長，有乳白色眉線及暗色過眼線。

▲嘴粗厚，上嘴峰黑褐色，下嘴肉黃色，林文崇攝。

靴籬鶯 *Iduna caligata*

L11~12.5cm

屬名：籬鶯屬　　英名：Booted Warbler　　生息狀況：迷

| 特徵 |
- 虹膜褐色，眼圈白色。嘴甚小，上嘴黑褐色，下嘴偏黃。腳粉灰色。
- 眉線近白色，長而寬延伸至眼後。背面為一致的灰褐色；腹面白色，脇及尾下覆羽沾皮黃色。尾端微凹，外側尾羽白色。

| 生態 |
繁殖於俄羅斯及中亞，越冬於印度。棲息於乾旱灌叢或矮樹之環境，常隱藏於灌叢中，也會於地面活動，以昆蟲等無脊椎動物為食。本種僅 2009 年 10 月宜蘭龜山島及 2010 年 11 月高雄東沙島 2 筆紀錄。

相似種
布氏葦鶯
- 體型較大，嘴較長。
- 眉線甚短，僅於眼前部位。

▲背面為一致的灰褐色，洪貫捷攝。

葦鶯科

雙眉葦鶯 / 黑眉葦鶯 *Acrocephalus bistrigiceps*

屬名:葦鶯屬　　英名:Black-bowed Reed-Warbler　　生息狀況:冬、過 / 稀

L13.5~14cm

▲繁殖期站上枝頭鳴唱。

| 特徵 |

- 虹膜暗褐色。上嘴黑色,下嘴黃色。腳暗粉褐色。
- 眉線黃白色明顯,過眼線黑褐色,頭上具兩道黑色頭側線,與眉線形成黑白雙眉線。
- 背面大致深褐色,腰、尾上覆羽略淡。喉乳白色,腹面黃白色,胸側、脇淡黃褐色。

| 生態 |

繁殖於東北亞,越冬於印度、中國南方及中南半島。出現於草澤、水域附近之草叢、蘆葦叢生地帶,性羞怯隱密,喜於植叢底層潛行、攀爬與跳動,攝取昆蟲為食。臺北關渡、宜蘭釣鱉池近年均有穩定紀錄。

▲出現於水域附近之草叢或蘆葦叢中。

▶具明顯黑、白雙眉線。

細紋葦鶯 *Acrocephalus sorghophilus*

L12cm

屬名：葦鶯屬　　英名：Streaked Reed Warbler　　生息狀況：迷，過／稀（馬祖）

| 特徵 |
- 虹膜褐色。上嘴黑色，下嘴偏黃。腳粉紅色。
- 眉線皮黃色，頭上具兩道黑色頭側線，頰近黃色。背面褐色，頭上及背部具模糊的縱紋。腹面皮黃色，喉偏白。

| 生態 |
繁殖於中國東北，越冬於中國東南及菲律賓。棲息於沼澤、溼地的草叢、蘆葦叢，性隱密，常藏匿於草叢、蘆葦叢中，覓食時偶爾停棲於草莖上，主要以昆蟲等無脊椎動物為食。由於族群稀少，棲地喪失等因素，名列全球「易危」鳥種。

相似種
雙眉葦鶯
- 嘴較細短。
- 背面羽色較深，無縱紋。

▲頭上及背部具模糊的縱紋，鄭謙遜攝。

稻田葦鶯 *Acrocephalus agricola*

L12~14cm

屬名：葦鶯屬　　英名：Paddyfield Warbler　　生息狀況：迷

| 特徵 |
- 虹膜褐色。上嘴黑褐色，下嘴基粉至淺褐色。腳粉褐色。
- 眉線白色，眉線上具模糊暗色次眉線，過眼線及耳羽褐色。背面大致呈一致的淡灰褐色，翅短，三級飛羽黑色而有褐色羽緣。腹面白色，脇淡褐色，尾下覆羽白色。

| 生態 |
繁殖於中亞至中國西部，越冬於伊朗、印度及非洲。棲息於蘆葦叢、草叢或灌叢等低矮植被中，活動時尾羽不停地抽動和上揚，攝取昆蟲為食。本種於 2008 年 10 月澎湖吉貝有一筆紀錄。

▲背面呈一致的淡灰褐色，洪立泰攝。

遠東葦鶯 *Acrocephalus tangorum*

屬名:葦鶯屬　　英名:Manchurian Reed Warbler　　生息狀況:迷

| 特徵 |
- 虹膜褐色。嘴大而長,上嘴黑褐色,下嘴
  粉紅色。腳橙褐色。
- 眉線近白色,眉線上具明顯黑色次眉線,
  過眼線黑褐色。背面褐色;腹面白色,胸、
  脇及尾下覆羽沾皮黃色。

| 生態 |
繁殖於中國東北,越冬局限於緬甸東南部、
泰國西南部及寮國南部。習性同稻田葦鶯。
本種於 2010 年 9 月基隆棉花嶼、2011 年 1
月臺南各有一筆紀錄。

相 似 種

稻田葦鶯
- 嘴較短,羽色較淡。
- 次眉線不明顯。

▲眉線近白色,具明顯黑色次眉線,蘇聰華攝。

布氏葦鶯 *Acrocephalus dumetorum*

L12~14cm

屬名:葦鶯屬　　英名:Blyth's Reed Warbler　　生息狀況:迷

| 特徵 |
- 虹膜欖褐色,具不完整白色眼圈。嘴長,
  上嘴色深,中線及下嘴色淺偏粉。腳暗褐
  色。
- 眉線白色甚短,僅於眼前部位,不及眼後。
  背面呈一致的褐色,無斑紋。腹面白色,
  頸側、上胸及脇沾皮黃色。

| 生態 |
繁殖於歐洲至西北亞;越冬於非洲東北部、
喜馬拉雅山脈、印度及緬甸。棲息於乾燥
或稍潮溼之濃密灌木叢,偏樹棲性,攝取
昆蟲為食。

▲眉線白色甚短,不及眼後,謝季恩攝。

葦鶯科

東方大葦鶯 *Acrocephalus orientalis*

L17~19cm

屬名：葦鶯屬　　英名：Oriental Reed Warbler　　別名：大葦鶯　　生息狀況：冬 / 普

相似種

遠東樹鶯
•嘴較細短，頭部較圓。
•額紅褐色，尾較長。
•腳粉紅色，動作較靈活。

▲嘴粗長，上嘴黑褐色，下嘴粉色，腳鉛灰色。

| 特徵 |

• 虹膜褐色。嘴粗長，上嘴黑褐色，
下嘴粉色。腳鉛灰色。

• 眉線乳白色，過眼線不明顯。背面
褐色，頭上羽色略暗，額頭較扁，
有下凹感覺。喉、胸、頸側乳白色，
腹面乳黃色。

| 生態 |

繁殖於東亞，越冬於印度、東南亞、
菲律賓及印尼。單獨出現於平地水域
附近之草澤、蘆葦、稻田及灌叢，動
作較緩慢笨拙，攝取昆蟲為食。常於
草莖上鳴叫，停棲時身體挺直，後頭
羽毛時而聳起。

▲額頭較扁，有下凹感覺。

蝗鶯科
Locustellidae

繁殖於歐亞大陸北部，越冬於南亞及東南亞，為中、小型鶯類。背面多為褐色，常有暗色條紋，腹面通常為較淺的灰白色，部分種類有斑點。翼短而圓，尾短而寬，中央尾羽較長，呈楔形尾。性隱匿，常躲藏於灌叢底層，喜於地面或低枝間活動，以昆蟲為食。

蒼眉蝗鶯 *Locustella fasciolata*

L16.5~18cm

屬名：蝗鶯屬　　英名：Gray's Grasshopper-Warbler　　生息狀況：過／稀

▲下嘴基黃色，背面橄欖褐色，林文崇攝。

| 特徵 |
- 虹膜褐色。嘴長，上嘴黑，下嘴基通常黃色。腳長，粉褐色。
- 眉線灰白色，臉頰灰暗。背面橄欖褐色，腹面灰白色，胸側、脇及尾下覆羽淡褐色。尾長，呈凸形。
- 幼鳥眉線淡褐色不明顯，臉及腹面黃褐色。

| 生態 |
繁殖於西伯利亞、貝加爾湖、中國東北，冬季遷徙至菲律賓、印尼及新幾內亞。出現於低地、丘陵及沿海之林地、草叢、灌叢底層，在濃密植被之地面潛行、跳動、奔跑，不易觀察，攝取昆蟲為食。

相似種

北蝗鶯
- 體型較小，體色較淡。
- 嘴、尾及腳較短，尾羽末端具白斑。

259

庫頁島蝗鶯 *Locustella amnicola*

L16.5~18cm

屬名：蝗鶯屬　　英名：Sakhalin Grasshopper-Warbler　　生息狀況：過／稀

▲幼鳥眉線不明顯。

▲性隱密不易觀察。

| 特徵 |
• 極似蒼眉蝗鶯，但下嘴基通常粉色，背面偏紅褐色，少橄欖色調，胸腹及脅黃褐色較濃。

| 生態 |
本種原為蒼眉蝗鶯之亞種，現獨立為種。繁殖於庫頁島、千島群島、北海道，冬季遷徙至印尼、菲律賓，習性同蒼眉蝗鶯。

小蝗鶯 *Locustella certhiola*

屬名:蝗鶯屬　　英名:Pallas's Grasshopper-Warbler　　生息狀況:過 / 稀

蝗鶯科

▲背面具黑色縱斑,尾上覆羽具黑色粗軸斑。

| 特徵 |
- 虹膜深褐色。上嘴黑色,下嘴偏肉色。腳
  粉褐色。
- 眉線皮黃色。背面大致褐色,頭、肩、背
  部具黑色縱斑,尾上覆羽具黑色粗軸斑,
  尾端白色。腹面近白色,胸、脅及尾下覆
  羽淡褐色。
- 幼鳥體色偏黃,胸部具三角形黑色點斑。

| 生態 |
繁殖於西伯利亞、中國西北、東北及蒙古,
越冬至印度、中國東南及東南亞。棲息於
蘆葦地、沼澤、稻田及近水草叢,隱匿於
濃密的植被下,攝取昆蟲為食。遇驚擾僅
做短距飛行,快速隱入草叢中。

相似種

矛斑蝗鶯、北蝗鶯
- 矛斑蝗鶯胸部及脅有黑褐色縱
  紋,尾端無白色。
- 北蝗鶯背面黑褐色縱紋不明顯。

▲幼鳥胸部具三角形黑斑。

▲棲息於近水草叢,常隱匿於濃密植被下。

北蝗鶯 *Locustella ochotensis*

L13.5~14.5cm

屬名:蝗鶯屬　　英名:Middendorff's Grasshopper-Warbler　　生息狀況:過 / 不普,冬 / 稀

▲最外側初級飛羽外緣白色。

| 特徵 |

- 虹膜褐色。上嘴黑褐色,下嘴黃色。腳粉
至黃褐色。

- 眉線乳白色,過眼線暗褐色。背面大致欖
褐色,有不明顯黑褐色縱紋,最外側初級
飛羽外緣白色。腹面灰白,胸、脅淡褐色。
尾呈凸形,末端白色,尾下覆羽白色。

| 生態 |

繁殖於東北亞,冬季南遷至中國南方、菲律
賓、蘇拉威西島及婆羅洲。單獨出現於水域
附近之草叢、灌叢或蘆葦叢生地,性隱密,
喜在草叢或灌叢底層走動,攝取昆蟲爲食。

▲單獨出現於水域附近之草叢、灌叢。

相似種

東方大葦鶯、史氏蝗鶯、蒼眉蝗鶯

- 東方大葦鶯嘴粗長,腳鉛灰色,在灌叢或蘆
葦中層穿梭跳動覓食。
- 史氏蝗鶯嘴較厚長,背面偏灰,無黑褐色縱
紋,最外側初級飛羽無明顯白緣,尾較長。
- 蒼眉蝗鶯體型較大,嘴、尾及腳較長,尾羽
末端無白斑。

▲外側尾羽末端白色。

史氏蝗鶯 *Locustella pleskei*

屬名:蝗鶯屬　英名:Pleske's Grasshopper-Warbler　生息狀況:過 / 稀

▲嘴厚長，背面大致灰褐色，薄順奇攝。

| 特徵 |
- 虹膜褐色。嘴厚長，上嘴色深，下嘴肉色。腳粉紅色。
- 眉線淡色。背面大致灰褐色。腹面汙白色，胸側、脇沾灰褐色。尾長，呈凸形，外側尾羽末端近白，尾下覆羽淡褐色。

| 生態 |
繁殖於西伯利亞東南部、日本及朝鮮半島南部；冬季遷徙至中國東南沿海。
出現於溼地附近之蘆葦叢、灌叢及紅樹林等地帶，性隱密，攝取昆蟲為食。

相 似 種

北蝗鶯
- 嘴較短，背面褐色較濃。
- 最外側初級飛羽具明顯白緣。

蝗鶯科

矛斑蝗鶯 *Locustella lanceolata*

L12~13.5cm

屬名:蝗鶯屬　　英名:Lanceolated Warbler　　別名:茅斑蝗鶯　　生息狀況:過／不普，過／稀（金、馬）

相似種

小蝗鶯
- 胸部及脇無黑褐色縱斑。
- 尾端白色。

▲背面及腹側具黑色縱斑。

| 特徵 |

- 虹膜深褐色。上嘴褐色，下嘴肉黃色。腳粉色。
- 眉線黃白色。背面大致褐色，頭、肩、背及腰部具黑色縱斑，尾短。腹面乳白色，胸部有黑褐色縱紋；胸側、脇褐色，亦有黑褐色縱斑。

| 生態 |

繁殖於西伯利亞、蒙古及中國東北，越冬於東南亞、菲律賓等地。單獨出現於潮溼稻田、草叢或灌叢地帶，像老鼠般於地面、草叢中移動，攝取昆蟲為食。性隱密，動作迅速敏捷，遇驚擾會快速隱入草叢中，或貼地面低飛竄離。

▲胸部有黑褐色縱紋。

蝗鶯科

264

臺灣叢樹鶯 / 臺灣短翅鶯 *Locustella alishanensis*

特有種　L13cm

屬名：蝗鶯屬　英名：Taiwan Bush-Warbler　別名：褐色叢樹鶯、電報鳥　生息狀況：留／普

▲鳴聲為特殊的「滴答答～滴答答滴～」，似打電報聲。

| 特徵 |

• 虹膜褐色。嘴黑色。腳粉紅色。
• 眉線短而不明顯，頰褐色。背面大致褐色，喉、胸至腹中央白色，有些個體喉至上胸具暗褐色細斑。胸側、脇、尾下覆羽淡褐色，尾羽略短。

| 生態 |

棲息於中、高海拔山區灌叢、箭竹叢或草叢中，冬季會移棲至較低海拔山區。生性隱密，不常飛翔，多於箭竹叢、灌叢之下層活動，宛如老鼠般於地面鑽行，攝取昆蟲為食，鳴聲為特殊的「滴答答～滴答答滴～」，類似打電報的聲音，俗稱「電報鳥」，有時在有月光的夜晚也鳴唱。

相似種

小鶯
• 眉線、尾羽較長。
• 大多於草叢之中層活動。

▲背面大致褐色，喉、胸至腹中央白色。

265

鶲眉科
Pnoepygidae

一群分布於南亞、東南亞及南洋群島的小型鳥類，臺灣 1 種，為特有種。體色大致為欖褐色，有細斑或鱗斑；嘴細，翼圓短，尾甚短。常單獨於山區灌叢、草叢及苔蘚著生之森林底層植被下活動，不擅飛行。雌雄共同營巢於長有青苔之岩壁，輪流孵蛋、育雛。雛鳥為晚成性。

臺灣鶲眉／鱗胸鶲鶥 *Pnoepyga formosana*

特有種　L8~9cm

屬名：鶲眉屬　　英名：Taiwan Cupwing　　別名：鱗胸鶲鶥、小鶲眉　　生息狀況：留／普

▲活動於大量苔蘚著生的森林底層。

▲腹面有白色鱗狀斑紋。

| 特徵 |
- 虹膜深褐色。嘴黑色。腳灰褐色。
- 背面深褐色，除飛羽外，羽軸末端有褐色圓斑，尾羽甚短。喉灰白色，羽軸黑褐色，胸以下黑色，羽緣灰白色，呈鱗狀斑紋。

| 生態 |
棲息於中、高海拔山區天然林，活動於濃密灌叢及大量苔蘚著生的森林底層，攝取嫩芽、昆蟲為食，生性極為隱密害羞，野外通常只聞其響亮的鳴唱聲，不易觀察。

▲親鳥攜幼鳥覓食。

◀幼鳥索食。

▶親鳥凌空餵食幼鳥。

◀營巢於屋簷下育雛。

洋燕 *Hirundo tahitica*

L13cm

屬名：燕屬　英名：Pacific Swallow　別名：洋斑燕、鳦仔（臺）　生息狀況：留／普，留、過／稀（金門）

相似種

家燕
• 額、喉紅色較深。
• 上胸有黑色橫帶，胸以下白色。
• 尾較長，分叉深。
• 飛行時翼下覆羽白色。

▲額、頰、喉至上胸鏽紅色。

| 特徵 |
• 虹膜褐色。嘴、腳黑色。
• 背面黑色具藍色光澤，額、頰、喉至上胸鏽紅色，下胸至腹為漸淡之灰褐色。尾短，略分叉，尾下覆羽黑色，有白斑；尾下亦有白斑。
• 停棲時尾略短於翅膀；飛行時翼下覆羽灰黑色。

| 生態 |
分布於印度南部、斯里蘭卡、琉球群島、臺灣、東南亞及新幾內亞。出現於平地至低海拔空中或電線上，常於水塘、農耕地、空曠河床上空低飛，捕食小飛蟲，遷移季節常與其他燕種混群。不像家燕那麼親近人類，築巢於屋簷、隧道頂壁或橋樑下，以泥丸堆疊成淺盤狀，內部襯墊枯草及羽毛。分布於臺灣、琉球群島者為 *H. t. namiyei* 亞種，另綠島、蘭嶼有 *H. t. javanica* 亞種出現紀錄。

▲洋燕為普遍留鳥。

▲啣泥及草莖準備築巢。

金腰燕 *Cecropis daurica*

屬名:金腰燕屬　　英名:Red-rumped Swallow　　生息狀況:過／稀,夏／稀、過／不普(馬祖)

▲腹面有黑色稀疏細縱紋。

▲幼鳥覆羽有淡色羽緣,李日偉攝。

| 特徵 |
• 虹膜褐色。嘴、腳黑色。
• 體色似赤腰燕,但後頸側紅褐色範圍較大。腰橙色,腹面黑色縱紋較細而稀疏。

| 生態 |
繁殖於歐亞大陸及印度部分地區,冬季南遷至非洲、印度南部及東南亞,棲息於平原至低海拔村落及城市建築物附近,於空中飛捕昆蟲為食,習性與家燕相似,有時和家燕、赤腰燕混飛,飛行不如家燕迅速,常常在高空飛翔,鳴聲較家燕稍響亮。

▲於空中飛捕昆蟲。

相 似 種

赤腰燕
•胸腹黑色縱紋較粗。
•後頸側紅褐色範圍較小。
•腰栗紅色。

▲後頸側紅褐色範圍較赤腰燕大。

燕科

273

赤腰燕 *Cecropis striolata*

L19cm

屬名：金腰燕屬　　英名：Striated Swallow　　別名：斑腰燕　　生息狀況：留／普

相似種

金腰燕
- 體型較纖細。
- 後頸側紅褐色範圍較大。
- 胸腹黑色縱紋較細疏。

▲喉至腹汙白色，有黑色縱紋。

▲背面黑色具藍色光澤，腰栗紅色。

| 特徵 |
- 虹膜褐色。嘴黑色。腳深褐色。
- 眼先黑色，頰淺褐色，有黑色細縱斑，眼後至後頸側紅褐色。背面黑色具藍色光澤，腰栗紅色。外側尾羽特長，尾羽分叉深。喉至腹汙白色，有黑色縱紋，尾下覆羽黑色。
- 飛行時腰栗紅色醒目。
- 幼鳥具淡色翼帶，腰部栗紅色較淡，外側尾羽短。

▲飛行時腰栗紅色醒目。

| 生態 |
分布於印度東北、中南半島、臺灣、菲律賓、印尼及小異他群島，臺灣為指名亞種。成對或結小群出現於平地至低海拔田野、郊區鄉鎮之空中或電線上，中南部較多，北部、東部較少。喜於農耕地活動，飛行時振翅緩慢有力，較其他燕科更喜於高空飛翔。築巢於屋簷、橋樑下，以泥土、枯草結成泥丸，堆疊成有管道狀入口之長頸瓶狀泥巢。

▲營巢於屋簷、橋樑下。

白腹毛腳燕 *Delichon urbicum*

L13~14cm

屬名：毛腳燕屬　　英名：Common House-Martin　　別名：毛腳燕、北方毛腳燕　　生息狀況：迷

▲腰及尾上覆羽白色面積大。

| 特徵 |

• 虹膜褐色，嘴黑色。腳粉紅色，腳、趾被白色羽毛。
• 似東方毛腳燕，但體型稍大，背較多藍色金屬光澤，腰及尾上覆羽白色面積較大，尾較長，腹面至尾下覆羽白色。

| 生態 |

分布於非洲、歐洲至中亞、印度西北、西伯利亞至大陸東北，越冬於非洲、亞洲西南，營巢於建築物或懸崖邊緣，小至大群出現於開闊地帶、海岸懸崖、農耕地或鄉鎮，以小昆蟲為食，會與其他燕科或雨燕混群覓食。

▲腹面至尾下覆羽白色。

▲攝於恆春半島關山。

相 似 種

東方毛腳燕

• 體型較小，腰、尾上覆羽白色面積較小，腹面煙灰色，有髒汙感，尾下覆羽有暗色鱗斑。

275

東方毛腳燕 *Delichon dasypus*

L12~13cm

屬名：毛腳燕屬　　英名：Asian House-Martin　　別名：毛腳燕、煙腹毛腳燕　　生息狀況：留／不普

相似種

小雨燕
- 體型較大。
- 腹面黑褐色，僅喉白色。

▲背面藍黑色而有光澤，腰、尾上覆羽白色。

| 特徵 |
- 虹膜褐色。嘴黑色。腳粉紅色，腳、趾被覆白色羽毛。
- 背面藍黑色而有光澤，腰、尾上覆羽白色，尾略分叉，腹面灰白色。

| 生態 |
分布於西伯利亞南部、日本、喜馬拉雅山脈、華南及臺灣，北方族群為指名亞種，胸腹部較為灰黑，越冬於東南亞，過境期可能出現於海岸或離島。亞種 *D. d. nigrimentalis* 為分布於臺灣、中國華南及東南之留鳥。成小至大群出現於中、低海拔上空、峭壁、電線上或隧道內，夏季會出現於高海拔山區，冬季則降遷至低海拔地區，常邊飛行邊發出細碎的嘶嘶叫聲。築巢於建築物簷下、橋孔、崖壁及隧道內，巢以泥丸混以草莖等砌成。

▲成群出現於中、低海拔上空。

◀幼鳥嘴基黃色，
羽色較淡。

▶集體築巢於屋
簷下。

▲成鳥於崖壁啣泥準備築巢。

▲腹面灰白色。

鵯科
Pycnonotidae

分布於亞洲及非洲之熱帶及亞熱帶地區，多數為留鳥，少數具遷移性。體型中等，雌雄同色，喙短，先端微下彎，有些嘴尖呈鉤狀。翼圓短，體羽柔軟蓬鬆，有些種類具冠羽，跗蹠短。生活於樹林、林緣、灌叢、公園及果園等地帶，喜群棲，常和其他鳥種混群，於樹冠層活動。性活潑好動，動作敏捷，常群起群飛，大多做短距飛行。喜鳴唱，鳴聲為嘹亮多變的短音。雜食性，以植物果實、種籽及昆蟲等為食。築巢於小樹、灌叢或喬木中層枝椏間，以草莖、樹葉、細枝及苔蘚等為巢材，巢呈碗形、淺盤或半垂掛形，雌雄共同育雛，雛鳥為晚成性。

白環鸚嘴鵯 *Spizixos semitorques cinereicapillus*

特有亞種　L21~23cm

屬名：鸚嘴鵯屬　英名：Collared Finchbill　別名：綠鸚嘴鵯、領雀嘴鵯、石鸚哥（臺）　生息狀況：留／普

▲背面橄欖綠色，前頸有白色頸環。

| 特徵 |
- 虹膜褐色。嘴厚短，上喙下彎，象牙白或乳黃色。腳偏粉褐色。
- 頭部灰黑色，頰有白色細紋。背面橄欖綠色，尾羽末端黑色，前頸有白色頸環，胸以下黃綠色。

| 生態 |
分布於華中、華南、臺灣及越南北部。成小群出現於中、低海拔山區或丘陵地帶之林緣、灌叢或果林，常停棲於枝梢、草莖或電線上鳴唱，鳴聲短促、嘹亮。以昆蟲、果實或種籽等為食，築巢於低木或灌叢中，以草莖、樹葉、纖維等為巢材，巢呈碗形，雌雄共同育雛。

▲常停棲於枝梢、草莖或電線上鳴唱。

烏頭翁 *Pycnonotus taivanus*

II 特有種 L18~19cm

屬名：鵯屬　　英名：Styan's Bulbul　　別名：臺灣鵯、烏頭殼（臺）　　生息狀況：留／局普

相似種

白頭翁
• 後頭白色，頰黑褐色，有白斑。

▲局限分布於花東地區及恆春半島。

| 特徵 |

• 虹膜暗褐色。嘴、腳黑色。
• 體色大致似白頭翁，但頭頂至後頸黑色，頰、耳羽白色，下嘴基部有紅色斑點，具黑色顎線。

| 生態 |

局限分布於花東地區及恆春半島，棲息於低海拔地區之樹林、公園及果園中，習性與白頭翁相似，繁殖季多成對活動，秋冬則常群聚於樹上。雜食性，以漿果、種籽和昆蟲為食。鳴聲與白頭翁類似，但音節稍短，不若白頭翁婉轉。築巢於樹上，以草葉、花穗、蜘蛛網等為巢材，巢呈碗形，雌雄共同育雛。

本種之分布原與白頭翁有明顯的地理區隔，惟因白頭翁領域擴張，兩種雜交混血現象日趨嚴重，烏頭翁特有種之純正性面臨瓦解危機。

▲頭頂至後頸黑色，下嘴基有紅斑。

鵯科

279

白頭翁 *Pycnonotus sinensis formosae*

特有亞種　L18~19cm

屬名：鵯屬　　英名：Light-vented Bulbul　　別名：白頭鵯、白頭殼（臺）　　生息狀況：留／普

▲後頭白色醒目。

| 特徵 |
• 虹膜暗褐色。嘴、腳黑色。
• 成鳥頭上、後頸黑色，後頭白色；頰黑褐色，有白斑。背至尾上覆羽、小覆羽灰色，略帶黃綠色，翼、尾羽橄黃綠色。上胸、脇淡褐色，喉、腹以下白色。
• 幼鳥後頭無白色。

| 生態 |
廣布於中國中部、東南部至中南半島北部。棲息於平原至中海拔之公園、學校、樹林、農耕地及果園等環境，族群數量甚多。於樹木上層活動，也會至地面覓食，雜食性，以漿果、種籽和昆蟲為食，喜群棲，性活潑喧鬧，常發出似「巧克力～巧克力～」鳴聲。築巢於樹上，以植物草根、氣根及樹葉等為巢材，巢呈碗形，雌雄共同育雛。

本種分布於臺灣北部及西部，惟因族群強勢及民眾放生行為，打破其與烏頭翁之地理區隔，致與烏頭翁雜交之個體逐漸擴散。金馬地區族群屬分布於中國之指名亞種，其後頭白色較窄，腹面沾黃，有不明顯黃色細縱紋。

▲常發出似「巧克力～巧克力～」鳴聲。

▲白頭翁為非常普遍之鳥種。

紅耳鵯 *Pycnonotus jocosus*

屬名：鵯屬　　英名：Red-whiskered Bulbul　　別名：紅頰鵯　　生息狀況：引進種 / 稀

▲具高聳冠羽，眼後有紅色耳斑。

| 特徵 |
- 虹膜暗褐色。嘴、腳黑色。
- 成鳥頭上黑色，具長而高聳的直立冠羽，眼後具紅色耳斑，頰白色，頰線黑色，背面大致褐色。喉白色，胸、腹汙白色，胸側有黑褐色斑，尾下覆羽紅色，尾端具白緣。
- 幼鳥無紅色耳斑，尾下覆羽粉紅色。

| 生態 |
分布於印度、中國南方及東南亞，生活於開闊林緣、公園、次生林及灌叢中，在臺灣為外來種，野外有零星紀錄。喜群棲，鳴聲響亮，吵嚷而好動。以昆蟲、漿果、種籽為食。常停棲於突出物上，或站於小樹高點鳴唱。

▲紅耳鵯為外來種，野外有零星紀錄。

281

白喉紅臀鵯 *Pycnonotus aurigaster*

L19~21cm

屬名:鵯屬　　英名:Sooty-headed Bulbul　　生息狀況:留、過 / 稀（金門）

▲以植物果實、種籽與昆蟲為食。

| 特徵 |
• 虹膜紅色。嘴、腳黑色。
• 額至頭頂、頦黑色而富有光澤，耳羽白色或灰白色。背灰褐色或褐色，翼黑色，腰、胸及腹部白色，尾褐色，尾下覆羽紅色。
• 幼鳥尾下覆羽偏黃。

| 生態 |
分布於中國南部、中南半島及爪哇，生活於開闊林地、矮灌叢、林緣、竹林、鄉間及公園等環境。雜食性，以植物果實、種籽與昆蟲為食。喜群棲，性活潑吵嚷，常與其他鵯科混群，金門近年有穩定紀錄。

▲額至頭頂、頦黑色，尾下覆羽紅色。

282

紅嘴黑鵯 *Hypsipetes leucocephalus nigerrimus*

屬名:短腳鵯屬　　英名:Black Bulbul　　別名:黑短腳鵯、紅嘴烏秋（臺）　　生息狀況:留 / 普

相似種

小卷尾
•嘴、腳黑色。
•全身有藍色光澤，尾分叉深。

▲常見於平地至低海拔之林緣、公園。

| 特徵 |
• 虹膜暗褐色。嘴、腳鮮紅色。
• 頭、頸、背、胸黑色而有光澤，有短冠羽，翼及尾羽具灰色細緣，腹以下灰黑色，尾略分叉。

| 生態 |
其他亞種分布於印度、中國華南、緬甸及中南半島。繁殖期常見於平地至低海拔山區之林緣、公園、行道樹等地帶，入秋則結群往低、中海拔山區遷移。樹棲性，喜停棲於高大喬木或枯枝上，群棲或群飛時喧鬧吵雜。以植物果實、花蜜及昆蟲為主食，尤喜漿果。鳴聲吵雜多變，常發出「喊、嚓、喊」聲音，有時會發出「喵～」似貓叫聲。築巢於高樹上，利用草莖、樹葉及細藤蔓等為巢材，巢呈碗形。
分布於中國之部分亞種頭、頸白色，嘴、腳橙紅，遷移季節有時會出現於馬祖或本島海岸地帶。

▲喜停棲於高大喬木或枯枝上。

▲嘴、腳鮮紅色醒目。

棕耳鵯 *Hypsipetes amaurotis harterti*

特有亞種

L27~29cm

屬名：短腳鵯屬　　英名：Brown-eared Bulbul　　別名：栗耳短腳鵯　　生息狀況：留／局普，過／稀

▲喉灰色、耳羽、前頸至胸栗褐色。

▲日本棕耳鵯喉至胸暗灰色，有灰白色縱紋，攝於野柳。

| 特徵 |
- 虹膜栗褐色。嘴黑色。腳偏黑褐色。
- 頭上至後頸灰色，雜有灰褐色羽毛，眼先灰褐色。背面暗灰褐色，喉灰色，耳羽、前頸至胸栗褐色，腹中央灰色，有黑褐色斑，脇、尾下覆羽褐色。
- *H. a. amaurotis*（日本棕耳鵯）體型略大，羽色較淡，喉至胸深灰色，有灰白色縱紋，尾下覆羽具黑斑。

▲日本棕耳鵯。

| 生態 |
分布於庫頁島以南、中國東部、朝鮮半島、日本至菲律賓北部的許多海島上。特有亞種 *H. a. harterti* 為蘭嶼、綠島、龜山島等離島之普遍留鳥，出現於闊葉林，冬季偶見於屏東墾丁、宜蘭、野柳等海岸地帶。樹棲性，性甚喧鬧，喜成群活動，以漿果、種籽和昆蟲為食。築巢於樹上，利用細枝、樹葉及苔蘚等為巢材，巢呈碗形。

指名亞種 *H. a. amaurotis*（日本棕耳鵯）繁殖於庫頁島南部、日本等地，為稀有過境鳥，過境期偶見於海岸樹林。

▲冬季偶見於海岸地帶。

鵯科

284

栗背短腳鵯 *Hemixos castanonotus*

屬名:短足鵯屬　　英名:Chestnut Bulbul　　生息狀況:冬、過 / 稀（金門）

▲栗背短腳鵯為金門稀有過境鳥。

| 特徵 |
- 虹膜褐色。嘴黑色。腳短，黑色。
- 頭上黑色具不明顯冠羽，頰、頸側至背部
  栗褐色，翼及尾灰褐色，具淺色羽緣。喉
  白色，腹部偏白，胸及脇淺灰色。

| 生態 |
分布於中國南部及越南西北部，部分地區
冬季有遷移現象，為金門稀有冬候鳥及過
境鳥。常結成小群於茂密樹林活動，性吵
雜，以植物果實、種籽與昆蟲為食，據觀
察，茶樹花瓣亦為栗背短腳鵯喜好食物之
一。

▲腳短，頭上具不明顯羽冠。

▲喜食茶花花瓣。

鵯科

285

柳鶯科
Phylloscopidae

廣布於歐洲、亞洲及非洲大陸，東至新幾內亞及鄰近島嶼，北至阿拉斯加西部，於北方繁殖者具遷徙性。為中、小型食蟲性鳥類，雌雄同色，種與種之間體型、羽色相似，辨識不易。體背大致為綠色、橄欖色及褐色，腹面大致為白色至黃色。嘴細，翼尖，腳細小。多為森林性鳥類，喜歡在樹林中、上層枝葉間跳躍覓食，築巢於密叢中，巢呈杯狀，雌雄共同育雛。

林柳鶯 *Phylloscopus sibilatrix*

L11~13cm

屬名：柳鶯屬　　　英名：Wood Warbler　　　生息狀況：迷

▲眉線、頰、喉至上胸黃色，吳建達攝。

| 特徵 |
- 虹膜暗褐色。上嘴黑褐色，下嘴黃色。腳黃褐色。
- 眉線、頰、喉至上胸黃色，過眼線黑褐色。背面大致黃綠色，三級飛羽羽緣黃白色，腹以下白色。舊羽羽色較淡。

| 生態 |
繁殖於歐洲、俄羅斯，多季遷徙至赤道非洲。棲息於森林，常於樹冠層活動，攝取昆蟲為食。本種 2011 年 9 月底於臺中都會公園出現第一筆紀錄。

黃眉柳鶯 *Phylloscopus inornatus*

屬名:柳鶯屬　　英名:Yellow-browed Warbler　　生息狀況:冬 / 普

相似種

黃腰柳鶯、雙斑綠柳鶯

- 黃腰柳鶯體型較小,嘴較細而黑,頭央線明顯,眉線前段鮮黃且於前額交會,腰黃色。
- 雙斑綠柳鶯腳灰黑色,翼帶與覆羽黑白對比不明顯,三級飛羽無白色羽緣。

▲具二條黃白色寬翼帶。

| 特徵 |

- 虹膜暗褐色。嘴黑褐色,下嘴基黃色。腳黃褐至暗褐色。
- 眉線粗而長,黃白色,自前額延伸至後頸,前端較寬而偏黃。過眼線暗色,少數個體具不明顯的淡色頭央線。
- 背面大致黃綠色,具二條黃白色寬翼帶,與覆羽黑白對比明顯。翼黑褐色,翼緣黃綠色,次級飛羽末端、三級飛羽外緣及末端白色。腹面黃白色,胸側略帶橄黃色。

▲三級飛羽具白色羽緣。

| 生態 |

繁殖於亞洲北部及中國東北;越冬於印度、中國華南、中南半島及馬來半島。性活潑,常與其他小型鳥類混群,出現於海岸防風林或低海拔樹林、灌叢中,不停地在樹枝間穿梭覓食,主食昆蟲。

▲少數個體具不明顯的淡色頭央線。

淡眉柳鶯 *Phylloscopus humei*

L10~11cm

屬名：柳鶯屬　　英名：Hume's Warbler　　生息狀況：迷（馬祖）

▲頭上至後頸灰色，背欖綠色。

| 特徵 |

- 虹膜暗褐色。嘴黑色，下嘴基色淺。腳黑褐色。
- 眉線長而白，在前額相連。過眼線暗色。頭央線暗灰色不明顯。
- 頭上至後頸灰色，背欖綠色，具二條白色翼帶，第一條翼帶細短而不明顯，翼黑褐色，翼緣黃綠色，三級飛羽外緣白色。腹面白色，胸側及脇沾黃色。

| 生態 |

繁殖於中亞、中國西北及中部，越冬至印度、中國南方及東南亞。棲息於低至高海拔落葉松林。懼生，單獨或混群活動，性活潑，不停的在樹枝間穿梭、跳動，常鼓動雙翅，攝取昆蟲爲食。

相 似 種

黃眉柳鶯
- 體型較大，嘴及腳色較淺，眉線黃色較多，羽色較明亮而偏欖綠色，三級飛羽外緣及末端白色較明顯。

雲南柳鶯 *Phylloscopus yunnanensis*

屬名:柳鶯屬　　英名:Chinese Leaf Warbler　　生息狀況:迷（馬祖）

柳鶯科

▲具一條白色翼帶,李泰花攝。

| 特徵 |

- 虹膜暗褐色。嘴細小,近黑色,下嘴基黃褐色。腳黑褐色。
- 眉線長,眼前段偏黃色,眼後白色,自前額延伸至後頸,過眼線暗色,頭央線淡欖灰白色,後段比前段明顯。
- 背部欖綠色,翼黑褐色,翼緣黃綠色,具二條白色翼帶,三級飛羽外緣及末端白色,腰淡黃色,腹面白色。

| 生態 |

分布於中國大陸中部至東北部,越冬於中南半島北部,棲息於山區針葉林、低地落葉林或次生林,單獨或成對出現,於樹冠層或林下攝取昆蟲為食。

相似種

黃腰柳鶯、克氏冠紋柳鶯

- 黃腰柳鶯眉線前段鮮黃,於前額交會,頭央線黃白色明顯,腰黃色,第二道翼帶下方有暗色帶。
- 克氏冠紋柳鶯三級飛羽外緣及末端無白色。

▲第二道翼帶下方無暗色帶,李泰花攝。

289

黃腰柳鶯 *Phylloscopus proregulus*

L9~10cm

屬名:柳鶯屬　　英名:Pallas's Leaf-Warbler　　生息狀況:過/不普，冬/稀

相似種

黃眉柳鶯
• 體型較大。
• 無明顯頭央線，腰非黃色。

▲眉線前段鮮黃，於前額交會，後段偏白。

| 特徵 |
• 虹膜暗褐色。嘴細小，近全黑。腳肉褐至黑褐色。
• 眉線粗而長，延伸至後頸，前段鮮黃，於前額交會，後段偏白；過眼線暗色。頭央線黃白色明顯。
• 背面黃綠色，具二條明顯黃白色翼帶，與覆羽黑白對比明顯，腰黃色。翼黑褐色，翼緣黃綠色，三級飛羽外緣及末端白色。腹面黃白色，尾下覆羽淺黃色。

| 生態 |
繁殖於亞洲北部，越冬於印度、中國南方及中南半島北部。春、秋過境期出現於離島及海岸附近之樹林、灌叢，性活潑，不太怕人，不停地在樹枝間穿梭、跳動，常鼓動雙翅，攝取昆蟲為食。

▲頭央線黃白色明顯，三級飛羽外緣及末端白色。

巨嘴柳鶯 *Phylloscopus schwarzi*

L12.5~13.5cm

屬名：柳鶯屬　英名：Radde's Warbler　生息狀況：過 / 稀

柳鶯科

| 特徵 |
- 虹膜暗褐色。嘴厚短，上嘴褐色，下嘴色淺。腳黃褐色。
- 眉線前段淡褐色，後段白色，上有深褐色邊；過眼線深褐色。
- 背面大致橄欖褐色，臉側及耳羽散布深色斑點。腹面汙白色，胸、脇淡褐色，尾下覆羽黃褐色。

| 生態 |
繁殖於東北亞；越冬於中國南方、緬甸及中南半島。出現於海岸樹林、灌叢地帶，性隱密，常於林緣、灌叢及步道邊活動，動作較笨拙，尾及兩翼常神經質地抽動，取食於地面，以昆蟲為食。

相似種

褐色柳鶯
- 嘴細且色深，眼先上部之眉線白色，後段淡褐色；腳較細長。

▲眉線前段淡褐色，後段白色，呂宏昌攝。

棕腹柳鶯 *Phylloscopus subaffinis*

L10.5~11cm

屬名：柳鶯屬　英名：Buff-throated Warbler　生息狀況：迷

| 特徵 |
- 虹膜暗褐色。嘴黑色，上、下嘴會合線及下嘴基黃色。腳黑褐色。
- 眉線皮黃色，眼後端偏白，過眼線暗色，耳羽暗黃色。
- 背面橄褐色，翼及尾羽外緣橄綠色，無翼帶，尾羽微內凹。腹面棕黃色，胸側黃褐色。

| 生態 |
分布於中國華中、華東，越冬於中國南方、緬甸北部及中南半島北部亞熱帶地區。有垂直遷徙習性，夏季棲息於高海拔山區森林及灌叢，越冬於山丘及低地。喜藏匿於濃密林下植被，以小型昆蟲為食。2014 年 10 月新北市鼻頭角有一筆紀錄。

相似種

黃腹柳鶯
- 嘴較細長，下嘴偏黃，尾較短，腹部黃色較濃。

▲腹面棕黃色，胸側黃褐色，呂奇豪攝。

棕眉柳鶯 *Phylloscopus armandii*

L12~14cm

屬名：柳鶯屬　　英名：Yellow-streaked Warbler　　生息狀況：迷

相 似 種

褐色柳鶯、棕腹柳鶯
- 褐色柳鶯眉線前段白色，後段淡褐色，胸腹無黃色縱紋。
- 棕腹柳鶯體型較小，嘴及腳色較深。

▲背面欖褐色，腹汙黃白色，李日偉攝。

| 特徵 |
- 虹膜暗褐色。嘴短而尖，上嘴及嘴先黑褐色，上、下嘴會合線及下嘴基黃色。腳黃褐色。
- 眉線長，眼前段皮黃色，眼後段白色。有不明顯暗色次眉線，過眼線暗色，臉側具深色染斑。
- 背面欖褐色，翼及尾羽外緣欖綠色，無翼帶，尾羽微內凹。喉偏白，有黃色細縱紋延伸至胸腹，腹汙黃白色，胸側及脇沾橄欖色，尾下覆羽黃褐色。

| 生態 |
繁殖於中國北部及中部、緬甸北部，越冬至中國南部、緬甸南部及中南半島北部，偶見於香港。棲息於中海拔以下林緣、河谷灌叢及林下灌叢等環境，以小型昆蟲為食，行動緩慢，少鼓動雙翅。

▲眉線長，眼前段皮黃色，眼後段白色，李日偉攝。

黃腹柳鶯 *Phylloscopus affinis*

屬名：柳鶯屬　　英名：Tickell's Leaf Warbler　　生息狀況：迷（馬祖）

柳鶯科

相 似 種

棕腹柳鶯、棕眉柳鶯
- 棕腹柳鶯嘴較短，下嘴端色深，耳羽黃色較少，尾較長，腹部少黃色。
- 棕眉柳鶯喉部具縱紋。

▲眉線黃色粗且長，眼後端偏白，鄭子駿攝。

| 特徵 |

- 虹膜暗褐色。上嘴暗褐色，下嘴偏黃。腳暗褐色。
- 眉線黃色粗且長，眼後端偏白。過眼線暗色，耳羽暗黃色。
- 背橄灰綠色，翼及尾羽褐色，外緣橄欖色。翼略長，無翼帶，尾羽微內凹。腹面黃色，胸側沾皮黃色，脇及臀沾橄欖色。舊羽灰色較重而少黃色。

| 生態 |

繁殖於巴基斯坦北部、喜馬拉雅山脈至中國中部，越冬至印度、孟加拉、緬甸北部及中國西南。活動於乾燥荒山、樹林、高海拔岩石和低矮灌木叢中，以小型昆蟲為食，喜藏匿於低矮植被，動作快而慌。

▲腹面黃色，胸側沾皮黃色，鄭子駿攝。

293

褐色柳鶯 *Phylloscopus fuscatus*

L11~12cm

屬名:柳鶯屬　英名:Dusky Warbler　別名:褐柳鶯　生息狀況:冬、過 / 稀

▲眉線前段白色，後段淡褐色。

| 特徵 |

• 虹膜暗褐色。嘴細小，上嘴黑色，下嘴黃色。腳偏褐，趾蹠細長。
• 眼先上部之眉線前段白色，後段淡褐色，過眼線暗色。背面大致灰褐色，飛羽有橄欖綠色翼緣，腰、尾上覆羽略帶紅褐色。腹面乳白色，脇淡褐色。

| 生態 |

繁殖於亞洲北部、西伯利亞、蒙古北部、中國北部及東部，冬季遷徙至中國南方、東南亞、中南半島及喜馬拉雅山麓。出現於海岸附近之樹林底層、水域附近之草叢及灌叢地帶。性隱密，活動時常翹尾並輕彈雙翅，攝取昆蟲爲食。

▲背面大致灰褐色，腹面乳白色。

相似種

巨嘴柳鶯
•嘴、腳較粗，眉線前段淡褐色，後段白色。

▲活動時常輕彈雙翅。

歐亞柳鶯 *Phylloscopus trochilus*

屬名：柳鶯屬　　英名：Willow Warbler　　生息狀況：迷

相似種

極北柳鶯
•背面綠色較濃，腹面不帶黃。
•初級飛羽短而不交叉，尾羽
　亦無內凹。

▲頭上、背部大致灰色，無翼帶。

| 特徵 |

• 虹膜暗褐色。嘴稍細，黑褐色，上、下嘴
　會合線及下嘴基黃色。腳粉褐至黑褐色。
• 眉線黃白色，眼前部分偏黃而顯擴散，達
　嘴基上方，眼後白色稍細。過眼線暗色。
• 頭上、背部大致灰色帶褐，翼角黃色，無
　翼帶，翼及尾羽黑褐色，翼緣淡黃綠色。
　腹面汙白色，胸側淡灰褐色，喉、胸至尾
　下覆羽染有黃色羽毛。初級飛羽突出頗
　長，於尾上交叉，尾羽內凹。

| 生態 |

分布於不列顛群島至西伯利亞東部，韓國、
日本也有紀錄，越冬至非洲、菲律賓等地，
生活於平地之開闊樹林，攝取昆蟲為食。
出現於離島、海岸之樹林、矮樹叢地帶，
臺灣有 2008 年 10 月龜山島及 2016 年 11
月臺北華江雁鴨公園 2 筆紀錄。

▲喉、胸至尾下覆羽染有黃色羽毛。

嘰喳柳鶯 *Phylloscopus collybita*

L11~12cm

屬名:柳鶯屬　　英名:Common Chiffchaff　　生息狀況:迷

柳鶯科

> **相似種**
>
> **褐色柳鶯、歐亞柳鶯**
> •褐色柳鶯眉線較明顯,前段偏白,
> 　背面偏褐色,腳褐色。
> •歐亞柳鶯腹面染有黃色羽毛,初級
> 　飛羽突出長,腳粉褐至黑褐色。

▲背面大致欖灰褐色,翼角淡黃色。

| 特徵 |
• 虹膜暗褐色。嘴黑色尖細。腳黑色。
• 眉線皮黃色,眼前部分較粗而擴散,達嘴
　基上方,眼後較細。過眼線暗褐色。
• 背面大致欖灰褐色,翼角淡黃色,翼及尾
　羽外緣欖綠色,初級飛羽突出頗短,無翼
　帶。腰、尾上覆羽略帶欖褐色,尾羽微內
　凹。腹面汙白色,胸側及脇淡褐色。

▲眉線皮黃色,眼前部分較粗而擴散。

| 生態 |
分布於歐亞大陸,越冬至地中海、北非至
印度。出現於平地至中海拔之樹林、竹林、
灌叢及草叢。性隱密,喜於灌叢中層活動,
常鼓動雙翅,有單邊拍翅之行為模式,以
昆蟲及其卵、幼蟲等為食,也會攝取種籽
和漿果。

▲常鼓動雙翅,有單邊拍翅之行為模式。

冠羽柳鶯 *Phylloscopus coronatus*

屬名：柳鶯屬　　英名：Eastern Crowned Warbler　　別名：冕柳鶯　　生息狀況：過／稀

▲頭上暗灰綠色，頭央線白色未達前額。

柳鶯科

| 特徵 |

- 虹膜暗褐色。上嘴黑褐色，下嘴全黃。腳暗褐色。
- 頭上暗灰綠色，頭央線白色未達前額。眉線白色，前端偏黃，過眼線暗色。
- 背面大致綠色，有一條不明顯黃白色細翼帶。腹面白色，尾下覆羽淡黃色。

| 生態 |

繁殖於東北亞；越冬於中國、中南半島、蘇門答臘及爪哇。出現於海岸附近樹林之中、上層，性活潑，常與其他小型鳥類混群，攝取昆蟲爲食。春、秋過境期海岸防風林、離島紀錄較多。

▲出現於海岸附近樹林之中、上層。

相似種

極北柳鶯、冠紋柳鶯

- 極北柳鶯無頭央線，背面橄欖綠色。
- 冠紋柳鶯具二條粗翼帶，經常攀爬、倒懸於樹幹覓食，雙翼常輪流鼓動。

▲背面大致綠色，有一條不明顯黃白色細翼帶。

飯島柳鶯 *Phylloscopus ijimae*

III　L11~12cm

屬名：柳鶯屬　　英名：Ijima's Leaf Warbler　　別名：艾吉柳鶯　　生息狀況：過／稀

▲眉線細，末端模糊，尾下覆羽淡黃色。

| 特徵 |

• 虹膜暗褐色。嘴稍長，上嘴黑褐色，下嘴全黃。腳暗肉色。
• 眉線細，黃白色，末端模糊；過眼線暗色。
• 頭至後頸橄欖綠帶灰色味，背面大致橄欖綠色，翼帶不明顯。腹面灰白色，尾下覆羽淡黃色，有些個體淡黃色不明顯。

| 生態 |

繁殖於日本南方小島，目前度冬區僅確定有菲律賓，臺灣可能為過境或度冬區。出現於海岸防風林，性活潑好動，喜在低枝至樹冠層穿梭、攀爬及跳躍，攝取昆蟲為食。因族群稀少，名列全球「易危」鳥種。

▲背面大致橄欖綠色，翼帶不明顯。

相 似 種

極北柳鶯、冠羽柳鶯

• 極北柳鶯下嘴非全黃，耳羽斑駁，眉線長而明顯，尾下覆羽非淡黃色。
• 冠羽柳鶯有頭央線，腳暗褐色。

▲名列全球「易危」鳥種。

白眶鶲鶯 *Phylloscopus intermedius*

L11~12cm

屬名:柳鶯屬　　英名:White-spectacled Warbler　　生息狀況:冬/稀（金門）

▲灰冠型頭央線灰色，王容攝。

| 特徵 |

• 虹膜暗褐色，眼圈白色或黃色，上有缺口。
　上嘴黑色，下嘴黃色。腳黃褐色。

• 額及臉欖綠色，頭央線灰色（灰冠型）或
　欖綠色（非灰冠型），二道黑色頭側線自
　前額延伸至後頸，前端幾乎達額基。

• 背面大致欖綠色，具一條黃色細翼帶，腹
　面黃色，外側尾羽內緣白色。

| 生態 |

分布於尼泊爾至印度東北、中國中南及東
南部、緬甸、寮國及越南，繁殖於常綠闊
葉林，越冬至山麓地帶，於山區潮溼森林
密叢活動，會與其他鳥種混群，攝取昆蟲
為食。

相似種
淡尾鶲鶯、比氏鶲鶯
• 眼圈完整無缺口。

▲非灰冠型頭央線欖綠色，洪廷維攝。

比氏鶹鶯 *Phylloscopus valentini*

L11~12cm

屬名:柳鶯屬　　英名:Bianchi's Warbler　　生息狀況:迷

▲於樹林中、下層活動。

| 特徵 |
- 虹膜暗褐色，眼圈黃色完整。上嘴黑色，下嘴色淺。腳黃褐色。
- 額及臉橄綠色，頭央線寬，灰色，二道黑色頭側線自前額延伸至後頸，前端通常於前額逐漸消失。
- 背面大致黃綠色，具一條淡色細翼帶，腹面黃色，外側尾羽內緣白色。

| 生態 |
分布於中國中部、東部及東南部等地，越冬至中國南部及中南半島北部，繁殖於溫帶山區林緣、灌叢地帶，單獨或混群於小型鳥群中，於樹林中、下層活動，攝取昆蟲為食。

▲眼圈黃色完整，具一淡色細翼帶。

相似種

淡尾鶹鶯、白眶鶹鶯
- 淡尾鶹鶯無淡色細翼帶。
- 白眶鶹鶯眼圈上有缺口。

淡尾鶲鶯 *Phylloscopus soror*

L11~12cm
♀

屬名：柳鶯屬　　英名：Alstrom's Warbler　　別名：純尾鶲鶯　　生息狀況：迷

▲背面橄綠色，無明顯翼帶。

| 特徵 |
- 虹膜暗褐色，眼圈黃色完整。上嘴黑色，下嘴黃色。腳黃褐色。
- 額及臉橄綠色，頭央線灰綠色甚寬，二道黑色頭側線自前額延伸至後頸。
- 背面大致橄綠色，無明顯翼帶。腹面黃色，外側尾羽末端內緣白色。

| 生態 |
分布於中國中部、東南部等地，越冬至中國南部、中南半島，繁殖於溫暖常綠闊葉林，喜於樹林中、下層及灌叢中活動，會與其他柳鶯混群，攝取昆蟲為食。本種僅 2012 年 11 月馬祖、2021 年 6 月澎湖吉貝二筆紀錄。

▲喜於樹林中、下層及灌叢中活動，沈其晃攝。

| 相 似 種 |

比氏鶲鶯、白眶鶲鶯
- 比氏鶲鶯有一條淡色細翼帶，外側尾羽內緣白色較多。
- 白眶鶲鶯眼圈上有缺口。

暗綠柳鶯 *Phylloscopus trochiloides*

屬名:柳鶯屬　　英名:Greenish Warbler　　生息狀況:迷

柳鶯科

▲單獨出現於海岸防風林中,李日偉攝。

| 特徵 |

• 虹膜暗褐色。上嘴黑褐色,下嘴黃或肉色。
  腳灰黑或灰褐色。

• 眉線長而明顯,通常達上嘴基,黃白色。
  過眼線暗色,耳羽具暗色細紋。

• 背面大致欖綠色,通常僅具一條黃白色細
  翼帶。腹面灰白色,脇沾橄欖色。

| 生態 |

繁殖於亞洲北部及喜馬拉雅山脈,越冬至
印度、海南島及東南亞。棲息於高海拔的
灌叢及林地,越冬於低地森林、灌叢及農
田。在臺灣單獨出現於海岸防風林中,攝
取昆蟲為食。

相似種

極北柳鶯、雙斑綠柳鶯

• 極北柳鶯眉線未達嘴基,
  腳黃至暗褐色。

• 雙斑綠柳鶯具二條白色
  翼帶。

▲背面欖綠色,具一細翼帶。

▲眉線長而明顯。

302

雙斑綠柳鶯 *Phylloscopus plumbeitarsus*

L11.5~12cm

屬名:柳鶯屬　　英名:Two-barred Greenish Warbler　　生息狀況:迷

▲具二條白色翼帶,腳灰黑色。

| 特徵 |
- 虹膜暗褐色。上嘴黑褐色,下嘴粉或黃色。
  腳灰黑色。
- 眉線長而明顯,通常達上嘴基,黃白色。
  過眼線暗色。
- 背面大致為橄欖綠色,具二條白色翼帶。
  腹面汙白色。

| 生態 |
繁殖於東北亞及中國東北,越冬至海南島、
中南半島。單獨出現於海岸樹林及灌叢中,
攝取昆蟲為食。2004 年 10 月及 2011 年 9
月野柳各有一筆紀錄,之後陸續有紀錄。

▲單獨出現於海岸樹林及灌叢中。

相似種

黃眉柳鶯、極北柳鶯
- 黃眉柳鶯翼帶與覆羽黑白對比明顯,三
  級飛羽具白色羽緣,腳黃褐至暗褐色。
- 極北柳鶯僅一條細翼帶,初級飛羽突出
  較長,尾羽比例較短,腳黃至暗褐色。

▲眉線長而明顯。

淡腳柳鶯 *Phylloscopus tenellipes*

L10~11cm

屬名：柳鶯屬　　英名：Pale-legged Leaf Warbler　　別名：灰腳柳鶯　　生息狀況：過／稀

| 特徵 |

• 虹膜暗褐色。嘴黑褐色，下嘴基帶粉色。
　腳為無血色的淡粉紅色。

• 眉線長，幾乎達後頸，前段皮黃色，後段
　白色；過眼線黑褐色。

• 背面大致綠褐色，頭部偏灰，具一至二條
　細翼帶；腹面白色，脇淡褐色。

| 生態 |

繁殖於中國東北、朝鮮半島及日本；越冬
於中國華東、華南及東南亞。單獨出現於
海岸樹林，性活潑，喜歡於樹林中、下層
活動，不停地跳躍，並習慣性的向下彈尾，
攝取昆蟲為食。

▲淡腳柳鶯與庫頁島柳鶯外觀區分不易。

[相]似[種]

極北柳鶯、庫頁島柳鶯

• 極北柳鶯綠色較濃，腳色深，黃至暗褐色。
• 庫頁島柳鶯腳色通常較粉紅，背較綠，鳴
　唱聲帶金屬音。

庫頁島柳鶯 *Phylloscopus borealoides*

L11.5cm

屬名：葦鶯屬　　英名：Sakhalin Leaf Warbler　　生息狀況：過／稀

| 特徵 |

• 虹膜暗褐色。嘴黑褐色，下嘴帶粉色。腳
　淡粉紅色。

• 眉線長，前段淡黃色，後段白色；過眼線
　黑褐色。

• 頭、背部橄綠色，背以下大致綠褐色，具
　一至二條細翼帶。腹面白色，脇淡褐色。

| 生態 |

繁殖於庫頁島、日本北海道及本州；越冬於
東南亞。單獨出現於海岸樹林中、下層及灌
叢中，攝取昆蟲為食，雖活躍，但動作不俐
落。常隱匿於灌叢間，不易觀察。2005 年 3
月於臺南曾文溪口首次被紀錄。

本種原歸為淡腳柳鶯 *Phylloscopus tenellipes*
之亞種，近年因鳴唱聲不同而獨立為一種，
惟兩者外觀區分不易。

▲頭、背部暗灰綠色，腳粉紅色。

[相]似[種]

極北柳鶯、淡腳柳鶯

• 極北柳鶯綠色較濃，腳色深，黃至暗褐色。
• 淡腳柳鶯腳色通常較淡而無血色，翼帶較明
　顯，鳴唱聲為似蟲鳴般的高音。

日本柳鶯 *Phylloscopus xanthodryas*

L12~13cm

屬名：柳鶯屬　　英名：Japanese Leaf Warbler　　生息狀況：不明

▲嘴基略寬厚，眉線、頰及整體羽色偏黃。

▲嘴基略寬厚，腹部顯灰黃。

| 特徵 |

- 似極北柳鶯，但嘴基寬厚，眉線、頰及整體羽色偏黃，黃白色長眉線至頸側逐漸變細，背面灰色較少，喉微黃，腹部顯灰黃。
- 叫聲（call）爲音頻較低沉的「局、局～、局、局～」

| 生態 |

原爲極北柳鶯之亞種，繁殖於日本本州、四國及九州，越冬地不確定，推測可能至臺灣、菲律賓、婆羅洲及爪哇，習性同極北柳鶯。

[相][似][種]

極北柳鶯、勘察加柳鶯

- 柳鶯極爲相似，三種柳鶯的種內羽色變異均大，無法以型態或羽色分辨，僅能以鳴聲識別，通常被稱爲極北柳鶯複合群。

柳鶯科

305

極北柳鶯 *Phylloscopus borealis*

L11~13cm

屬名：柳鶯屬　　英名：Arctic Warbler　　生息狀況：冬／普

▲耳羽斑駁，白色翼帶常磨損而不顯。

| 特徵 |

• 虹膜暗褐色。上嘴深褐色，下嘴黃色，前端帶黑色。腳黃至暗褐色。
• 眉線長，黃白色，通常未達上嘴基。過眼線暗色，耳羽斑駁，邊緣有暗色邊界。
• 背面大致為偏灰的橄欖綠色，具一條白色翼帶，常磨損而不顯，換新羽時可能有一條半翼帶，初級飛羽突出部分較長，使尾羽感覺較短。腹面汙白色，脇部暗灰而略顯條紋感。

▲背面為偏灰的橄欖綠色。

| 生態 |

繁殖於歐亞大陸北部及阿拉斯加西部；越冬於中國東南、臺灣、東南亞、菲律賓及印尼，9月至5月單獨出現於平地至中海拔次生林、林緣、海岸樹林中，會與其他鳥種混群，性活潑，不停地在枝葉間跳動，並不時鼓動雙翅，攝取昆蟲為食。

▲眉線未達上眼基。

勘察加柳鶯 *Phylloscopus examinandus*

L13cm

屬名：柳鶯屬　　　英名：Kamchatka Leaf Warbler　　　生息狀況：過／稀（馬祖）

▲三種柳鶯種內羽色變異大，僅能以鳴聲識別。

| 特徵 |

• 似極北柳鶯，嘴稍厚長，羽色介於極北柳
鶯與日本柳鶯間，喉至腹中央略黃。

• 叫聲（call）為音頻較低而短的「吉、吉、
吉…」。

| 生態 |

原為極北柳鶯之亞種，繁殖於堪察加半島、
庫頁島、千島群島及日本北海道，越冬於
菲律賓南部至峇厘島、小異他群島，習性
同極北柳鶯。

相 似 種

極北柳鶯、日本柳鶯

• 三種柳鶯的種內羽色變異
均大，無法以型態或羽色
分辨，僅能以鳴聲識別，
通常稱為極北柳鶯複合群。

▲嘴稍厚長，本圖為示意圖。

栗頭鶲鶯 *Phylloscopus castaniceps*

L9~10.5cm

屬名:柳鶯屬　　英名:Chestnut-crowned Warbler　　生息狀況:迷

▲華南亞種腹、脅、尾上、尾下覆羽鮮黃色。

| 特徵 |

- 虹膜暗褐色，眼圈白色。上嘴黑褐色，下嘴黃色。腳黃褐色。
- 頭上紅褐色，有黑色頭側線。臉、喉、頸至胸、背灰色，腰、腹、脅、尾上、尾下覆羽鮮黃色。
- 背部欖綠色，翼黑色，翼緣黃綠色，具二條黃色翼帶，外側尾羽內緣白色。

| 生態 |

分布於喜馬拉雅山脈至中國南部及中部、中南半島、馬來半島及蘇門達臘。棲息於亞熱帶山區闊葉林，單獨或與其他鳥種混群，性活躍，於樹冠層迅速移動攝取昆蟲為食。2013 年 4 月及 2021 年 4 月新北野柳各一筆紀錄，爲華南亞種 *P.c.sinensis*，腹部黃色較指名亞種多。

▲頭上紅褐色，有黑色頭側線。

▲外側尾羽內緣白色。

黑眉柳鶯 *Phylloscopus ricketti*

屬名：柳鶯屬　　英名：Sulphur-breasted Warbler　　生息狀況：迷

▲頭央線黃色，頭側線墨綠色自前額延伸至後頸。

| 特徵 |
- 虹膜暗褐色。上嘴黑色，下嘴黃色。腳粉黃色。
- 頭央線黃色，二道墨綠色頭側線自前額延伸至後頸。眉線鮮黃色，過眼線暗色。
- 背面大致黃綠色，翼帶不明顯。頰、喉、腹面及尾下覆羽鮮黃色。

| 生態 |
繁殖於中國華中、華南及華東，越冬至中南半島。出現於離島、海岸防風林，會與其他鶯種混群，性活潑好動，不斷在樹冠層穿梭、跳躍，攝取昆蟲爲食。近年有2007年4月19日、2019年10月野柳及2020年4月東引等幾筆紀錄。

▲頰、喉、腹面及尾下覆羽鮮黃色。

克氏冠紋柳鶯 *Phylloscopus claudiae*

L10cm

屬名：柳鶯屬　　英名：Claudia's Leaf Warbler　　生息狀況：迷

▲頭上暗灰綠色，具二條黃白色粗翼帶。

| 特徵 |

• 虹膜暗褐色。上嘴黑褐色，下嘴黃色。腳
　暗褐色。
• 頭上暗灰綠色，頭央線灰白色。眉線白色
　粗而長，前端偏黃，過眼線黑色。背面黃
　綠色，有二條淡黃白色粗翼帶。腹面白
　色，最外側尾羽下方外緣白色。

| 生態 |

分布於中國西部、中部、南部及東南亞。
出現於海岸附近之樹林中，喜攀懸樹幹覓
食昆蟲，有時倒懸於樹枝下方取食，有時
會將頭頂轉往地面，常輪流鼓動雙翼。

相似種

冠羽柳鶯、哈氏冠紋柳鶯
• 冠羽柳鶯嘴較大，僅一條細翼帶。
• 哈氏冠紋柳鶯眉線、頰黃色，腹面
　及尾下覆羽偏黃。

▲有倒懸取食習性。

哈氏冠紋柳鶯 *Phylloscopus goodsoni*

L10.5~12cm

屬名：柳鶯屬　　英名：Hartert's Leaf Warbler　　生息狀況：迷

▲具黃白色頭央線。

| 特徵 |
- 虹膜暗褐色。上嘴黑褐色，下嘴黃色。腳暗褐色。
- 頭央線黃白色，眉線、頰黃色，過眼線黑色。背面為明亮的黃綠色，有二條黃色粗翼帶。腹面白色，胸、脇及尾下覆羽染黃，最外側尾羽下方外緣白色。

| 生態 |
分布於中國東部至東南部，冬天會遷徙至中國南部，常沿海岸遷移，習性同克氏冠紋柳鶯，出現於臺灣者為 *P.g.fokiensis* 亞種。

相似種
克氏冠紋柳鶯
- 頭央線灰白色。
- 眉線、頰及腹面不帶黃色。

▲眉線、腹面及尾下覆羽偏黃。

◆柳鶯屬特徵比較一覽表：

特徵 鳥種	嘴	腳	眉線	頭央線	體色	翼帶	三級飛羽白緣
歐亞柳鶯	稍細，黑褐色，上、下嘴會合線及下嘴基黃色	粉褐至黑褐色	黃白色，眼前部分偏黃而顯擴散，達嘴基上方，眼後白色稍細	無	頭上、背部灰褐色，翼及尾羽黑褐色，翼緣淡黃綠色。腹面汙白色，染有黃色羽毛。初級飛羽突出頗長	無	無
林柳鶯	上嘴黑褐，下嘴黃色	黃褐至暗褐色	眉線長，黃色	無	背面大致黃綠色，頰、喉至上胸黃色，腹以下白色	無	有
褐色柳鶯	細小，上嘴黑，下嘴黃	偏褐色，跗蹠細長	前段白色，後段淡褐色	無	背面灰褐色，腹面汙白色	無	無
巨嘴柳鶯	厚短，上嘴褐，下嘴淺	黃褐色	前段淡褐色，後段白色	無	背面橄欖褐色，腹面汙白色	無	無
黃腰柳鶯	嘴細，近全黑	肉褐至黑褐色	粗而長，延伸至後頸，前段鮮黃，於前額交會，後段偏白	黃白色	背面黃綠色，腰黃色。翼黑褐色，翼緣黃綠色，腹面黃白色，尾下覆羽淺黃色	粗，二條	有
黃眉柳鶯	黑褐色，下嘴基黃色	黃褐至暗褐色	粗而長，黃白色，自前額延伸至後頸，前端較寬而偏黃	少數具不明顯淡色頭央線	背面黃綠色，翼黑褐色，翼緣黃綠色，腹面黃白色	粗，二條	有
極北柳鶯	上嘴深褐，下嘴黃色，前端黑	黃至暗褐色	眉線長，黃白色，通常末達上嘴基	無	背面為偏灰的橄欖綠色，腹面汙白色	細，一條	無
雙斑綠柳鶯	上嘴黑褐，下嘴粉或黃色	灰黑色	長而明顯，黃白色，通常達上嘴基	無	背面橄欖綠色，腹面汙白色	粗，二條	無
淡腳柳鶯	嘴長，黑褐色，下嘴帶粉色	無血色的淡粉紅色	眉線長，前段皮黃色，後段白色	無	背面綠褐色，頭部偏灰，腹面白色，脅淡褐色	細，一至二條	無
庫頁島柳鶯	嘴長，黑褐色，下嘴帶粉色	粉紅色	眉線長，前段淡黃色，後段白色	無	頭、背部暗灰綠色，背以下大致綠褐色，腹面白色，脅淡褐色	細，一至二條	無
冠羽柳鶯	上嘴黑褐，下嘴全黃	暗褐色	眉線長，白色，前端偏黃	白色，未達前額	頭上暗灰綠色，背、翼綠色。腹面白色，尾下覆羽淡黃色	細，一條	無
飯島柳鶯	稍長，上嘴黑褐，下嘴全黃	暗肉色	眉線細，黃白色，末端模糊	無	頭至後頸橄欖綠帶灰味，背、翼橄欖綠色，腹面灰白色，尾下覆羽淡黃色	一條，不明顯	無
克氏冠紋柳鶯	上嘴黑褐，下嘴全黃	暗褐色	眉線粗而長，白色，前端偏黃	灰白色	頭上暗灰綠色，背、翼黃綠色。腹面白色、、尾下覆羽染黃，最外側尾羽下方外緣白色	粗，二條	無
哈氏冠紋柳鶯	上嘴黑褐，下嘴全黃	暗褐色	眉線長，黃色	黃白色	背面為明亮的黃綠色，腹面白色染黃	粗，二條	無
黑眉柳鶯	上嘴黑色，下嘴全黃	粉黃色	鮮黃色	頭央線黃色，頭側線墨綠色	背面大致黃綠色，頰、喉、腹面及尾下覆羽鮮黃色	不明顯	無

樹鶯科
Scotocercidae

廣布於亞洲及太平洋諸島，少數分布於南歐及北非，有留鳥及遷移性候鳥。為小型鳥類，體色多為褐色或欖褐色，嘴短而尖，基部較扁平，嘴基有鬚。棲息於樹林，通常於濃密灌叢、樹林底層活動，性羞怯隱密，繁殖季喜鳴唱，大多為食蟲性。

短尾鶯 *Urosphena squameiceps*

L11cm

屬名：短尾鶯屬　　英名：Asian Stubtail　　別名：鱗頭樹鶯　　生息狀況：冬、過／稀

▲出現於樹林底層或灌叢中。

| 特徵 |
- 虹膜暗褐色。嘴細長，黑褐色。腳肉色。
- 眉線粗且長，黃白色；過眼線黑色；頰淡黃白色。
- 背面大致褐色，頭上有暗色鱗斑，翼紅褐色，尾短。腹面白色，脇淡褐色，尾下覆羽淡黃褐色。

| 生態 |
繁殖於東北亞，越冬於中國華南、東南亞。過境期單獨或成對出現於樹林底層或灌叢中，喜於地面活動，於落葉、枯枝間攝取昆蟲為食，性隱密，動作敏捷，不易觀察。

▲眉線粗且長，頭上有暗色鱗斑。

棕面鶯／棕面鶲鶯 *Abroscopus albogularis*

L8~9cm

屬名：鶲鶯屬　　英名：Rufous-faced Warbler　　別名：棕臉鶲鶯　　生息狀況：留／普

▲額、臉部紅棕色，黑色頭側線延伸至後頸。

▲幼鳥臉部紅棕色較淡，頭側線不明顯。

| 特徵 |

• 虹膜褐色。上嘴色暗，下嘴色淺。腳粉褐色。

• 成鳥頭央線淡紅褐色，二道黑色頭側線延伸至後頸。額、臉部紅棕色，背部大致橄欖綠色，腰乳白色。腹面白色，喉雜有黑色羽毛，胸側略帶黃色。

• 幼鳥臉部紅棕色較淡，黑色頭側線不明顯。

▲出現於中、低海拔山區雜木林或竹林中、上層。

| 生態 |

分布於尼泊爾至中國南方及臺灣、緬甸、中南半島北部。廣泛分布於中、低海拔山區，鳴聲為輕細如銀鈴般的「鈴—鈴—鈴」金屬聲。性活潑好動，動作輕巧，常和山雀科或小型畫眉科混群活動，在雜木林或竹林中、上層枝椏間穿梭，捕食小型昆蟲或其幼蟲。

▲幼鳥。

日本樹鶯 *Horornis diphone*

屬名：樹鶯屬　　英名：Japanese Bush Warbler　　別名：短翅樹鶯、報春鳥　　生息狀況：冬 / 稀

相│似│種

遠東樹鶯
• 體型較大，嘴較粗厚。
• 頭上紅褐色，體色較紅，眉線明顯。

▲出現於平地至低海拔山區灌木叢、草叢及樹林中。　▲喜於地面、枝椏、草叢間覓食昆蟲。

| 特徵 |
• 虹膜暗褐色。嘴黑褐色，上、下嘴會合線黃或粉色。腳粉紅至粉褐色。
• 眉線灰白色不明顯，過眼線黑褐色，頰淡灰褐色，雜有暗色羽毛。
• 雄鳥體型較雌鳥大。頭上、背面大致灰褐色。翅短，黃褐至橄欖褐色；尾長，略帶紅褐色。腹面汙白色，胸側、脇淡橄褐色，尾下覆羽白或淡褐色。

▲頭上、背面大致灰褐色，翼黃褐至橄欖褐色。

| 生態 |
繁殖於日本、朝鮮半島及中國東北部，越冬於中國東部、南部、臺灣及東南亞。10月至翌年4月單獨出現於平地至低海拔山區灌木叢、草叢及樹林中，性隱密，但不甚懼人，喜於地面、枝椏、草叢間覓食昆蟲。鳴聲多變，常聽到似「呼～呼呼，回去」哨音。

▲眉線灰白色不明顯。

樹鶯科

315

遠東樹鶯 *Horornis canturians*

L15~18cm

屬名:樹鶯屬　　英名:Manchurian Bush Warbler　　別名:短翅樹鶯　　生息狀況:冬/普

相似種

日本樹鶯、大葦鶯
• 日本樹鶯體型較小,嘴較細,頭上非紅褐色,眉線較不明顯,腹面較白。
• 大葦鶯腹面黃色較濃,腳鉛灰色。

▲停棲時尾常上翹。

| 特徵 |

• 虹膜暗褐色。嘴黑褐色,上、下嘴會合線黃或粉色。腳粉紅色。
• 眉線、頰汙白色帶褐味,過眼線黑褐色。
• 雄鳥體型較雌鳥大。額、頭上紅褐色,背面大致褐色偏紅,尾羽略長。腹面汙白色,胸側、脇淡褐色,尾下覆羽淡黃褐色。

| 生態 |

繁殖於中國東北、中部及東部、西伯利亞東南及韓國,越冬至中國南方、臺灣及東南亞。出現於平地至低海拔山區灌叢、草叢及樹林中,停棲時尾常上翹,喜於地面、枝椏、草叢間覓食昆蟲。

本種有 *C .c. canturians* 及 *C. c. borealis* 二個亞種,其中 *canturians* 體型較小,背部偏紅褐色;*borealis* 體型較大,背部偏灰色,兩者均出現於臺灣。

▲額及頭上紅褐色,背面大致褐色偏紅。

▲ *C. c. borealis* 亞種體型較大,背部偏灰。

小鶯 / 強腳樹鶯 *Horornis fortipes robustipes*

屬名：樹鶯屬　英名：Brownish-flanked Bush Warbler　別名：臺灣小鶯　生息狀況：留 / 普

特有亞種　L11~13cm

相似種

深山鶯
- 體型嬌小，嘴細直。
- 背部褐色較淺，頰、喉及上胸灰色較重，腹部較黃。
- 出現於較高海拔山區，鳴聲不同。

▲單獨出現於林緣濃密的高莖草叢或灌叢中。

| 特徵 |
- 虹膜褐色。嘴略下彎，上嘴黑褐色，下嘴基色淺。腳粉紅色。
- 眉線白色偏褐，過眼線黑褐色不明顯，頰淡褐色。
- 背面大致褐色，喉、上胸白色，腹部偏白，胸側、脇及尾下覆羽淡黃褐色。

| 生態 |
分布於喜馬拉雅山脈至中國西南、東南亞等地，臺灣族群為特有亞種。分布於中、低海拔山區，常單獨出現於林緣濃密的高莖草叢或灌叢中，隱密不易見。以昆蟲、植物果實及種籽為食，鳴聲特殊悅耳，似「你～回去」或「你～回去伊」哨音。築巢於芒草叢中，以芒草葉為巢材，內襯羽毛、細纖維，巢呈圓柱狀，雌雄共同育雛。

▲背面大致褐色，喉、上胸白色。

▲嘴略下彎，上嘴黑褐色，下嘴基色淺。

樹鶯科

317

深山鶯 / 黃腹樹鶯 *Horornis acanthizoides concolor*

屬名：樹鶯屬　　英名：Yellow-bellied Bush Warbler　　生息狀況：留 / 普

樹鶯科

相 似 種

小鶯
•體型較大，嘴較粗而略下彎。
•背部褐色較深，喉、上胸白色。
•分布海拔較低，鳴聲不同。

▲喉及上胸灰色，腹以下淡黃褐色。

| 特徵 |
•體型小。虹膜褐色。上嘴色深，下嘴黃色。
　腳黃褐色。
•眉線白色，過眼線不明顯，頰偏灰。
•背面大致褐色，翼偏黃褐色。喉及上胸灰
　色，胸側略黃；腹以下淡黃褐色。

| 生態 |
其他亞種分布於喜馬拉雅山脈至中國東南
部及緬甸東部。出現於中、高海拔山區之
樹林、灌木叢或箭竹叢，冬季會降遷至中
海拔山區避寒。以昆蟲爲食，性活潑，不
停穿梭、跳躍於草莖與灌叢間尋找食物。
繁殖期常發出一連串尖細之「笛～笛～
笛～」，音階越來越高，再突然下降以顫
音結束。築巢於箭竹叢中，以乾草、竹葉
爲巢材，內襯羽毛，巢呈圓球狀。

▲出現於中、高海拔山區之樹林、灌木叢或箭竹叢。

▲不停穿梭、跳躍於草莖與灌叢間尋找食物。

長尾山雀科
Aegithalidae

分布於歐洲、亞洲、北美洲至中美洲，大多為留鳥，臺灣1種。為體態玲瓏的小型山鳥，雌雄同色，嘴細短，尾長，腳細長。樹棲性，生活於山區樹林、竹林及灌叢中。喜群棲，活潑好動，飛行能力不強，大多僅在樹林間做短距離飛行，會發出窸窸窣窣的細碎叫聲，攝取昆蟲、小型無脊椎動物及植物種籽為食，在樹上築成圓形巢，開口位於側邊偏上方處，由雌鳥孵蛋，雄鳥提供食物，有些鳥種有巢邊幫手協助繁殖。

紅頭山雀 / 紅頭長尾山雀 *Aegithalos concinnus*

L10cm

屬名：長尾山雀屬　　英名：Black-throated Tit　　生息狀況：留／普（臺、馬）

相似種

赤腹山雀
• 頭上至後頸、喉至上胸黑色。
• 下胸以下栗褐色。

▲頭上至後頸栗紅色，喉中央有黑斑。

| 特徵 |
• 虹膜黃色。嘴黑色。腳橘黃色。
• 成鳥頭上至後頸栗紅色，臉黑色延伸至後頸側。背暗灰色，尾羽灰黑色，外側末端白色；翼銀灰色。腹面、頸側白色，喉中央有黑色粗斑，胸側、脇栗紅色。
• 幼鳥頭頂色淺，喉無黑斑，上胸有黑色橫帶，無栗紅色胸帶。

▲常倒懸於枝椏上捕食小昆蟲。

| 生態 |
分布於喜馬拉雅山區、印度、中南半島、臺灣、中國華東及華中等地區。棲息於中、低海拔山區樹林，亦曾見於高海拔山區。性喧鬧、活潑好動，常組成數十隻大群，或與其他小型鳥類混群，在樹林間跳躍、移動，常倒懸於枝椏上捕食小尾蟲，鳴聲為尖細短促「吱、吱、吱」聲。築巢於灌叢，利用苔蘚築成圓形巢。

▶棲息於中、低海拔山區樹林。

319

鶯科
Sylviidae

廣泛分布於歐、亞、非洲，有遷移性候鳥及留鳥。雌雄同色，體型小，翼短圓，鶯屬嘴尖細，體色多為灰、褐色；鴉雀屬頭圓大，嘴峰厚，上嘴先邊緣有缺刻，方便撕咬植物。棲地範圍廣泛，從樹林、灌叢、草叢至荒漠等環境都有分布，以昆蟲、嫩芽、漿果及種籽等為食。

漠地林鶯 *Sylvia nana*

L11.5cm

屬名：鶯屬　　英名：Asian Desert Warbler　　生息狀況：迷

▲羽毛淋溼的漠地林鶯。

| 特徵 |
• 虹膜黃色，具白色眼圈。嘴黃色，上嘴鋒黑色。腳淡黃色。
• 背面大致棕色，尾上覆羽褐色，外側尾羽白色。腹面白色。

| 生態 |
分布於非洲西北部、亞洲中南部至中國西北，越冬於阿拉伯及巴基斯坦。飛行時離地面不高，喜於地面活動，以齊足跳動方式移動，攝取昆蟲為食，常上翹並抽動尾羽。本種僅 2007 年 11 月桃園大園一筆紀錄。

▲喜於地面活動。

相似種
白喉林鶯
• 羽色較深，腳色深。
• 虹膜淡褐色。

白喉林鶯 *Sylvia curruca*

屬名:鶯屬　　英名:Lesser Whitethroat　　生息狀況:迷

▲頭灰色，眼先、耳羽深灰褐色，喉白色。

| 特徵 |
• 虹膜淡褐色。嘴近黑，嘴基較淡。腳黑色。
• 頭灰色，眼先、耳羽深灰褐色。背、翼褐色，尾上覆羽偏灰，尾羽黑褐色，外側一對尾羽外緣白色。喉白色，腹面近白，胸側及脇淡褐色。

| 生態 |
繁殖於歐洲、中亞至內蒙，越冬至非洲、阿拉伯、印度及西南亞，過境鳥在中國有廣泛的紀錄。生活於沙漠、草地、灌叢及林緣，單獨活動，性隱密，於濃密灌叢間跳動，動作緩慢，攝取昆蟲為食。

相似種
漠地林鶯
• 虹膜黃色。
• 羽色較淺，腳淡黃。

▲性隱密，常於濃密灌叢間活動。

321

褐頭花翼 / 紋喉雀鶥 *Fulvetta formosana*

屬名:褐鶥屬　英名:Taiwan Fulvetta　別名:灰頭花翼、褐頭雀鶥　生息狀況:留／普

鶯科

▲頭至背灰褐色,翼、腰及尾上、下覆羽黃褐色。

| 特徵 |
- 虹膜黃至淡褐色,眼圈白色。嘴、腳暗褐色。
- 頭至背大致灰褐色,頭側至後頸有褐色縱紋。臉淡褐色,眼先黑褐色,翼、腰及尾上、下覆羽黃褐色,初級飛羽外緣灰白色,尾羽褐色。喉至胸白色,有褐色縱斑,腹灰褐色。

| 生態 |
分布於高海拔山區針葉林或針闊葉混合林,冬季會降遷至中海拔山區。常單獨或小群出現於林緣、草叢、箭竹叢或灌叢中,不甚懼人。以昆蟲、植物嫩葉、種籽及漿果為食。

相 似 種

繡眼畫眉
- 頭部帶灰色。
- 翼非黃褐色。
- 腹面羽色較淡。

▲分布於高海拔山區針葉林或混合林。

粉紅鸚嘴 / 棕頭鴉雀 *Sinosuthora webbiana bulomacha*

屬名：漢鴉雀屬　　英名：Vinous-throated Parrotbill　　生息狀況：留 / 普

▲喜於近地面之低枝、草叢中活動。

| 特徵 |

- 虹膜紅色。嘴粗短呈圓錐形，粉灰或粉褐色，嘴先角質色。腳粉褐色。
- 頭上至後頸、飛羽外緣栗紅色。背至尾上覆羽、翼上覆羽橄褐色；尾羽、飛羽內瓣暗褐色。臉、頸側、喉至上胸粉紫紅色，下胸以下淡紅褐色。

| 生態 |

其他亞種分布於中國、朝鮮半島及越南北部。成群出現於平地至中海拔之草叢、灌木叢、竹林中，平地至低海拔地區較普遍，喜於近地面之低枝、草叢中活動，活潑而好動，覓食時甚為吵雜。喜群居，非繁殖季常聚集成數十隻之大群，緩慢地在灌叢間、林緣跳動行進，邊走邊玩，尋找食物；食性廣，以草籽、果實、花蜜及昆蟲為食。

▲性活潑好動。

鶯科

黃羽鸚嘴 / 黃羽鴉雀 *Suthora verreauxi morrisoniana*

 特有亞種
 L11.5cm

屬名:鴉雀屬　　英名:Golden Parrotbill　　別名:橙背鴉雀、金色鴉雀　　生息狀況:留 / 稀

鶯科

▲棲息於中、高海拔灌叢、草叢及箭竹林地帶。

| 特徵 |

- 虹膜深褐色。嘴粗短呈圓錐形,粉紅色,嘴先較淺。腳粉紅色。
- 額橙黃色,眉線、下頰白色。背黃褐色,尾上覆羽及尾羽基部紅褐色,尾羽末端暗褐色。翼黑色,初級飛羽羽緣灰白色,次級、三級飛羽羽緣橙黃色。喉、前頸黑色,胸以下灰白色,脇橙黃色。

| 生態 |

其他亞種分布於中國華中及東南、緬甸東部、中南半島北部。棲息於中、高海拔山區林下之灌叢、草叢及箭竹林地帶,群棲性,喜喧嘩,飛行速度甚快,常成小群在樹叢間快速移動,也會與紅頭山雀、火冠戴菊等鳥種混群,以昆蟲、嫩芽、漿果及種籽為食。

▲喜啄食箭竹嫩芽。

▲群棲性,常小群活動。

繡眼科
Zosteropidae

分布於亞洲、非洲及澳洲，大多為留鳥。雌雄同色，體型小，體上多為綠色，具白色眼環，嘴尖細，翼圓短，尾短，腳強健。棲息於樹林，喜群聚，常成群於枝椏間活動，攝取昆蟲、漿果、花蜜為食，會發出清脆細膩的鳴叫及悅耳多變的鳴唱聲。一夫一妻制，營巢於樹枝分叉處或末梢，以植物纖維、草莖、棉花、蜘蛛絲、苔蘚等編織成精巧的碗形巢，雌雄共同築巢、孵蛋及育雛，雛鳥為晚成性。

栗耳鳳眉 *Yuhina torqueola*

L14~15cm

繡眼科

屬名:鳳鶥屬　　　英名:Indochinese Yuhina　　　生息狀況:迷（金、馬）

▲頰栗色有白色細紋，李泰花攝。

| 特徵 |
• 虹膜暗褐色，嘴黑褐色，腳黃褐色。
• 頭上短冠羽深灰色，有淺色條紋，冠羽後方灰白色。頰栗色有白色細紋，延伸成後頸圈。背、翼深褐色，背部羽軸白色形成細縱紋。喉白色，腹面近白，脇雜有暗色羽毛。尾深褐色，外側尾羽羽緣白色。

| 生態 |
分布於中國西南及南部、泰國、寮國及印尼北部。出現於闊葉林或次生林之灌木叢，性活潑吵嚷，喜群聚，多活動於較高的灌叢頂層或幼樹上，繁殖季常成對活動，非繁殖季則成群出沒，以昆蟲、種籽、花蜜為食。本種於馬祖東莒、金門有紀錄。

日菲繡眼 *Zosterops japonicus*

L10.5~11.5cm

屬名:繡眼屬　　英名:Warbling White-eye　　生息狀況:冬 / 稀

▲虹膜淡灰褐色,前額不黃。

| 特徵 |

• 虹膜淡灰褐色,眼圈白色。嘴黑色,下嘴基灰藍色。腳鉛黑色。

• 似斯氏繡眼,但嘴較粗長,前額不黃,背綠色較濃,頭與背無色差,上胸黃色與下胸汙白色爲漸暈狀,界限不明顯,腹中央多沾黃色,胸側及脇汙白色至淡褐色。

| 生態 |

分布於日本、琉球群島、朝鮮半島、菲律賓群島、小巽他群島,習性同斯氏繡眼。分布於宜蘭龜山島之族群嘴較粗厚,體背黃綠色較鮮濃,目前歸爲日菲繡眼,尙待進一步研究。

▲分布於宜蘭龜山島之日菲繡眼。

相似種

斯氏繡眼

• 前額黃色,上胸黃色與下胸汙白色界限分明,頭與背有色差。

▲頭與背無色差。

斯氏繡眼 *Zosterops simplex*

屬名：繡眼屬　　英名：Swinhoe's White-eye　　別名：暗綠繡眼、青笛仔　　生息狀況：留 / 普

L10~11.5cm

相似種

低地繡眼、日菲繡眼
- 日菲繡眼嘴較粗長，前額不黃，頭與背無色差。
- 低地繡眼嘴較粗厚，背面較鮮黃。

▲以花蜜、昆蟲、漿果等為食。

| 特徵 |
- 虹膜淡褐色，眼圈白色。嘴黑色，下嘴基灰藍色。腳鉛黑色。
- 背面黃綠色，眼先黑色。前額、喉至上胸、尾下覆羽黃色，上胸黃色與下胸界限分明，下胸至腹汙白色，中央有不明顯黃色腹央線，胸側、脇羽色略濃。

| 生態 |
分布於中國東部及東南部、臺灣、中南半島、馬來半島及印尼。出現於平地至低海拔山區之疏林、果園，包括都會區之庭園、校園、公園、行道樹等均常見，性活潑喧鬧，喜群聚，除繁殖期外，常成群穿梭於枝椏間，以花蜜、昆蟲、漿果等為食，常倒懸攝取花密及果實。單鳴為細膩的「唧咿～」聲，繁殖期雄鳥的鳴唱聲婉轉悅耳多變，常於清晨鳴唱。

▲眼圈白色醒目。

畫眉科
Timaliidae

分布於南亞、東南亞及南洋群島，臺灣 3 種，全為留鳥，其中 2 種為特有種。雌雄同色，為小至中型樹棲性鳥類，嘴多直而側扁，有些先端下彎，翅圓短，尾長；腳長而強健。多在濃密樹林、灌叢、草叢底層或地面活動，以跳躍前進，不擅長距飛翔。擅鳴唱，有些嘹亮悅耳而富有變化，有些則單調嘈雜。雜食性，以昆蟲及其幼蟲、植物果實、種籽、嫩芽及花蜜為食。築巢於枝椏、灌叢或草叢間，少數行群聚繁殖，雌雄共同營巢、育雛，雛鳥為晚成性。

山紅頭／紅頭穗鶥 *Cyanoderma ruficeps praecognitum*

特有亞種　L12cm

屬名：藍膺鶥屬　　英名：Rufous-capped Babbler　　生息狀況：留／普

▲頭上栗紅色，背面大致橄褐色。　　▲育雛中的親鳥。

| 特徵 |
• 虹膜紅色。上嘴近黑，下嘴較淡。腳黃褐色。
• 頭上栗紅色，背面大致橄褐色，翼及尾羽偏紅褐色。臉及喉淡橄黃色，胸、腹淡褐色。

| 生態 |
通常成小群出現於平地至中海拔樹林低層之草叢、灌叢中，常穿梭於林緣之草叢、枝椏間，倒懸於細枝上啄食。雜食性，以昆蟲及其幼蟲、蜘蛛、種籽、果實為食。鳴聲為圓潤緩慢的「嘟、嘟、嘟、嘟、嘟」聲，生性隱密，野外通常只聞其聲，不易觀察。模仿其哨音，可輕易獲得回應，是最容易以聲音互動的鳥種之一。

▲雜食性，也會吸食櫻花蜜。

小彎嘴 / 小彎嘴鶥 *Pomatorhinus musicus*

屬名:彎嘴鶥屬　　英名:Taiwan Scimitar-Babbler　　別名:棕頸鉤嘴　　生息狀況:留 / 普

> **相 似 種**
>
> **大彎嘴**
> •體型較大,嘴較長,額栗紅色。
> •無白色眉線及黑色過眼線。

▲棲息於低海拔之闊葉林或次生林中。

| 特徵 |
- 虹膜淡紅色。嘴長,稍向下彎,上嘴黑,下嘴淡。腳鉛褐色。
- 頭頂暗褐色,白色眉線甚長,過眼線黑色。後頸、側頸栗紅色,背、翼至尾羽大致褐色。喉至胸白色,胸有暗褐色粗縱斑;腹栗紅色,中央雜有白色羽毛。

| 生態 |
棲息於低海拔之闊葉林或次生林中,常成小群於灌木叢或草叢中活動,性機警,不怕人。鳴聲嘹亮多變,常發出低沉的「嘓、嘓、嘓」、「嘎歸~嘎歸~」叫聲。雜食性,喜食水果、漿果、昆蟲等。昔日鄉村住家四周常種植竹子做為圍籬,俗稱竹圍,兼具防風防盜功能,小彎嘴喜歡棲身在竹圍下層活動,因而有「竹腳花眉」之稱。

▲常於灌木叢或草叢中活動。

畫眉科

331

大彎嘴 / 大彎嘴鶥 *Megapomatorhinus erythrocnemis*

屬名:大彎嘴鶥屬　英名:Black-necklaced Scimitar-Babbler　別名:鏽臉鉤嘴　生息狀況:留 / 普

畫眉科

▲單獨或小群出現於灌木或草叢中。

| 特徵 |

• 虹膜淡褐色。嘴偏黑，長而下彎。腳黑褐色。

• 額兩側、下頰、背、翼、尾下覆羽、跗蹠關節栗紅色。頭頂至後頸灰褐色，顎線黑色。喉、胸白色，腹汙白色，胸有黑色粗縱斑，尾羽暗褐色。

| 生態 |

分布於中、低海拔山區，單獨或小群出現於灌木或草叢中。雜食性，以植物之果實、種籽與昆蟲為食。鳴聲圓潤嘹亮多變，常發出「哇～或、哇～或」叫聲。性隱密，常聞其聲不見其影。

相似種

小彎嘴
• 體型較小，下嘴淡色。
• 有白色眉線及黑色過眼線。

▲性隱密，常聞其聲不見其影。

雀眉科
Pellorneidae

分布於亞洲及非洲的中小型樹棲鳥類，大都為留鳥不遷移，臺灣 1 種。雌雄同型，嘴大多小而側扁，有些下彎。生活於山區濃密的樹林、灌叢和草叢中。以小群活動。兩腳強健，以跳躍前進。翅短圓，不擅長飛，僅在樹叢間作短距離的移動。擅鳴唱或鳴叫，常久鳴不息，鳴聲婉囀動聽，十分悅耳。雜食性。主要捕食昆蟲及其幼蟲，兼食果實、種籽、幼芽，築巢於枝椏上或灌木叢間，少數在地面或草叢中築巢。雌雄共同營巢、育雛。雛鳥為晚成性。

頭烏線 / 烏線雀鶥 *Schoeniparus brunnea brunnea*

特有亞種　L13~13.5cm

屬名：烏線雀鶥屬　　英名：Dusky Fulvetta　　別名：褐頂雀鶥　　生息狀況：留 / 普

▲ 頭兩側有黑色縱紋延伸至後頸側。

| 特徵 |
- 虹膜暗紅色，眼圈黃褐色。嘴黑色。腳黃褐色。
- 頭上至後頸、背部褐色，頭兩側有黑色縱紋延伸至後頸側。臉、頸側、喉、腹面大致汙灰色，尾羽暗栗色。

| 生態 |
其他亞種分布於中國華中、華南，臺灣為指名亞種。出現於中、低海拔之濃密樹林底層或草叢中，常於濃密灌叢下之地面、蔓藤及雜草間活動，攝取昆蟲及其幼蟲為食。飛行能力差，僅做短距飛行，鳴聲婉轉悅耳，性隱密，觀察不易。

▲ 常於濃密灌叢下之地面、雜草間活動。

噪眉科
Leiothrichidae

分布於非洲及亞洲的中小型樹棲鳥類，大都為留鳥不遷移，臺灣 11 種，8 種為特有種。雌雄同色，嘴多直而側扁，有些下彎。翅短圓，不擅長途飛行，僅作短距離飛行移動。腳強健，於地面併腳跳躍前進。生活於平地、山區疏林或濃密樹林、灌叢、草叢等環境，常成小群活動。喜鳴唱，常久鳴，有些鳥種鳴聲婉轉動聽。雜食性，主食昆蟲及其幼蟲，兼食植物種籽、果實、嫩芽及花蜜。於枝椏、灌叢或草叢築巢，雌雄共同營巢、育雛。雛鳥為晚成性。

繡眼畫眉／繡眼雀鶥 *Alcippe morrisonia*

特有種　L12cm

屬名：雀鶥屬　　英名：Morrison's Fulvetta　　別名：白眶雀鶥　　生息狀況：留／普

▲成群出現於低至高海拔山區。　　　　　　▲於枝椏間穿梭，攝取昆蟲為食。

| 特徵 |
• 虹膜暗紅色，眼圈白色。嘴灰黑色。腳粉黃色。
• 頭上至後頸、臉部灰色，頭側有不明顯黑褐色縱紋。背灰褐色，翼及尾羽前段黃褐色，尾羽末段黑褐色。喉、胸灰白色，腹、脇淡黃褐色。

| 生態 |
成群出現於低至高海拔山區，自草叢至樹林上層都可見其活動，於枝椏、蔓藤間穿梭，攝取昆蟲及其幼蟲為食，亦食漿果。常和其他小型鳥種混群覓食，發出響亮之「唧、唧、唧」叫聲，通常帶頭活動，有時會大膽圍攻小型鴉類及其他猛禽。

▲常與其他小型鳥種混群，通常帶頭活動。

黑臉噪眉 *Garrulax perspicillatus*

L28~31.5cm

屬名：噪鶥屬　　英名：Masked Laughingthrush　　別名：黑臉笑鶇　　生息狀況：迷（金門）

| 特徵 |
- 虹膜褐色，嘴近黑，腳暗褐色。
- 前額至臉頰黑色，頭上至後頸、喉至胸灰色，背、翼及覆羽暗褐色，尾羽末端寬而偏黑。腹面偏灰，至腹部近白，尾下覆羽黃褐色。

| 生態 |
分布於中國華東、華中及華南和越南北部，成小群出現於灌叢、林地、耕地及公園，性喧鬧、鳴聲響亮刺耳，以昆蟲、果實及種籽為食，取食多在地面。

▲前額至臉頰黑色，洪廷維攝。

噪眉科

大陸畫眉 *Garrulax canorus*

L21~24cm

屬名：噪鶥屬　　英名：Chinese Hwamei　　別名：畫眉　　生息狀況：引進種 / 不普，留 / 普（金門）

| 特徵 |
- 虹膜黃色。嘴、腳黃褐色。
- 全身大致黃褐色，眼周白色延伸至眼後成狹長眉紋。頭上至後頸有黑色縱紋，尾羽暗褐色。

| 生態 |
分布於中國華中及東南、海南島和中南半島北部，棲息於低海拔山區樹林底層，常見於灌叢及次生林，成對或結小群活動。甚羞怯，於腐葉間穿行覓食，鳴聲悅耳富變化。本種於 80 年代大量輸入臺灣，逸出與臺灣畫眉產生雜交現象，威脅臺灣畫眉基因的純正性。

▲全身大致黃褐色。

相 似 種
臺灣畫眉
- 無白色眉線。
- 羽色偏灰褐。

臺灣畫眉 *Garrulax taewanus*

II　特有種　L21~24cm

屬名:噪鶥屬　英名:Taiwan Hwamei　別名:畫眉　生息狀況:留 / 不普

▲鳴聲婉轉嘹亮富於變化。

| 特徵 |

• 虹膜藍灰色。嘴、腳偏黃。
• 頭、喉至胸淡褐色,頭上至後頸有黑褐色
  粗縱紋,喉、胸縱紋較細。背部大致褐色,
  尾羽暗褐色,基部較淡,有暗色橫斑,腹
  汙灰色。

| 生態 |

棲息於低海拔山區樹林、灌叢底層,喜於
濃密灌叢中活動、鳴唱,攝取昆蟲、漿果
及種籽為食,領域性強,會驅趕入侵其領
域的畫眉。由於鳴聲婉轉嘹亮富變化,一
直存在獵捕壓力;加上棲地破壞,族群日
漸減少,早期大量輸入之大陸畫眉逸出與
本種雜交,致基因獨特性受到威脅,亟待
保育。

相似種

大陸畫眉

• 有明顯白色眉線及眼周。
• 羽色偏黃褐。

▲棲息於低海拔山區。

臺灣白喉噪眉／白喉噪鶥 *Ianthocincla ruficeps*

特有種　II　L27~29cm

屬名：藍噪鶥屬　　英名：Rufous-crowned Laughingthrush　　別名：白喉笑鶇　　生息狀況：留／稀

▲雜食性，於樹上或地面覓食。

| 特徵 |

・虹膜紅褐色。嘴黑色。腳灰褐色。
・眼先黑色，除頭上栗紅色、喉至上胸白色
　外，全身大致褐色，腹部羽色較淡，尾羽
　外側末端白色。

| 生態 |

分布於中海拔之原始闊葉林、混合林，冬
季降遷至低海拔山區避寒。不擅飛行，喜
喧嘩，對人類警覺性不高，常成小群穿梭
於濃密之枝椏間，發出「嘿～～嘿、嘿、嘿」
似人之笑聲。雜食性，於樹上或地面覓食，
夏季夜晚山區路燈周圍會聚集蛾類，隔天
清晨常吸引成群臺灣白喉噪眉覓食，亦吃
植物果實、種籽。本種因族群稀少，須多
加關注與保育。

▲頭上栗紅色、喉至上胸白色。

黑喉噪眉 *Ianthocincla chinensis*

屬名：藍噪鶥屬　　英名:Black-throated Laughingthrush　　生息狀況：引進種／局不普

噪眉科

▲本種為外來種，於野外適應良好，陳國勝攝。

| 特徵 |
- 虹膜紅色。嘴黑色。腳肉褐色。
- 前額、眼先及喉黑色，前額後緣有白斑，頰白色。頭上至後頸藍灰色，翼及覆羽褐色，尾羽末端黑色，胸灰褐色，腹以下褐色。

| 生態 |
分布於印度、緬甸、中國南部及中南半島。成小群出現於低山及丘陵地帶之常綠闊葉林、次生林、灌叢及竹叢底層，鳴聲清晰悅耳，以昆蟲、果實及種籽為食。本種為外來種，於野外適應良好，族群有擴展跡象，宜密切注意。

棕噪眉 / 棕噪鶥 *Ianthocincla poecilorhyncha*

屬名：藍噪鶥屬　　英名：Rusty Laughingthrush　　別名：竹鳥　　生息狀況：留 / 不普

▲眼周裸皮藍色，背面紅褐色。

| 特徵 |
- 虹膜紅褐色，眼周裸皮藍色。嘴黃色，嘴基藍灰色。腳藍灰色。
- 背面、喉至胸大致紅褐色，頭上有黑色細斑紋，翼及尾羽紅色較濃，初級飛羽外緣灰色。腹鉛灰色，尾下腹羽白色。

| 生態 |
分布於中海拔山區闊葉林或針闊葉混合林，常成小群穿梭於密林底層藤蔓叢生處，性膽怯畏人，甚少出現於空曠地帶活動。鳴聲為圓潤富變化的哨音，會模仿其他鳥種叫聲。主食昆蟲，也好吃植物嫩芽、漿果等。

▲主食昆蟲，也好吃漿果、植物嫩芽等。

白頰噪眉 *Ianthocincla sannio*

L22~24cm

屬名：藍噪鶥屬　英名：White-browed Laughingthrush　別名：白頰笑鶇、白眉笑鶇　生息狀況：引進種 / 稀

▲眉線、眼先及頰白色，全身大致褐色。

▲於地面及灌叢覓食。

| 特徵 |

• 虹膜暗褐色，嘴黑色，腳灰褐色。

• 眉線、眼先及頰白色相連，與黑褐色眼後線對比明顯，形成醒目圖紋。頭上深褐色，全身大致
　褐色，腹部羽色較淡。

| 生態 |

分布於印度、泰國、緬甸、寮國、中國華中、華南及海南島。棲息於森林、灌叢、農耕地、鄉
村及城市公園等，成小至中群於地面及灌叢中覓食，喜鳴叫，鳴聲響亮且常相互呼喚。雜食性，
以昆蟲、植物果實、種籽為食。

噪眉科

340

臺灣噪眉 / 臺灣噪鶥 *Trochalopteron morrisonianum*

特有種　　L25~28cm

屬名:圓翅噪鶥屬　　英名:White-whiskered Laughingthrush / Formosan Laughing Thrush
別名:金翼白眉、玉山噪鶥　　生息狀況:留 / 普

▲喜於地面活動，以果實、昆蟲為食。

| 特徵 |

• 虹膜褐色。嘴黃褐色。腳粉褐色。
• 頭上至後頸灰褐色，有黑褐色細鱗紋，眉
　線、顎線白色。臉、背及胸栗褐色，背及
　胸有白色鱗狀羽緣。翼、尾羽藍灰色，初
　級飛羽羽緣及尾羽上部黃褐色。

| 生態 |

分布於高海拔山區之矮灌叢及針葉林中，
冬季會降遷至中海拔山區，成對或小群出
現於灌叢、竹叢或林緣。飛行能力差，僅
做短距飛行，喜於地面活動，雜食性，以
果實、昆蟲為食，常於山徑、垃圾堆撿食
遊客丟棄的食物，不太怕人。

▲喜於地面活動覓食。

341

白耳畫眉 / 白耳奇鶥 *Heterophasia auricularis* Ⅲ 特有種 L22~24cm

屬名：奇鶥屬　　英名：White-eared Sibia　　生息狀況：留 / 普

▲白色過眼帶於耳後散成鬚狀。

| 特徵 |
- 虹膜褐色。嘴黑色。腳肉色。
- 白色過眼帶甚長，延伸到耳後散成鬚狀。頭、翼、尾羽藍黑色，後頸至背、胸大致灰黑色，初級飛羽基部灰白色。腰、腹、尾上及尾下覆羽橙色，腹部顏色稍淡。尾羽略長，末端灰白色。

| 生態 |
普遍分布於中海拔之原始闊葉林，常成小群出現，冬季會降棲至較低海拔山區。性機警活潑，常發出「飛、飛、飛、回～～」嘹亮悅耳鳴聲，是清晨最早鳴唱的鳥兒之一，三兩成群時，鳴聲即充滿山谷。警戒聲為類似機關槍的長串「得、得、得……」聲。雜食性，除了水果、漿果、昆蟲外，山櫻盛開季節常見其成群吸食花蜜。

▲普遍分布於中海拔之原始闊葉林。

▶喜歡啄食山桐子果實。

342

黃胸藪眉 / 黃痣藪鶥 *Liocichla steerii*

屬名：藪鶥屬　　英名：Steere's Liocichla　　別名：藪鳥　　生息狀況：留 / 普

III｜特有種　L17~19cm

▲眼前有醒目的橘色斑。

| 特徵 |
- 虹膜深褐色。嘴偏黑。腳粉褐至黑褐色。
- 頭上、喉灰黑色，前額黃色，眼前有醒目的月牙形橘色斑，臉部、頸側外緣雜有橙色羽毛。
- 背部橄褐色，翼基部橄黃色，次級飛羽黑色，末端白色，三級飛羽紅褐色。尾羽末端白色，尾下有黑白相間橫紋，尾下基部有黃色 U 形斑。胸至腹橄黃色，下腹暗灰綠色。

| 生態 |
普遍分布於中海拔闊葉林底層，常成小群出現於灌木叢、林緣或小徑旁。舊名「藪鳥」，「藪」即指其出沒之灌叢。雜食性，攝取昆蟲、果實及種籽為食。個性活潑機警，常發出嘹亮像「唧～救兒」及「架、架、架」鳴聲，與白耳畫眉同為中海拔最容易聽聞的鳥音。

▲常成小群出現於灌木叢。

343

紋翼畫眉 / 臺灣斑翅鶥 *Actinodura morrisoniana*

III 特有種　L18~19cm

屬名：斑翅鶥屬　　英名：Taiwan Barwing　　別名：栗頭斑翅鶥　　生息狀況：留／普

相 似 種

褐頭花翼
• 體型較小。
• 頭部非栗色。
• 眼周圍白色。
• 翼、尾羽無橫斑。

▲頭栗色，翼與尾羽有栗黑相間橫紋。

| 特徵 |

• 虹膜褐色。嘴黑褐色。腳肉色。
• 頭栗色，背至尾上覆羽褐色，翼與尾羽有栗黑相間橫紋，尾羽後段黑褐色。頸側、上胸至腹鼠灰色，雜有汙白色羽毛。腹以下栗褐色，雜有淡色羽毛。

| 生態 |

分布於中、高海拔之闊葉林或針闊葉混合林中，冬季有降遷行為。常成小群穿梭於枝椏間，雜食性，喜歡於樹幹上下攀爬、倒懸，啄食寄生在樹皮裂縫中的昆蟲，也吃植物果實。個性安靜不聒噪，聲音為輕柔的「教、教」聲，警戒聲則為與黃胸藪眉相似的粗啞「架、架、架」聲。

▲喜歡於樹幹攀爬啄食昆蟲。

戴菊科
Regulidae

分布於歐亞大陸及北美洲，臺灣有 1 種繁殖。雌雄羽色稍異，體小而圓，眼周黑或白色，嘴短而尖細，體羽為黃綠色至灰綠色，頭頂中央有紅黃色系冠羽，平時隱而不顯，興奮時外露。喜好針葉林環境，分布於北方之族群冬季會南遷，棲息於高海拔山區者也有降遷現象，除繁殖期外，常聚成小群，或與其他山雀科混群。性活潑好動，於針葉樹中上層攝取昆蟲、種籽為食，會發出輕細短促的叫聲。築巢於高樹，以苔蘚、蛛蜘絲及植物纖維築成小巧深杯狀巢，雌雄共同育雛。

戴菊鳥 *Regulus regulus*

L9cm

屬名：戴菊屬　　英名：Goldcrest　　生息狀況：冬、過／稀，過／稀（金、馬）

相似種

火冠戴菊鳥
• 眼周黑色，外緣白色。
• 背部黃綠色，腰及腹側黃色。

▲背部大致橄欖綠色。

| 特徵 |
• 虹膜深褐色，眼周灰白色。嘴黑色。跗蹠黑褐色，趾黃褐色。
• 雄鳥頭頂中央有一前窄後寬橙黃色冠紋，雌鳥冠紋黃色，冠紋兩側黑色。背部大致橄欖綠色，有二道白色翼帶，尾羽黑褐色。腹面汙白色，胸側、脇汙黃色。

| 生態 |
張開冠羽時頭頂宛如戴了朵黃菊花，因而得名。分布於歐亞大陸，東亞族群繁殖於中國東北、庫頁島等地，冬季南遷至日本、朝鮮半島、中國華中及華南。生活於針葉林中，10 月至翌年 4 月零星出現於離島、海岸至山區針葉樹之中、上層，春、秋過境期紀錄較多，性活潑好動，不懼人，喜在枝椏間跳躍攝食昆蟲、種籽。

▲性活潑好動，喜在枝椏間跳躍攝食。

▶出現於離島、海岸至山區針葉樹之中、上層。

火冠戴菊鳥 / 臺灣戴菊 *Regulus goodfellowi*

屬名：戴菊屬　英名：Flamecrest　生息狀況：留／普

相似種

戴菊鳥
• 體色偏汙灰，眼周灰白色。

▲雄鳥冠羽橙紅色，求偶或興奮時會開起。

▲活潑好動，不停在枝椏間跳躍。

| 特徵 |

• 虹膜褐色，眼周黑色，外緣白色，上方白色由前額延伸至後頸。嘴黑色。腳黃褐色。

• 頭上黑色，雄鳥頭頂中央有橙紅色冠紋，雌鳥冠紋黃色。頰、頸側至後頸灰色。背部黃綠色，具白色翼帶，腰黃色。翼、尾羽黑色，羽緣黃色。喉、胸至腹汙白色，腹側黃色。

▲雌鳥頭頂中央黃色。

| 生態 |

分布於中、高海拔山區針葉林及針闊葉混合林，冬季高海拔族群會降遷至稍低海拔。通常出現於針葉樹之中上層，也會於灌叢活動，性活潑，不懼人，常混於山雀科鳥群中，不斷地在枝椏間跳躍，偶爾短暫定點振翅，啄食昆蟲及蟲卵。鳴唱聲為由輕而重的「嘶～嘶……」聲，極易被誤認為蟲鳴聲。橙黃色冠羽平常隱藏於黑色羽毛下，繁殖期興奮時張開，頭頂宛如一把火，非常醒目。

▲出現於針葉樹中上層，以昆蟲為食。

戴菊科

鳾科
Sittidae

分布於歐洲、亞洲、北美洲及澳洲，臺灣1種。雌雄同色，體小，嘴長而直，翅長而尖，尾短，腳強健有力，擅攀樹，可倒懸於樹幹，頭下尾上於樹上攀行。棲息於森林大樹的中、上層，常與其他山鳥混群活動，於樹幹、樹枝、岩石上攝取昆蟲、種籽及堅果為食，有貯食度冬習性。英名 Nuthatch 意指本科鳥類常把堅硬果實楔在樹縫內，以嘴將堅果敲開。築巢於洞裡，繁殖季具領域性，會主動驅趕其他鳥種。

茶腹鳾 *Sitta europaea formosana*

特有亞種　L14cm

屬名：鳾屬　　英名：Eurasian Nuthatch　　別名：普通鳾　　生息狀況：留／普

▲啄食樹皮縫隙中的昆蟲或蟲卵。

▲腳強健有力，能於樹幹垂直上、下行走。

| 特徵 |
- 虹膜深褐色。嘴長而直，藍灰色，先端黑色。腳黑褐色。
- 背面大致藍灰色，過眼線黑色甚長，延伸至頸側，翼、尾羽黑褐色。喉白色，腹面淡黃褐色，尾下覆羽有栗色及白色斑。

▲背面大致藍灰色，過眼線黑色甚長。

| 生態 |
廣布於歐亞大陸，臺灣特有亞種爲其分布之南限，棲息於中、高海拔樹林，腳強健有力，能於樹幹垂直上、下行走，喜歡沿大樹幹做螺旋狀攀行，啄食樹皮縫隙中的昆蟲或蟲卵，也吃植物種籽。單獨或二、三隻活動，飛行呈波浪狀，營巢於樹洞或樹木縫隙中。

▶唧泥填補樹洞巢位。

鳾科

鷦鷯科
Troglodytidae

分布於歐亞大陸、北非及美洲地區，臺灣有1種繁殖。雌雄同色，體型圓小，嘴細長，翼圓短，尾短常上翹，腳強健。主要棲息於樹林底層、草叢、灌叢及多岩山地等，許多種類為地棲性。性羞怯謹慎，擅鳴唱，喜潛行，通常單獨活動，以昆蟲、蜘蛛為食。築巢於植枝、岩石縫隙或樹洞中，以苔蘚、草葉或樹根為巢材，巢呈橢圓球狀，由雌鳥孵卵，雌雄共同育雛，雛鳥為晚成性。

鷦鷯 *Troglodytes troglodytes taivanus*

特有亞種　L10cm

屬名：鷦鷯屬　　英名：Eurasian Wren　　別名：臺灣鷦鷯　　生息狀況：留／普

▲喜潛行，尾常不停上翹。　　　　　　　　▲全身大致暗褐色，翼、尾羽具黑褐色橫紋。

| 特徵 |
• 虹膜褐色。嘴長而尖細，黑褐色。腳褐色。
• 全身大致暗褐色，眉線淡色不明顯，喉及耳羽有黑、白色斑點。翼、尾羽有黑褐色橫紋，腹面淡褐色，雜有灰白色斑點，尾短而上翹。

▲親鳥育雛。

| 生態 |
廣布於北半球，在臺灣棲息於高海拔山區樹林底層、灌叢、草叢或岩隙中，冬季會降遷至較低海拔山區。性羞怯隱密，通常單獨活動，喜潛行，尾常不停上翹。僅作短距離低飛，落地後迅速潛入灌叢或岩石下。以昆蟲、蜘蛛等為食，也吃漿果、種籽。繁殖季常在針葉樹或灌叢頂層鳴唱，鳴聲清脆嘹亮多變，繁殖期具領域性。

▶分布於高海拔山區。

河鳥科
Cinclidae

廣布於歐亞大陸、非洲及美洲，為生活於山區溪流環境之留鳥，臺灣1種。雌雄同色，羽色單純，主要為暗褐色。體型圓胖，嘴細直，翼、尾均短，趾蹠長而強壯。擅游泳、潛水，常於急流中涉水，或在水底潛行，攝取水生昆蟲、魚、蝦及無脊椎動物為食。飛行快速，遇擾時常沿著河道貼近水面飛離，少於河岸地面活動。一夫一妻制，營巢於溪邊岩縫或橋墩涵洞中，雌雄共同育雛，雛鳥為晚成性。

河鳥 *Cinclus pallasii*

L22cm

屬名：河鳥屬　　　英名：Brown Dipper　　　別名：褐河鳥　　　生息狀況：留 / 不普

▲出現於低至中海拔山區清澈溪流。

▲喜立於溪中岩石上不時曲腿、點頭、翹尾。

| 特徵 |
• 虹膜黑褐色，具白色瞬膜。嘴、腳鉛黑色。
• 全身深褐色，幼鳥大致似成鳥，但有灰白色斑點。

| 生態 |
分布於東亞、南亞、中國及中南半島北部。單獨或成對出現於低至中海拔山區清澈湍急之多石溪流，喜立於溪中岩石上，不時曲腿、點頭、翹尾或拍動翅膀。擅游泳、潛水，以水棲昆蟲、小魚蝦、軟體動物等為食，常涉水或潛入水中覓食，眼睛具特殊瞬膜，於水底潛行，能清楚地獵取水中食物。飛行快速，常沿著河道緊貼水面邊飛邊叫，鳴聲尖銳短促。以苔蘚、草葉及細根等為巢材，營巢於溪邊岩縫、涵洞或橋墩下，巢呈球形，雌雄共同育雛。繁殖期間具領域性，會驅離其他入侵者。

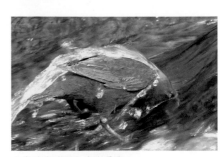

▲常涉水或潛入水中覓食。

▶幼鳥似成鳥，但有灰白色斑點。

349

八哥科
Sturnidae

分布於歐亞大陸，臺灣僅 1 種原生種留鳥。大部分雌雄同色，體型修長。嘴直而尖，部分上嘴基有羽簇，形成額冠。尾短，腳長而有力。生活於曠野至市區之草地、農耕地、疏林或公園等環境，常於地面活動，少數為樹棲性。喜結群活動，叫聲嘹亮多變，有些種類擅於模仿聲音。雜食性，以昆蟲及其幼蟲、蠕蟲、蛙及植物果實、種籽為食。一夫一妻制，營巢於樹上、樹洞、壁洞、建物孔隙或路燈桿洞中。雌雄共同育雛，雛鳥為晚成性。

本科有多種被當成寵物鳥自外地引入，外來種數量為各科之冠，因適應力強，逸出野外後快速繁殖，是近年探討外來種入侵問題的代表性物種之一，其中白尾八哥、家八哥及輝椋鳥已大量繁衍，隨處可見，嚴重威脅本土留鳥八哥（Crested Myna）之生存空間。

輝椋鳥／亞洲輝椋鳥 *Aplonis panayensis*

L17~20cm

| 屬名：輝椋鳥屬 | 英名：Asian Glossy Starling | 別名：菲律賓椋鳥 | 生息狀況：引進種／普 |

▲成鳥全身黑色而有綠色金屬光澤。

| 特徵 |
• 虹膜紅色。嘴、腳黑色。
• 成鳥全身黑色而有綠色金屬光澤。
• 幼鳥背面灰褐色，有淡色羽緣，腹面汙白色，有黑色縱紋。亞成鳥似幼鳥，但已有暗綠羽色。

| 生態 |
分布於南洋群島，在臺灣主要出現於都會公園、校園、行道樹等環境，於都市適應良好，族群繁衍快速。喜於樹木中上層活動，常停棲於天線、鐵塔等高處，飛行快速呈直線。性聒噪，喜成群，無論覓食、棲息、繁殖都是成群活動，以植物果實為主食，亦食花蜜、昆蟲。

▲亞成鳥腹面汙白色，有黑色縱紋。

歐洲椋鳥 *Sturnus vulgaris*

屬名：椋鳥屬　　英名：European Starling　　別名：歐洲八哥、紫翅椋鳥　　生息狀況：過、冬／稀

▲非繁殖羽頭至頸、背、胸以下密布白色細斑點。

| 特徵 |

- 虹膜深褐色。嘴長而尖窄，繁殖羽嘴黃色，雄鳥嘴基藍灰色；非繁殖羽嘴黑褐色。腳粉紅色。
- 繁殖羽全身黑色，具紫色及綠色金屬光澤，背部羽緣黃白色，翼、尾略帶褐色，脇、尾下腹羽有白斑。
- 非繁殖羽似繁殖羽，但頭至頸、背、胸以下密布白色細斑點，翼羽緣淡褐色。
- 幼鳥全身褐色無金屬光澤，亦無斑紋。

▲於地面取食昆蟲、種籽。

| 生態 |

廣布於歐亞大陸，冬季集大群遷徙至其分布區的南部。10月至翌年3月單獨或成小群出現於海岸附近、平地之樹林、農耕地等地帶，常混於灰椋鳥群中，於開闊地取食昆蟲、種籽。食性雜、適應力強，曾被引進美國、非洲、澳洲及紐西蘭，在野外及都市大量繁衍。

▲單獨或小群出現於海岸附近樹林、農耕地。

八哥科

粉紅椋鳥 *Pastor roseus*

L19~24cm

屬名:粉紅椋鳥屬　　英名:Rosy Starling　　生息狀況:迷

▲非繁殖羽體色較黯淡。

| 特徵 |
- 虹膜黑色。嘴、腳粉褐色。
- 繁殖羽頭至頸、翼、尾及尾下覆羽亮黑色，後頭有流蘇狀飾羽。背至腰、胸至腹粉紅色。非繁殖羽嘴基黃色，羽色較黯淡。
- 幼鳥嘴黃色，頭、背灰褐色，翼及尾黑褐色，有淡色羽緣。腹面灰白色。

| 生態 |
分布於歐洲東部至亞洲中部及西部，越冬於印度、斯里蘭卡等地，落單的迷鳥遍布歐亞非各地。生活於乾旱的開闊地，喜群聚，會和其他鳥種混群，以昆蟲、漿果、花蜜及種籽等爲食。本種僅澎湖、金門、宜蘭、新竹港南及屏東墾丁等幾筆零星紀錄。

▲幼鳥嘴黃色，翼及尾黑褐色，有淡色羽緣。

北椋鳥 *Agropsar sturnina*

L16~19cm

屬名:北椋鳥屬　　英名:Daurian Starling / Purple-backed Starling　　生息狀況:過 / 稀

相 似 種
小椋鳥
•雄鳥頰至頸有栗褐色斑，後頭無紫黑色斑。

▲雄鳥背至腰紫黑色，中覆羽先端白斑醒目。

▲雌鳥後枕斑塊較淡，背面偏褐色。

▲雄鳥後枕有紫黑色斑塊。

| 特徵 |
•虹膜深褐色。嘴黑色，非繁殖季下嘴基黃色或淡色。腳灰黑色。
•雄鳥頭至頸、胸淡灰色，後枕有紫黑色斑塊。背至腰紫黑色具光澤，肩羽、中覆羽先端白斑醒目，翼、尾黑色，具綠色光澤。腹至尾下覆羽白色。
•雌鳥大致似雄鳥，但後枕斑塊較淡或無斑，背面偏褐色。

| 生態 |
繁殖於西伯利亞東部、中國東北及朝鮮半島北半部，越冬於中南半島及印尼群島。偶見於平地至低海拔之樹林地帶，攝取昆蟲、果實爲食。

八哥科

小椋鳥 / 紫背椋鳥 *Agropsar philippensis*

屬名：北椋鳥屬　　英名：Chestnut-cheeked Starling　　別名：紅頰椋鳥　　生息狀況：過 / 稀

八哥科

相似種

北椋鳥
- 頰至頸無栗褐色斑。
- 後枕有紫黑色斑。

▲雄鳥頭黃白色，頰至頸有栗褐色斑。

▲雄幼鳥。

| 特徵 |
- 虹膜深褐色。嘴黑色，嘴基淡色。腳黑色。
- 雄鳥頭黃白色，頰至頸有栗褐色斑。背紫色具光澤，肩有白斑；翼、尾藍黑色，具綠色金屬光澤。腹以下黃白色，胸側、脇暗灰色。
- 雌鳥頭、頸、背至腰灰褐色，眼周白色。肩羽白斑較小，翼、尾黑褐色，具光澤，胸以下淡灰白色。

▲雌幼鳥。

| 生態 |
繁殖於西伯利亞東部、日本及庫頁島，越冬於菲律賓、馬來群島、婆羅洲等地區，臺灣位於遷徙路境之中點，有時會出現上千隻之大群。成群出現於平地、山丘、海岸附近之樹林、農地等地帶，喜穿梭於枝椏間覓食昆蟲、果實。以恆春半島及蘭嶼紀錄較多。

▲飛行姿態。

354

黑領椋鳥 *Gracupica nigricollis*

屬名:黑領椋鳥屬　　英名:Black-collared Starling　　別名:烏領椋鳥、白頭椋鳥
生息狀況:引進種 / 局普,留 / 不普(金門)

| 特徵 |
- 虹膜暗褐色,眼周裸皮黃色。嘴黑色, 腳粉灰色。
- 成鳥頭白色,頸環及上胸黑色。背、翼 黑色,有白色羽緣,尾黑色,末端白色。 下胸以下白色。
- 幼鳥及亞成鳥無黑色頸環。

| 生態 |
原生於中國華南及中南半島,成小群出現 於田野、樹林、公園、農耕地及開闊草地, 以昆蟲、蚯蚓、漿果、種籽爲食,飛行呈 直線,不停鼓動雙翼。本種爲金門留鳥, 已在臺灣野外建立穩定族群。

▲出現於公園、農耕地及開闊草地。

八哥科

斑椋鳥 *Gracupica contra*

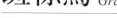

屬名:黑領椋鳥屬　　英名:Asian Pied Starling　　生息狀況:引進種 / 稀

| 特徵 |
- 虹膜暗褐色,眼周裸皮橙黃色。嘴乳白 色,嘴基橙黃色。腳暗褐色。
- 成鳥頭上、背面、喉、胸及頸側黑色, 有白色翼斑,額、頰、腰及腹以下白色。 亞成鳥背面偏褐色。

| 生態 |
分布於印度、中國西南、東南亞、蘇門答 臘及爪哇,生活於樹林、開闊草地及農耕 地等地帶,成小群活動,雜食性,多在地 面找食蚯蚓、昆蟲等爲食,臺灣有幾筆紀 錄,應爲逸出鳥。

▲眼周裸皮及嘴基橙黃色。

L20cm

黑冠椋鳥 *Sturnia pagodarum*

屬名：亞洲椋鳥屬　　英名：Brahminy Starling　　生息狀況：逸，迷（馬祖）

八哥科

▲於地面步行覓食。

| 特徵 |

• 雌雄同色。虹膜白色，嘴黃色，嘴基藍色，腳黃色。

• 眼先、頭頂及冠羽黑色。喉、頰、頸側及腹面栗褐色，具淡色軸紋。背面大致灰色，初級覆羽、初級飛羽及中央尾羽近黑，尾羽末端、外側尾羽及尾下覆羽白色。

• 幼鳥虹膜灰色，嘴基無藍色。背部偏褐色，頭頂暗褐色無冠羽，腹面羽色較淺。

▲與灰背椋鳥配對雜交育雛，陳侯孟攝於鳳山公園。

| 生態 |

分布於阿富汗、巴基斯坦、印度、尼泊爾、斯里蘭卡及中國雲南等地，緬甸西南、泰國南部、新加坡及中國南部等亦有紀錄。棲息於開闊落葉林、灌木林、公園及村莊等各種環境，營巢於樹洞或其他洞穴。常與其他椋鳥混群，以昆蟲、漿果及植物種子為食，於地面步行覓食，或於樹冠捕食昆蟲。2018年4月馬祖東引有一筆紀錄，2021年6月高雄鳳山公園有灰背椋鳥雄鳥與本種雌鳥配對並繁殖成功，後親鳥及幼鳥由有關單位移除。

灰背椋鳥 *Sturnia sinensis*

屬名：亞洲椋鳥屬　　英名：White-shouldered Starling　　別名：噪林鳥　　生息狀況：冬 / 不普

相｜似｜種

小椋鳥
• 虹膜深褐色，覆羽白斑較小。
• 雄鳥頰至頸有栗褐色斑。
• 雌鳥體色偏褐。

八哥科

▲雄鳥頭至背灰色翼覆羽白斑大而醒目。

| 特徵 |
• 虹膜淡藍色。嘴、腳藍灰色。
• 雄鳥頭至背灰色，頭部略帶褐色。翼、尾羽黑色，翼覆羽白斑大而醒目，腰、尾上覆羽灰白色，外側尾羽末端白色。喉汙白色，胸灰色，腹以下白色。
• 雌鳥似雄鳥，但背面略帶褐色，翼覆羽白斑範圍較小。
• 亞成鳥似雌鳥，翼覆羽無白斑。

| 生態 |
繁殖於中國南方及越南北部；越冬於中南半島、馬來半島、菲律賓北部等地。成小群出現於平地至低海拔之空曠樹林，尤喜附近有樹林之旱田。性活潑好動，由於成群活動聲音吵雜，亦稱噪林鳥，常與其他椋鳥、八哥混群。樹棲性，結群於樹上攝取榕果、漿果及昆蟲爲食，有時亦於地面覓食。

▲雌鳥背面略帶褐色，翼覆羽白斑較小。

▲亞成鳥翼覆羽無白斑。

灰頭椋鳥 *Sturnia malabarica*

L18.5~20.5cm

屬名：亞洲椋鳥屬　　英名：Chestnut-tailed Starling　　別名：栗尾椋鳥　　生息狀況：引進種 / 不普

▲喜於枝端採食花蜜，尤好木棉花。

| 特徵 |

• 虹膜淡藍色。嘴先端黃色，基部藍色。腳黃褐色。

• 頭灰白色，後頭及頸具絲狀羽，背部深灰色，腰及尾上覆羽深褐色，翼有銀白色光澤。腹面灰白色，脇淡褐色，外側尾羽及尾下覆羽局部栗色。

| 生態 |

原生於印度、中國南方、緬甸及中南半島，生活於平地至丘陵地帶之開闊森林及疏林環境。樹棲性，動作靈巧，爲椋鳥中飛行技巧最好者。成對或小群活動，於樹梢及枝端採食漿果、花蜜、昆蟲，喜吸食花蜜，木棉盛開時尤爲其所好。本種出現於臺灣者爲 *S. m. nemoricolus* 亞種，已在野外建立穩定族群，大多分布於中南部。

▲頭灰白色，後頭及頸具絲狀羽。

絲光椋鳥 *Spodiopsar sericeus*

屬名:絲光椋鳥屬　　英名:Red-billed Starling　　生息狀況:冬 / 不普，過 / 普（馬祖）

八哥科

▲左雌鳥，右雄鳥。

| 特徵 |

• 虹膜黑色。嘴紅色，嘴端黑色。腳橘黃色。
• 雄鳥頭上、臉淡橙褐色，頭、頸具近白色絲狀羽。背、腰及尾上覆羽灰色，翼、尾羽黑色具綠色光澤，初級飛羽有白斑，飛行時醒目。喉至前頸白色，頸有暗灰色環帶，下胸至腹灰色，尾下覆羽白色。
• 雌鳥頭、背及上胸紫褐色；喉粉色，胸、腹淡灰褐色，其餘似雄鳥。
• 幼鳥似雌鳥，但嘴橙黃色。

▲雄鳥頭、頸具近白色絲狀羽。

| 生態 |

繁殖於中國東南及華南地區，冬季分散至越南北部、菲律賓、香港及臺灣等地，遷徙時成大群出現於海岸附近之樹林、草原及丘陵地帶。出現於農耕地、果園，以昆蟲、果實及種籽等為食。在金門為不普遍冬候鳥。

相似種

其他椋鳥
• 嘴非紅色，腳非橘黃色。
• 頭、頸無絲狀羽。

▲雌鳥頭、背及上胸紫褐色。

灰椋鳥 *Spodiopsar cineraceus*

屬名：絲光椋鳥屬　　　英名：White-cheeked Starling　　　生息狀況：冬 / 不普

八哥科

▲雄鳥頭至頸、上胸黑色，雜有白色羽毛。

| 特徵 |
- 虹膜偏暗紅。嘴橘黃色，嘴尖黑色。腳橘黃色。
- 雄鳥頭上、頸及上胸黑色，雜有白色羽毛；額、臉白色，雜有黑色羽毛，白色範圍變異大。背部灰黑色，次級飛羽羽緣灰白色，腰白色。下胸、脇暗灰色，腹、尾下覆羽及尾羽末端白色。
- 雌鳥大致似雄鳥，但頭、背偏褐色。
- 幼鳥大致似雌鳥，但嘴尖無黑色，全身褐色較濃，頭部白色部分較少。

▲雌鳥體羽偏褐色。

| 生態 |
繁殖於西伯利亞東南、中國華北及東北、朝鮮半島、日本，冬季移棲中國南部、香港、臺灣、越南及緬甸北部。10月至翌年4月單獨或小群出現於平地至低海拔之開闊樹林、農耕地等空曠地帶，於農田、溼地覓食昆蟲、種籽。喜群棲，成群飛行時白腰明顯。

▲額、臉白斑變異大。

家八哥 *Acridotheres tristis*

屬名：八哥屬　　英名:Common Myna　　生息狀況：引進種 / 普

相似種

白尾八哥、林八哥
•眼周無裸皮。

▲八哥科鳥類常有打架行為。

| 特徵 |

• 虹膜淡灰藍色，眼周裸皮黃色。嘴、腳黃色。

• 成鳥頭至胸、翼黑色，背、腹部深褐色，嘴基無羽簇。初級飛羽具白色斑塊，飛行時明顯。尾下覆羽及尾端白色。

• 幼鳥全身為較黯淡之褐色，眼周黃色裸皮較小。

| 生態 |

分布於中亞至中國西南、印度、中南半島及馬來半島。本種為最早引進為寵物鳥之外來種八哥，經放生或逸出於野外繁殖，已建立穩定族群。棲息環境更接近人類聚落，常見於公園、農耕地、公路護欄、燈架上，結小群在地面取食，以昆蟲、果實、種籽及人類食餘為食，在地面行走時昂首闊步。擅於模仿聲音，因此常被引進成為籠中鳥。

▲眼周裸皮黃色，嘴基無羽簇。

361

林八哥 *Acridotheres fuscus*

L24cm

屬名:八哥屬　　英名:Jungle Myna　　別名:叢林八哥　　生息狀況:引進種 / 稀

相似種

八哥、白尾八哥

• 八哥嘴象牙色，額冠較長，尾端白色較窄；尾下覆羽黑色，有白色羽緣。
• 白尾八哥下嘴基無灰黑色區塊，背、腹面灰黑色。

▲下嘴基灰黑色，背面暗灰褐色。

| 特徵 |

• 虹膜黃色。嘴橘黃色，下嘴基灰黑色。腳橘黃色。
• 成鳥頭黑色，背面暗灰褐色，胸灰黑色，腹部淡灰褐色。上嘴基羽簇短，初級飛羽具白色斑塊，飛行時明顯；尾下覆羽及尾端白色。
• 幼鳥體色較淡，褐色較濃，無額冠。

| 生態 |

原產於印度、緬甸、泰國、馬來西亞及印尼，過去經引進放生或逸出於野外繁殖，分布尚不普遍。生活於低海拔平原至

▲左林八哥，右白尾八哥。

丘陵之草地、農耕地及林緣。喜群棲，雜食性，以昆蟲、果實及種籽為食，也吃腐物。

白尾八哥 / 爪哇八哥 *Acridotheres javanicus*

屬名：八哥屬　　英名：Javan Myna　　生息狀況：引進種 / 普

相 似 種

八哥、林八哥
- 八哥嘴象牙色，額冠較長，尾端白色較窄；尾下覆羽黑色，有白色羽緣。
- 林八哥下嘴基灰黑色區塊範圍大，背、腹面褐色較濃。

▲白尾八哥尾下覆羽及尾端白色。

| 特徵 |
- 虹膜黃色。嘴、腳橘黃色。
- 成鳥頭、翼黑色，上嘴基羽簇短，背、腹面灰黑色，初級飛羽具白色斑塊，飛行時明顯；尾下覆羽及尾端白色。
- 幼鳥體色較淡，褐色較濃，無額冠。

| 生態 |
原產於馬來西亞、印尼群島，經引進放生或逸出於野外繁殖，已建立穩定族群。結小至大群生活，常見於開闊草地、公園、農耕地、公路護欄及交通號誌上，以昆蟲、果實為食，也吃腐物，多於地面取食，有時會模仿其他鳥種的叫聲。適應力強，不挑食、不怕人，喜築巢於路燈桿洞，繁衍速度快，已排擠到本土八哥之生存空間。

▲出現於開闊草地、公園及農耕地。

八哥 *Acridotheres cristatellus formosanus*

II　特有亞種　L25~27cm

屬名:八哥屬　　英名:Crested Myna　　別名:加翎（臺）　　生息狀況:留／不普，留／普（金、馬）

八哥科

相似種

白尾八哥、林八哥
• 虹膜及嘴黃色，額冠較短。
• 尾下覆羽白色。

▲出現於平地至低海拔之樹林、農耕地附近。

| 特徵 |

• 虹膜橙黃色。嘴象牙色，嘴基粉紅色。腳橙黃色。
• 全身黑色而有光澤，上嘴基至額有豎起之羽簇，形成突出額冠。翼有白斑，飛行時甚醒目。尾羽末端白色，尾下覆羽羽緣白色。

| 生態 |

單獨或小群出現於平地至低海拔之空曠樹林、農耕地附近，喜停棲於電線、路燈上。早年常見停於牛背上，捕食牛體寄生蟲及被驚起的昆蟲，也常於垃圾堆覓食。覓食於地面，以昆蟲爲主食，亦食果實、種籽及腐物，在地面行走時昂首闊步，擅於模仿其他鳥種鳴聲。由於人爲獵捕、籠養，族群日漸減少，加上外來種入侵，已對本土八哥造成生存威脅。

本種於金門、馬祖爲普遍留鳥。分布於中國之指名亞種體色與臺灣特有亞種極相似，依地緣關係，金、馬地區族群應屬於指名亞種。

▲金門族群應屬於分布於中國之指名亞種。

葡萄胸椋鳥 *Acridotheres burmannicus*

L21~24cm

屬名:八哥屬　　英名:Vinous-breasted Starling　　別名:紅嘴椋鳥　　生息狀況:引進種／稀

▲眼周及眼後裸皮黑色,胸至腹淡粉紅色。

| 特徵 |

• 虹膜內圈黑色,外圈近白。嘴橙色,
　腳橙黃色至黃色。

• 眼周及眼後裸皮黑色具皺褶。頭、
　喉近白色,頭頂染灰褐。背部深灰
　色,翼黑色有白色翼斑。後頸、胸
　至腹、腰及尾上覆羽淡粉紅色,尾
　羽黑色,末端及外側白色,尾下覆
　羽白色。

• 飛行時,初級飛羽基部白斑明顯。

▲常於地面跳躍移動。

| 生態 |

分布於緬甸、泰國、柬埔寨、寮國、
越南及中國大陸雲南等地,喜開闊
乾燥之次生林、灌木叢、耕地及花
園等環境,雜食性,成對或小群於
地面覓食,以昆蟲、植物果實爲食。
本種爲逸出種,高雄衛武營有繁殖
族群,營巢於樹洞。

▲育雛中的親鳥。

鶇科
Turdidae

廣布於全球，溫帶及熱帶地區種類較多，飛行能力強，分布於北方的種類會遷移，在臺灣少數為留鳥，大多為遷徙性候鳥。雌雄羽色略異，體型壯碩，頭圓，嘴長，翼長而尖，尾呈方形；腳長，腳趾發達，適宜地面活動覓食。棲地多樣化，大多棲息於樹林，在樹上或地面覓食，主要以昆蟲、無脊椎動物及植物果實為食。性機警，擅鳴唱，築巢於樹上、灌叢或地面，少數築巢於樹洞或岩縫中，以草莖、細枝、藤蔓等為巢材，巢呈杯狀，雌雄共同育雛，幼鳥身體通常滿布斑點。

白氏地鶇 *Zoothera aurea*

L29~31cm

屬名：虎鶇屬　　英名：White's Thrush　　別名：虎鶇　　生息狀況：冬／普

▲出現於樹林底層、草地或山區之林緣。

▲於地面行走覓食。

| 特徵 |

• 雌雄同色。虹膜深褐色。嘴黑褐色，下嘴基黃色；腳黃褐色。

• 背面大致黃褐色，腹面白色，全身密布黑色鱗狀斑。飛行時翼下有二條白色寬帶。

| 生態 |

繁殖於西伯利亞、中國東北、朝鮮半島及日本，越冬至日本南方、中國華南、東南亞及臺灣。單獨出現於平地至中高海拔山區之樹林底層、草地或山區之林緣、小徑，性機警，活動時常揚起尾羽。於地面行走覓食，翻開落葉或掘土啄食蚯蚓、昆蟲等，亦食植物果實。常在清晨、黃昏及夜間鳴唱，鳴聲單調似「唏－唏－」。本種有二亞種：北方亞種 *Z. a. aurea* 及日本亞種 *Z. a. toratugumi*，外觀不易區分，都會在臺灣度冬。

▲全身密布黑色鱗狀斑。

相似種

虎斑地鶇

• 體型較小，下嘴近全黑。
• 羽色較深，背面褐色較濃。
• 腹面黑色鱗斑較多而密。

虎斑地鶫 *Zoothera dauma*

L26~29cm

屬名：虎鶫屬　　英名：Scaly Thrush　　別名：小虎鶫、虎鶫　　生息狀況：留、冬／稀

▲出現於山區林緣，喜於樹林底層活動，圖為指名亞種 *dauma*。

| 特徵 |

• 似白氏地鶫，但體型較小，下嘴近全黑，羽色較深，腹面黑色鱗斑較多而密。

| 生態 |

廣布於印度至中國、東南亞、菲律賓及印尼。出現於中海拔山區之林緣及小徑上，性機警，喜於樹林底層活動，於地面翻開落葉或掘土啄食蚯蚓、昆蟲等，亦食植物果實。於臺灣山區繁殖之「小虎鶫」爲本種之某亞種，被認爲是稀有留鳥，中部溪頭、惠蓀林場、武陵農場、北東眼山及大雪山偶有觀察紀錄，其體型較小，背面偏紅褐色，活動及覓食時有「快跑、停止」之行爲模式，分類地位尚待進一步研究，尤其近年溪頭繁殖族群有增加趨勢，值得觀察。

▲於臺灣山區繁殖之「小虎鶫」，體型較小，背面偏紅褐色。

| 相 | 似 | 種 |

白氏地鶫

•體型較大，下嘴基黃色。
•羽色較淡，腹面黑色鱗斑較疏。

367

白眉地鶇 *Geokichla sibirica*

L20.5~23cm

屬名：地鶇屬　　英名：Siberian Thrush　　別名：西伯利亞地鶇　　生息狀況：過 / 稀

▲雌鳥背面褐色，腹面汙白色，有褐色鱗斑。

▲雄鳥第一回冬羽，李日偉攝。

▲雄鳥全身藍黑色，白色眉線醒目，李日偉攝。

| 特徵 |

• 虹膜褐色。嘴黑色。腳黃褐色。

• 雄鳥全身大致藍黑色，白色眉線醒目，尾下覆羽具白斑。飛行時翼下有二條白色寬帶。

• 雌鳥背面褐色，眉線黃白色，過眼線及顎線黑褐色，頰汙白色有黑斑。腹面汙白色，具褐色鱗斑。

| 生態 |

繁殖於西伯利亞、中國東北、朝鮮半島及日本，冬季南遷至中南半島、馬來西亞及印尼。棲息於森林地面及樹林，性活潑，以昆蟲、漿果為食，過境期偶見於海岸樹林。本種有 *Z. s. davisoni* 及 *Z. s. sibirica* 二亞種，南遷途經中國東部，臺灣有紀錄者為 *davisoni* 亞種，羽色較暗。

橙頭地鶇 *Geokichla citrina*

L20~23cm

屬名 : 地鶇屬　　　英名 :Orange-headed Thrush　　　生息狀況 : 迷，過 / 稀（馬祖）

▲雄鳥頭、頸、胸、腹橙黃色，背至尾羽藍灰色。

▲性羞怯，喜多蔭森林。

▲雌鳥似雄鳥，但背面灰褐色。

| 特徵 |

• 虹膜深褐色。嘴略黑。腳肉色。

• 雄鳥頭、頸、胸、腹橙黃色，頰上有二道深色粗縱紋，背至尾羽藍灰色，有白色翼帶，尾下覆羽白色。飛行時翼下有二條白色寬帶。

• 雌鳥似雄鳥，但背面灰褐色。亞成鳥似雌鳥，但背具細紋及鱗紋。

| 生態 |

分布於巴基斯坦、印度至中國南部、中南半島、馬來西亞及印尼，有些亞種為候鳥。性羞怯，喜多蔭森林，常躲藏在濃密樹林中，於樹林底層攝取昆蟲、蠕蟲、小蝸牛及果實、嫩芽等為食。擅鳴，鳴聲甜美清晰。

369

寶興歌鶇 *Otocichla mupinensis*

L23cm

屬名:耳鶇屬　　英名:Chinese Thrush　　生息狀況:迷

▲耳羽外側有黑色弧狀斑，外緣淡色。

▲腹面白色，具明顯黑色圓斑。

▲背面褐色，有二條白色翼帶。

| 特徵 |
- 雌雄同色。虹膜褐色，嘴黑色，下嘴基黃色。腳肉黃色。
- 背面暗褐色，有二條白色翼帶。耳羽外側有黑色弧狀斑，外緣淡色。腹面白色，具明顯黑色圓斑。

| 生態 |
分布於中國中部、南部及東北，生活於低至高海拔之混合林及針葉林，性羞怯，喜於林下灌叢活動，以昆蟲、植物果實為食。2009 年 11 月及 2013 年 11 月新北市野柳各有一筆紀錄。

中國黑鶇 *Turdus mandarinus*

屬名：鶇屬　　英名：Chinese Blackbird　　別名：烏鶇　　生息狀況：留、冬／稀，留／普（金門）

相｜似｜種

烏灰鶇
•雄鳥腹以下白色，
　腹側有黑色斑點。

▲雄鳥除嘴及眼圈黃色外，全身黑色。

| 特徵 |
•虹膜深褐色。腳黑褐色。
•雄鳥除嘴及眼圈黃色外，全身黑色。
•雌鳥似雄鳥，但羽色偏褐，嘴黃褐色，腹面有不明顯之褐色縱斑。

| 生態 |
分布於歐亞大陸、北非、印度至中國；越冬至中南半島。出現於草地、林緣或灌木叢，鳴聲悅耳多變，常於地面以跳躍移動，在落葉中翻找昆蟲、蠕蟲，也吃果實及漿果，遇驚擾則飛至樹上。本種在金門為普遍留鳥，常見於路邊草地、酒糟堆覓食。

▲雌鳥羽色偏褐，腹面有不明顯之褐色縱斑。

鶇科

371

白頭鶇 *Turdus niveiceps*

II　特有種　L20~23cm

屬名：鶇屬　　英名：Taiwan Thrush　　別名：島鶇　　生息狀況：留／稀

▲雄鳥頭至前頸白色，背部大致黑色。

| 特徵 |

• 虹膜褐色。嘴、腳黃色。

• 雄鳥頭至前頸白色，背部大致黑色，上胸
黑褐色形成胸帶，腹部栗褐色。

• 雌鳥頭頂至背黑褐色，臉、喉白色，有暗
褐色斑，眉線白色粗且長，腹面大致栗褐
色。亞成鳥頭部金黃色。

| 生態 |

為臺灣特有種，棲息於中、高海拔原始闊
葉林及針、闊葉混合林中，常成小群於樹
林中、上層活動、覓食，不易觀察。以昆
蟲為主食，喜食漿果，山桐子或樟科植物
果實成熟時較易見其於樹上覓食，育雛期
常於地面挖取蚯蚓餵食幼鳥。

▲雌鳥臉及喉白色，有暗褐色斑，眉線白色粗且長。

相 似 種

赤腹鶇

• 雌鳥與赤腹鶇之差異：赤腹鶇
無白色眉線，胸、腹側紅褐色。

▲幼鳥。

烏灰鶇 *Turdus cardis*

屬名:鶇屬　　英名:Japanese Thrush　　別名:日本烏鶇　　生息狀況:過／稀

相｜似｜種

灰背鶇
• 雌鳥背部灰味較濃，腹兩側橙黃色，腹以下無黑色斑點。

▲雄鳥頭至胸、背面黑色，腹側有黑色斑點。

▲雌鳥胸、脇沾黃褐色，有黑色斑點。

▲雄亞成鳥，有細淡色翼帶。

| 特徵 |
• 虹膜深褐色。腳肉色。
• 雄鳥嘴、眼圈黃色，頭至胸、背面黑色，腹以下白色，腹側有黑色斑點。
• 雌鳥嘴黃褐色，頭、背面灰褐色，腹面白色，胸、脇沾黃褐色，有倒心形黑色斑點。

| 生態 |
繁殖於日本及中國東部，越冬於中國南方、海南島及中南半島北部。棲息於落葉林，平時獨處，遷徙時結小群。過境期出現於平地至低海拔樹林，性羞怯，喜於灌叢底層、地面覓食昆蟲、蝸牛等，亦食果實。春、秋過境期海岸及離島紀錄較多。

鶇科

灰背鶇 *Turdus hortulorum*

屬名：鶇屬　　　英名：Gray-backed Thrush　　　別名：灰背赤腹鶇　　　生息狀況：過／稀

| 相 | 似 | 種 |

赤腹鶇、烏灰鶇
• 赤腹鶇頭、背部羽色偏褐，胸紅褐色，無黑斑。
• 烏灰鶇雌鳥胸、腹皆有黑色斑點。

▲雄鳥頭、頸、胸及背灰藍色，李日偉攝。

| 特徵 |
• 虹膜深褐色。雄鳥嘴黃色，雌鳥嘴黃褐色，亞成鳥嘴黑褐色。腳肉色。
• 雄鳥頭、頸、胸及背灰藍色，喉偏白，腹中央及尾下覆羽白色，腹側、脅及翼下覆羽橙黃色。
• 雌鳥背面灰褐色，喉至胸白色，喉有黑色縱紋，胸有黑色箭簇狀粗斑，其餘似雄鳥。
• 雄亞成鳥似雌鳥，喉、胸有黑斑，但背面偏灰藍色，有淡色細窄翼帶，胸部沾灰，黑斑較模糊。

▲雄亞成鳥背面偏灰藍色，胸部沾灰，有黑斑。

| 生態 |
繁殖於西伯利亞東部及中國東北，越冬至中國南方，偶見於海南島及臺灣。性羞怯，單獨出現於低海拔樹林或灌叢中，喜於灌叢底層、地面翻撿腐葉下之昆蟲、蝸牛等為食，亦食果實。春、秋過境期海岸及離島紀錄較多。

▲雌鳥背面灰褐色，喉有黑色縱紋，胸有黑色箭簇狀粗斑。

鶇科

白眉鶇 *Turdus obscurus*

屬名:鶇屬　　英名:Eyebrowed Thrush　　別名:眉鶇　　生息狀況:冬/不普

▲雄亞成鳥有白色細窄翼帶。

| 特徵 |
- 虹膜深褐色。上嘴黑色,下嘴黃色。腳黃褐色。
- 雄鳥頭、頸灰色,眉線、顎線及下嘴基白色,背部大致褐色,胸、脇黃褐色;腹、尾下覆羽白色。
- 雌鳥似雄鳥,但頭部褐色,喉有黑色縱斑。

| 生態 |
繁殖於西伯利亞中部、東部及庫頁島,越冬於印度東北、中國南方及東南亞。出現於平地至低海拔林緣地帶,過境期常混於其他鶇科群中出現,數量較少。雜食性,以昆蟲、植物果實為食,常於草地上活動覓食。

相 似 種

赤腹鶇、灰背鶇
- 赤腹鶇無白色眉線。
- 灰背鶇背面帶灰色,無白色眉線。

▲雌鳥頭及背面褐色,喉有黑色縱斑。

▲雄鳥頭、頸灰色,眉線、顎線及下嘴基白色。

赤腹鶇 / 赤胸鶇 *Turdus chrysolaus*

L23~24cm

屬名：鶇屬　　英名：Brown-headed Thrush　　生息狀況：冬／普

相|似|種

白眉鶇、灰背鶇
· 白眉鶇有明顯眉線。
· 灰背鶇背面灰色較濃，雄鳥喉、
　胸灰藍色，雌鳥胸有黑斑。

▲雌鳥頭、背面褐色，喉白色有黑褐色細縱斑。

| 特徵 |
· 虹膜深褐色。上嘴黑褐色，下嘴黃色。腳
　黃褐色。
· 雄鳥頭、喉黑褐色，背面暗褐色偏灰。胸、
　腹側紅褐色；腹、尾下覆羽白色。
· 雌鳥似雄鳥，但頭、背面羽色較淡，喉白
　色，有黑褐色細縱紋。有些個體具不明顯
　眉線。

▲雄鳥頭、喉黑褐色，背面暗褐色。

| 生態 |
繁殖於日本、庫頁島，越冬於臺灣、華南、
海南島及菲律賓。11月至翌年4月出現於
平地至低海拔之疏林、農耕地、公園及果
園，常成小群於多落葉之地面或草地活動，
以昆蟲、植物果實為食。性羞怯，飛行快
速，遇干擾常發出「茲—」叫聲竄逃。

▲亞成鳥有細窄淡色翼帶。

白腹鶇 *Turdus pallidus*

L22~23cm

屬名：鶇屬　　英名：Pale Thrush　　生息狀況：冬/普

▲雄鳥頭及喉灰褐色，背部大致褐色。

| 特徵 |

- 虹膜深褐色，眼圈黃色。上嘴黑色，下嘴
  黃色。腳黃褐色。
- 雄鳥頭及喉灰褐色，背部大致褐色，胸及
  腹側淡褐色，腹、尾下覆羽白色。
- 雌鳥似雄鳥，但頭偏褐色，喉白色，有黑
  褐色細縱紋。
- 亞成鳥似雌鳥，但有一條細窄淡色翼帶。

| 生態 |

繁殖於東北亞，越冬於東南亞。為臺灣度
冬數量最多的鶇屬鳥種，11月至翌年4月
出現於平地至中、低海拔樹林底層。性羞
怯，常單獨在草叢或多落葉的地面活動覓
食，喜食雀榕、山桐子等漿果及昆蟲。

▲雌鳥頭褐色，喉白色，有細縱紋。

```
相 似 種
```

赤腹鶇、斑點鶇

- 赤腹鶇胸、腹側紅褐色。
- 斑點鶇胸、腹有黑褐色斑紋。

▲亞成鳥有細窄淡色翼帶。

377

褐頭鶇 *Turdus feae*

屬名:鶇屬　　英名:Gray-sided Thrush　　生息狀況:迷(金門)

L22~24cm

鶇科

▲雄鳥胸欖褐色,腹中央至尾下覆羽白色。

| 特徵 |

• 虹膜深褐色。嘴先及上嘴黑褐色,下嘴黃色。腳黃褐色。

• 雄鳥頦白色,頭及背面褐色,眼先黑色,白色眉線明顯,眼下有白色弧線。翼及尾羽欖褐色,胸欖褐色,腹中央至尾下覆羽白色,脇灰色。

• 雌鳥喉近白,有暗色細縱紋,腹面灰色較淺,脇褐色較濃。

| 生態 |

繁殖於中國北部(北京、河北西部及北部、山西等地);越冬至印度東北、緬甸及泰國西北。棲息於中、低海拔山區針、闊葉混合林,性隱密,多於山區林緣、近水灌叢等環境活動,在地面跳動攝取昆蟲、漿果及種籽等為食。

▲雌鳥喉近白,有暗色細縱紋。

| 相 似 種 |

白眉鶇
•胸及脇黃褐色。

▲性隱密,多於山區林緣、近水灌叢等環境活動。

黑頸鶇 *Turdus atrogularis*

L24~27cm

屬名:鶇屬　　英名:Black-throated Thrush　　生息狀況:迷

▲雄鳥頰、喉至上胸黑色,李泰花攝。

| 特徵 |

- 虹膜深褐色。上嘴偏黑,下嘴黃,先端黑色。腳黑褐色。
- 雄鳥背面大致灰褐色,喉至上胸黑色,腹以下白色,尾羽灰黑色,基部及外側尾羽白色。
- 雌鳥喉白色,有黑褐色細縱紋,具淡色細眉線,胸密布黑褐色縱斑,脇有暗色細縱紋。

| 生態 |

繁殖於俄羅斯東部至西伯利亞西部、蒙古西北部,冬季南遷至中東、印度北部、中國南部及緬甸北部。棲息於常綠林中,遷徙時多於山區林緣、灌叢等環境活動,在地面跳動攝取昆蟲、種籽、漿果等為食。2016 年 11 月大雪山林道有一筆紀錄。

▲赤頸鶇與黑頸鶇之雜交種,頸及尾基染紅褐色。

相 似 種

赤頸鶇
- 眉喉至上胸、尾羽基部及外側尾羽紅褐色。

赤頸鶇 *Turdus ruficollis*

L24~27cm

屬名:鶇屬　　英名:Red-throated Thrush　　生息狀況:冬／稀

▲在地面時作併足長跳，攝取昆蟲、蠕蟲、漿果等為食。

| 特徵 |

- 虹膜深褐色。上嘴黑，下嘴黃，先端黑色。腳黑褐色。
- 雄鳥背面大致灰褐色，眉線、頸側、喉至上胸紅褐色，腹以下白色，尾羽基部及外側尾羽紅褐色。
- 雌鳥似雄鳥，紅褐色較淺，喉、腹側有黑色縱紋。

| 生態 |

繁殖於西伯利亞中南部，冬季南遷至印度北部、中國西北及印尼北部。出現於林緣、農耕地等環境，

▲出現於林緣、農耕地等環境。

在地面時作併足長跳，攝取昆蟲、蠕蟲、漿果等為食。性差怯，遇擾即快速飛至樹上或灌叢躲藏。

相似種

紅尾鶇
- 胸腹密布紅褐色鱗狀斑。

斑點鶇 *Turdus eunomus*

屬名:鶇屬　　英名:Dusky Thrush　　別名:斑鶇　　生息狀況:冬 / 不普

相似種

白腹鶇、赤腹鶇、紅尾鶇

•白腹鶇、赤腹鶇胸及腹側無黑褐色鱗狀斑。
•紅尾鶇胸、腹斑紋及尾羽為紅褐色。

▲於地面跳躍行進，不時挺直身體觀望。

| 特徵 |

• 虹膜深褐色。上嘴偏黑，下嘴黃色。腳褐色。

• 雄鳥眉線白色，眼先、頰及顎線黑褐色。頭、背黑褐色，頭上有白色細縱紋，翼紅褐色。喉、腹面白色，胸、腹側有黑褐色鱗狀斑，胸部之鱗斑形成胸帶。

•雌鳥似雄鳥，但翼褐色，黑色胸帶不明顯。

• 另有特徵介於斑點鶇與紅尾鶇之中間型。

▲成小群出現林緣開闊地、短草地及農耕地。

| 生態 |

繁殖於西伯利亞東北部、堪察加半島及庫頁島，越冬於日本、朝鮮半島、中國華中、華南、印度北部、中南半島及臺灣。11 月至翌年 4 月成小群出現於平原、低海拔山麓之林緣開闊地、短草地及農耕地，族群數量每年差異頗大。雜食性，以昆蟲、蟲卵及植物果實為食，常單獨或小群散開於草地上覓食，不甚怕人。於地面跳躍行進，不時挺直身體觀望，稍有干擾即飛至附近樹上，並發出「嘎、嘎、嘎」之吵雜叫音。

▲亞成鳥有細窄淡色翼帶。

鶇科

381

紅尾鶇 *Turdus naumanni*

屬名:鶇屬　　英名:Naumann's Thrush　　生息狀況:冬 / 稀

L23~25cm

▲腰、尾上覆羽及尾羽紅褐色，中央尾羽末端偏黑褐色。

鶇科

| 特徵 |

- 虹膜深褐色。上嘴黑，下嘴黃，先端黑色。腳褐色。
- 眼先黑色，眉線淡紅褐色。頭上、頰灰褐色，背面灰褐或紅褐色。腰、尾上覆羽及尾羽紅褐色，中央尾羽末端偏黑褐色。腹面白色，喉有黑褐色縱紋，胸、脇密布紅褐色鱗狀斑。

▲出現於林緣開闊地、短草地及農耕地。

| 生態 |

繁殖於西伯利亞中南部，冬季南遷至俄羅斯東南、朝鮮半島北部、中國華東、華南等地。出現於平原至低海拔林緣開闊地、短草地及農耕地，於地面跳躍行進，不時挺直身體觀望，稍有干擾即飛至附近樹上，以昆蟲、植物果實及種籽爲食。

相似 種

斑點鶇
- 胸、腹斑紋及尾羽爲黑褐色。

▲性機警，稍有干擾即飛至樹上。

382

鶲科
Muscicapidae

本科包含鶲及鶇兩大類，廣泛分布於歐洲、亞洲及非洲，有留鳥及候鳥，繁殖於高緯度地區之鳥種，冬季會往低緯度地區移棲。體型小，羽色多樣，灰、褐色系者大多雌雄同色，黑、白或紅、橙、黃、藍等色系者，大多雌雄異色，幼鳥體羽通常具斑紋。鶲類嘴基寬而扁，腳細短而無力，具「定點捕食」習性，常停棲枝頭伺機追捕空中過往飛蟲。鶇類嘴細長而側扁，腳長而強健，喜於地面活動覓食。適應各類型棲地，活動時常有上下擺動尾羽之習性，以昆蟲為主食，亦有兼食植物果實者。築巢於樹枝、樹洞或岩縫中，以樹葉、苔蘚、植物纖維、草根及蜘蛛絲等為巢材，巢呈精緻杯狀，雌雄鳥共同育雛。

灰斑鶲 / 斑鶲 *Muscicapa griseisticta*

L12.5~14cm

鶲科

屬名：鶲屬　　英名：Gray-streaked Flycatcher　　別名：灰紋鶲　　生息狀況：過 / 不普

相似種
•詳見 p.387「斑鶲、烏鶲、灰斑鶲、寬嘴鶲辨識一覽表」。

▲胸及脇有暗色粗縱紋。

▲幼鳥背面具白色斑點，翼帶及三級飛羽羽緣白色明顯。

| 特徵 |
• 雄雌同色。虹膜黑褐色，眼圈白色。嘴、腳黑色。
• 成鳥頭、背面大致深灰褐色，顎線、翼、尾羽黑褐色，三級飛羽羽緣白色。腹面白色，胸及脇有暗色粗縱紋。翼長，翼尖幾乎達尾羽末端。
• 幼鳥有白色翼帶，背面具白色斑點。

| 生態 |
繁殖於東北亞；冬季經中國華東、華南至婆羅洲、菲律賓及新幾內亞等地越冬。生活於開闊森林，春秋過境期出現於平地至低海拔林緣，亦見於都會公園之樹

▲停棲時翼尖超過尾羽 1/2。

林地帶，性羞怯，具鶲科典型「定點捕食」之覓食行為，喜停棲於枯枝，於空中捕食昆蟲再飛返原處。腳細，少於地上步行。

383

烏鶲 *Muscicapa sibirica*

L13~14cm

屬名:鶲屬　英名:Dark-sided Flycatcher /Sooty Flycatcher　別名:鮮卑鶲　生息狀況:過 / 稀

▲三級飛羽及大覆羽有淡色羽緣,尾下覆羽中央有黑斑。

| 特徵 |

- 雄雌同色。虹膜黑褐色,眼圈白色。嘴黑色,下嘴基黃色。腳黑色。
- 成鳥頭、背面大致烏灰色,臉顏色較淡,三級飛羽羽緣白色。喉、腹面白色,胸及脇具灰褐色模糊粗縱紋,尾下覆羽中央有黑斑。翼尖約達尾羽 1/2 至 2/3 處。
- 幼鳥有白色翼帶,頭、背部具白色點斑。

| 生態 |

繁殖於東北亞及喜馬拉雅山脈;越冬至中國南方及東南亞。春秋過境期單獨出現於離島、海岸至山區之樹林,喜停棲於視野良好之枝頭,衝出捕捉過往昆蟲再飛返原處。

相似種

- 詳見 p.387「斑鶲、烏鶲、灰斑鶲、寬嘴鶲辨識一覽表」。

▲胸及脇具灰褐色模糊粗縱紋。

▲第一回冬羽胸部縱紋較明顯。

紅尾鶲 *Muscicapa ferruginea*

L12~13cm

| 屬名:鶲屬 | 英名:Ferruginous Flycatcher | 別名:深山鶲、棕尾褐鶲 | 生息狀況:夏 / 不普 |

▲夏季出現於中、高海拔山區林緣地帶。

| 特徵 |

- 雄雌同色。虹膜黑褐色，眼圈白色。嘴黑色，嘴基寬，下嘴基黃色。腳灰褐色。
- 成鳥頭深灰色，背褐色，翼黑褐色，三級飛羽、大覆羽羽緣橙褐色，腰及尾上覆羽紅褐色。腹面橙褐色，僅喉、腹中央白色。
- 幼鳥大致似成鳥，但全身羽色較淡，有淡色斑點。

| 生態 |

繁殖於喜馬拉雅山脈、中國南方及臺灣，冬季南遷遠至南洋群島。過境期偶見於海岸及平地，夏季單獨或成對出現於中、高海拔山區林緣地帶，於闊葉林或針闊葉混合林中、上層活動。具鶲科典型「定點捕食」習性，常停棲於視野開闊之枝頭或電線上，伺機捕捉空中飛蟲再飛回原處。築巢於樹枝及樹洞，以苔蘚、蕨類及細根等為巢材，巢呈碗狀。

▲常停棲於枝頭伺機捕捉空中飛蟲。

▲紅尾鶲為不普遍夏候鳥。

寬嘴鶲 / 灰鶲 *Muscicapa dauurica*

L13cm

屬名：鶲屬　　英名：Asian Brown Flycatcher　　別名：北灰鶲　　生息狀況：過 / 不普，冬 / 稀

鶲科

▲成鳥背面、臉大致灰褐色，眼先偏白。

| 特徵 |
- 雄雌同色。虹膜黑色，眼圈白色。嘴黑褐色，嘴基寬，下嘴基黃色。腳黑色。
- 成鳥背面、臉大致灰褐色，眼先偏白，翼、尾羽褐色較濃。腹面偏白，胸、脇淡灰褐色。翼短，翼尖達尾羽基部，不超過尾羽 1/2 處。
- 幼鳥或長新羽時具狹窄白色翼帶。

▲幼鳥具狹窄白色翼帶。

| 生態 |
繁殖於東北亞，冬季南遷至喜馬拉雅山區、印度及東南亞，生活於各種高度之樹林。單獨出現於平地、海岸附近之樹林地帶，腳細，少於地上步行。嘴基寬，適於捕捉飛蟲；具鶲科典型特徵與習性，常停棲於枝頭，於空中捕食昆蟲再飛返原處。

相似種
- 詳見 p.387「斑鶲、烏鶲、灰斑鶲、寬嘴鶲辨識一覽表」。

▲常停棲於枝頭，於空中捕食昆蟲。

屬名:鶲屬　　英名:Brown-breasted Flycatcher　　生息狀況:迷

▲喉白色,顎線、胸及脇褐色,張珮文攝。

| 特徵 |

• 雄雌同色。虹膜黑褐色,眼先及眼圈白色。上嘴色深,下嘴黃色。腳黃褐至肉色。
• 頭、背面大致褐色,大覆羽及飛羽羽緣淡褐色,腰及尾上覆羽偏紅褐色。喉白色,顎線、胸及脇褐色,腹白色。

| 生態 |

繁殖於印度東北,中國西南、西部及南部;越冬至印度西南、斯里蘭卡、緬甸北部及泰國西北。生活於常綠闊葉林、人造林及竹林中,喜於林緣活動,捕捉昆蟲為食,性安靜孤僻,常躲藏在茂密樹林中。本種僅 2008 年 5 月新北市野柳一筆紀錄。

◆斑鶲、烏鶲、灰斑鶲、寬嘴鶲辨識一覽表:

特徵 鳥種	羽色	眼先	停棲時翼長	嘴長	胸、腹斑紋	頭頂細縱紋
斑鶲	淡灰褐色	淡灰褐色	翼尖不超過尾羽 1/2 處	中等	胸、脇具淡褐色細紋	明顯
烏鶲	烏灰色	暗色	翼尖約達尾羽 1/2 至 2/3 處	短小	胸部灰褐色縱紋暈開,有髒汙感,腹面中央白色,尾下覆羽中央有黑斑	不明顯
灰斑鶲	深灰褐色	暗色	翼尖超過尾羽 1/2 處	中等	底色白淨,胸、脇暗色粗縱紋明顯,無暈開髒汙感	不明顯
寬嘴鶲	灰褐色	偏白	最短,翼尖不超過尾羽 1/2 處	最長,嘴基寬,下嘴基黃色	胸、脇淡灰褐色,無明顯斑紋(部分個體胸、脇淡灰褐色較深)	不明顯

鶲科

387

斑鶲 *Muscicapa striata*

屬名:鶲屬　　英名:Spotted Flycatcher　　生息狀況:迷

▲喜停棲於高枝上，姿勢挺直。

| 特徵 |
- 雄雌同色。虹膜黑褐色。嘴、腳黑色。
- 背面大致淡灰褐色，頭頂具黑色細縱紋，翼及尾灰褐色，羽緣色淺。腹面白色，胸、脇具淡褐色細紋。

| 生態 |
分布於歐洲、亞洲至貝加爾湖，越冬至非洲、馬來半島，生活於開闊林地。本種僅2008年10月新北市金山海岸一筆紀錄，出現於開闊稀疏之防風林，喜停棲於高枝上，停棲時姿勢挺直，具典型鶲科覓食行為，常於空中捕食昆蟲再飛返原處。

| 相似 種 |
- 詳見 p.387「斑鶲、烏鶲、灰斑鶲、寬嘴鶲辨識一覽表」。

▲背面淡灰褐色，頭頂具細縱紋。

鶲科

鵲鴝 *Copsychus saularis*

L19~21cm

屬名：鵲鴝屬　英名：Oriental Magpie-Robin　別名：四喜　生息狀況：引進種／局普，留／普（金、馬）

▲雌鳥頭、胸及背深灰色。

▲雄鳥頭、胸及背藍黑色，翼帶、外側尾羽、腹以　▲幼鳥。
下白色。

| 特徵 |

• 虹膜黑褐色。嘴、腳黑色。
• 雄鳥頭、胸及背藍黑色，翼及中央尾羽黑色，翼帶、外側尾羽、腹以下白色。
• 雌鳥似雄鳥，但頭、胸及背深灰色。

| 生態 |

分布於印度、中國南方、中南半島、菲律賓及印尼之留鳥。在臺灣為逸鳥，有許多繁殖紀錄；
在金門、馬祖為普遍留鳥。單獨或成對出現於平地公園、村莊、疏林或灌叢等接近人類活動的
地帶，性不懼人，常停棲於顯著處鳴唱。喜於地面覓食昆蟲，尾羽不時低放展開再驟然上翹。

鶲科

白腰鵲鴝 *Copsychus malabaricus*

L 22~27 cm

屬名：鵲鴝屬　英名：White-rumped Shama　別名：長尾四喜　生息狀況：引進種／局普

▲鳴聲婉轉多變，長期被作為寵鳥飼養。

| 特徵 |

- 雌雄略異。虹膜黑褐色；嘴黑色，腳淺肉色。
- 雄鳥頭、喉、頸、上胸及背藍黑色具金屬光澤，翼黑褐色，腰及尾上覆羽白色醒目，尾羽藍黑色甚長，除中央二對尾羽外，餘尾羽末端白色，下胸以下橙紅褐色。
- 雌鳥似雄鳥，但羽色較淡，藍黑色部分由藍灰褐色取代，下胸以下淡橙紅褐色，尾羽較短。

▲雌鳥羽色較淡。

| 生態 |

分布於印度至中國西南部、海南島、中南半島、馬來半島及印尼等地。在臺灣為逸鳥，單獨或成對出現於低海拔次生闊葉林、竹林、公園等地。性懼生，喜藏匿於密林及灌叢，以節肢動物為食，偶食果實。適應力強且兇悍，鳴聲婉轉多變，擅長模仿其他鳥類鳴唱，長期被作為寵鳥飼養而逸出繁殖擴散，對本土鳥類生態造成威脅，農委會曾進行移除。

▲腰及尾上覆羽白色醒目。

海南藍仙鶲 *Cyornis hainanus*

L13~14cm

屬名:藍仙鶲屬　　英名:Hainan Blue Flycatcher　　生息狀況:迷

| 特徵 |
- 虹膜褐色，嘴黑色，腳粉紅色。
- 雄鳥前額、肩羽亮藍色，臉、頦、額基近黑。頭、胸、背面深藍色，腹至尾下覆羽汙白色。
- 雌鳥眼先及眼圈皮黃色，背面欖褐色，腰、翼緣及尾偏紅褐色。喉至胸黃褐色，頸側、胸側至脇偏欖褐色，腹至尾下覆羽白色。

| 生態 |
繁殖於中國南方、海南島及中南半島，為海南島常見留鳥，香港亦有紀錄。生活於山區或低地針、闊葉林中，單獨或成對出現，於樹林中、上層捕食昆蟲為食。本種於臺北野柳、高雄南星計畫區、馬祖均曾紀錄。

相似種
白腹琉璃
- 外側尾羽基部有白斑，胸部與腹部黑白交界明顯。

▲雄鳥前額、肩羽亮藍色，臉、頦、額基近黑，李泰花攝。

鶲科

琉璃藍鶲 *Cyanoptila cumatilis*

L16~17cm

屬名:白腹藍鶲屬　　英名:Zappey's Flycatcher　　生息狀況:過／稀（馬祖）

| 特徵 |
- 虹膜黑褐色；嘴、腳黑色。
- 似白腹琉璃，但白腹琉璃雄鳥臉、喉至上胸近黑色，琉璃藍鶲則為藍色或深藍色，僅眼先、額基黑色。

| 生態 |
繁殖於中國中部（陝西往東至北京，往南至湖北西北），遷徙經中國南方及西南地區至泰國南部、馬來半島、蘇門答臘和爪哇越冬，生活於闊葉林、次生林等環境。春、秋過境期單獨出現於離島、海岸樹林地帶，追捕飛蟲為食。
本種原為白腹琉璃 *Cyanoptila cyanomelaena* 之 *cumatilis* 亞種，現獨立為種。

相似種
白腹琉璃
- 雄鳥臉、喉至上胸近黑色。

▲似白腹琉璃，但臉、喉至上胸藍色或深藍色，僅眼先、額基黑色，李泰花攝。

白腹琉璃 / 白腹藍鶲 *Cyanoptila cyanomelana*

 L16~17cm

屬名：白腹藍鶲屬　英名：Blue-and-white Flycatcher　別名：白腹姬鶲　生息狀況：過 / 稀

相似種

琉璃藍鶲
• 雄鳥臉、喉至上胸深藍色。

▲雄鳥背面藍色，臉、喉至上胸近黑。

▲雄鳥背面藍色，臉、喉至上胸近黑。

| 特徵 |
• 虹膜黑褐色。嘴、腳黑色。
• 雄鳥背面藍色具光澤，翼、尾端黑褐色，
臉、喉至上胸近黑，下胸、腹及尾下覆羽
白色，外側尾羽基部有白斑。
• 雌鳥背面大致灰褐色，翼及尾羽略帶褐
色，喉中央及腹、尾下覆羽白色，胸、脅
灰褐色。
• 雄幼鳥頭、頸、背及胸灰褐色，翼、尾及
尾上覆羽藍色。

▲雌鳥背面大致灰褐色。

| 生態 |
繁殖於東北亞；冬季經中國東半部，南遷
至華南、馬來半島、菲律賓及大巽他群島，
生活於闊葉林、次生林等環境。春、秋過
境期單獨出現於離島、海岸至山區之樹林、
公園等地帶，喜停於視野開闊處，追捕飛
蟲為食。

▲雄鳥第一回冬羽頭、頸、背及胸灰褐色。

白喉林鶲 *Cyornis brunneatus*

L15cm

屬名：藍仙鶲屬　　英名：Brown-chested Jungle-Flycatcher　　生息狀況：迷

▲嘴長而厚實，上嘴近黑，下嘴偏黃。

| 特徵 |

• 雄雌同色。虹膜黑褐色。嘴長而厚實，上嘴近黑，下嘴偏黃。腳褐色。
• 頭、背面大致褐色，喉白色，腹面汙白色，胸、脇淺褐色。

| 生態 |

繁殖於中國東部及南部，越冬至泰國西南、馬來半島，棲息於平地至海拔 1200 公尺之林緣下層、茂密竹叢及次生林。2007 年 10 月臺南七股、2011、2012 年 9 月高雄南星計畫區各有一筆紀錄，於樹林之中、下層活動，攝取昆蟲爲食。

相 似 種

白腹琉璃

• 雌鳥嘴黑色，較細短。
• 喉非白色。

▲頭、背面大致褐色，喉白色。

山藍仙鶲 *Cyornis banyumas*

屬名：藍仙鶲屬　　英名：Hill Blue Flycatcher　　生息狀況：迷（馬祖）

> **相｜似｜種**
>
> **中華仙鶲**
> • 雄鳥喉橙色範圍較小，腹以下汙白色；雌鳥腹面橙黃色較淡。

▲雄鳥背面大致藍色，頦、喉、胸、上腹及脇橙色。

| 特徵 |
• 虹膜褐色；嘴黑色；腳褐色。
• 雄鳥額基、眼先及頦基黑色，額、短眉線、肩羽亮藍色，頰、背面大致藍色，翼黑色有藍色羽緣。頦、喉、胸、上腹及脇橙色，下腹至尾下覆羽白色。
• 雌鳥背面灰褐色，眼圈皮黃色，頦、喉至胸橙黃色，腹以下白色，脇淡橙黃色。

| 生態 |
分布於尼泊爾、印度至中國西南、中南半島、馬來半島、印尼及菲律賓。棲息於海拔1200公尺以下闊葉林、次生林及竹林中，除繁殖期成對外，其他季節多單獨活動。於山邊、林緣矮樹、灌叢與竹叢活動、覓食，喜於低處捕食昆蟲，亦食植物果實和種籽，常靜立不動。本種於 2019 年 11 月馬祖東引有一筆紀錄。

▲雌鳥眼圈皮黃色，頦、喉至胸橙黃色，脇淡橙黃色。

鶲科

中華藍仙鶲 *Cyornis glaucicomans*

L14~15cm

屬名:藍仙鶲屬　　英名:Chinese Blue Flycatcher　　生息狀況:迷

相似種

山藍仙鶲

•雄鳥喉橙色範圍較大，雌鳥
頦、喉至胸橙黃色。

▲胸橙黃色突出至喉成三角形。

| 特徵 |

• 虹膜褐色；嘴黑色；腳粉紅色至褐色。

• 雄鳥額基、眼先及頦基黑色，額、短眉線、
肩羽亮藍色，頰、背面大致藍色，翼黑色
有藍色羽緣。胸橙黃色，橙黃色突出至喉
成三角形，腹至尾下覆羽汙白色，脅淡橙
黃色。

• 雌鳥背面灰褐色，眼圈及眼先淡皮黃色，
喉、脅淡黃褐色，胸淡橙黃色，腹以下白
色。

| 生態 |

分布於中國中南部及南部，越冬於泰國中
西部、南部及馬來半島。棲息於乾燥闊葉
林、次生林、竹林及灌叢，單獨或成對出
現，於草叢、灌叢中活動追捕昆蟲，很少
離地面超過 3 公尺。本種於 2020 年 12 月
新北市金山青年活動中心有一筆紀錄。

▲單獨或成對出現，於草叢、灌叢追捕昆蟲。

395

棕腹仙鶲 *Niltava sundara*

L15~18cm

屬名：仙鶲屬　　英名：Rufous-bellied Niltava　　生息狀況：迷

▲尾下覆羽橙黃色。

| 特徵 |

- 頭大，虹膜黑褐色。嘴黑色。腳灰色。
- 雄鳥頭上、肩羽、側頸環、腰及尾亮藍色，背深藍色，翼偏黑褐色。前額、臉、喉部黑藍色，胸以下橙黃色。
- 雌鳥眼圈淡皮黃色。背面褐色，腰及尾偏紅褐色。腹面大致褐灰色，有白色前頸紋，頸側具亮藍色斑。

| 生態 |

分布喜馬拉雅山脈至中國西部及中南半島北部。生活於山區開闊森林中，性安靜孤僻，喜隱藏於矮樹叢中，常跳至地面捕食昆蟲。本種僅 2007 年 10 月新北市野柳一筆紀錄。

▲雄鳥頭上、肩羽、側頸環、腰及尾亮藍色。

| 相 似 種 |

黃腹琉璃、棕腹大仙鶲

- 黃腹琉璃雄鳥胸部橙黃色突出至喉成三角形，體羽亮藍色部分較暗，前額黑色範圍小。雌鳥無白色前頸紋及亮藍色頸斑。
- 棕腹大仙鶲雄鳥下腹至尾下覆羽羽色漸淡，尾下覆羽近白；雌鳥腹以下漸淡，尾下覆羽近白。

▲雌鳥胸腹褐灰色，頸側具亮藍色斑。

黃腹琉璃 / 黃腹仙鶲 *Niltava vivida vivida*

III 特有亞種 　L16cm

屬名:仙鶲屬　　英名:Vivid Niltava　　別名:棕腹藍仙鶲　　生息狀況:留 / 普

相似種

白腹琉璃、棕腹仙鶲

• 白腹琉璃雌鳥腹部及尾下覆羽白色。
• 棕腹仙鶲雄鳥胸部橙黃色未突出至喉，體羽亮藍色部分鮮明，前額黑色範圍較大；雌鳥具白色前頸紋及亮藍色頸斑。

▲胸部橙黃色突出至喉部。

| 特徵 |

• 虹膜黑褐色。嘴、腳黑色。
• 雄鳥背面寶藍色具光澤，翼偏褐色，臉、喉部深藍色，胸以下橙黃色，橙黃色突出至喉成三角形。
• 雌鳥背面灰褐色偏藍，翼暗褐色，有黃褐色羽緣，尾及尾上覆羽黃褐色。腹面大致灰色，臉、喉至上胸中央黃褐色，腹中央、尾下覆羽淡黃色。

| 生態 |

其他亞種分布於印度東北部至中國西南、中南半島。出現於中、低海拔山區闊葉林及針闊葉混合林，冬季常成群移棲至較低海拔山區活動，停棲時身體挺直。具鶲科習性，喜停棲於枝頭上伺機捕捉空中飛蟲，亦食植物果實，山桐子成熟季節，常見其成群覓食。

▲雄鳥背面寶藍色具光澤，胸以下橙黃色。

▶雌鳥大致灰褐色。

棕腹大仙鶲 *Niltava davidi*

L18cm

屬名:仙鶲屬　　英名:Fujian Niltava　　生息狀況:迷

▲腹以下漸淡,尾下覆羽白色。

▲多於密林下層活動。

▲雌鳥胸灰褐色,腹以下漸淡,尾下覆羽近白。

| 特徵 |

• 虹膜黑褐色。嘴黑色。腳灰黑色。

• 似棕腹仙鶲,但雄鳥頭上亮藍色範圍較小,羽色較暗淡,小翼羽及飛羽帶褐色;下腹至尾下覆羽羽色漸淡,尾下覆羽接近白色。雌鳥腹以下漸淡,尾下覆羽近白。

| 生態 |

分布於中國南部,越冬於泰國及中南半島。生活於山區濃密樹林,多於密林下層或林下灌叢中活動,常跳至地面捕食昆蟲。

銅藍鶲 *Eumyias thalassinus*

屬名:銅藍鶲屬　　英名:Verditer Flycatcher　　生息狀況:冬/稀,過/稀(馬祖),冬/稀(金門)

鶲科

▲雄鳥全身鈷藍色,眼先黑色。

▲雌鳥羽色較淡,眼先暗灰。

▲喜停棲於視野良好之枝頭高處捕食過往昆蟲。

| 特徵 |
- 虹膜黑褐色。嘴、腳黑色。
- 雄鳥全身鈷藍色,眼先黑色,尾下覆羽具偏白色鱗狀斑。
- 雌鳥似雄鳥,但羽色較淡,眼先暗灰。
- 亞成鳥羽色較淡,偏灰褐沾綠。

| 生態 |
分布於印度至中國南方、中南半島、蘇門答臘及婆羅洲,部分於中國東南越冬。生活於開闊森林或林緣空地,冬季及過境期出現於海岸防風林或低海拔山區開闊林緣空地,喜停棲於視野良好之枝頭高處捕食過往昆蟲,但少飛返原棲處。

白喉短翅鶇 *Brachypteryx leucophris*

L11~13cm

屬名 : 短翅鶇屬　　英名 : Lesser Shortwing　　生息狀況 : 過 / 稀（金門）

翁科

| 特徵 |
- 虹膜深褐色。嘴黑色。腳長，暗紫色。
- 某些亞種雄鳥上體藍灰色。出現於金門者為華南亞種 *B.l.carolinae*，雄鳥背面大致欖褐色，白色眉線粗短或隱而不顯，喉及腹部中央白色，胸、脇欖褐色，胸具白色染斑，翼及尾短。雌鳥似雄鳥但偏棕褐色。

| 生態 |
分布於喜馬拉雅山脈、中國大陸南部、中南半島、印尼等地，棲息於中、高海拔山區濃密潮溼闊葉林下灌叢中，冬季有降遷現象。性羞怯，單獨於林下密叢及森林地面活動，以昆蟲為食。

▲ 背面大致欖褐色，白色眉線粗短或隱而不顯，李自長攝。

相 似 種

小翼鶇
- 喉無白色，尾較長。

小翼鶇 *Brachypteryx goodfellowi*

特有種　L12~13cm

屬名 : 短翅鶇屬　　英名 : Taiwan Shortwing　　生息狀況 : 留 / 普

| 特徵 |
- 雌雄同色。虹膜深褐色。嘴黑色。腳暗褐色。
- 全身大致深褐色，翼短，腹面羽色略淡。雄鳥白色眉線醒目，雌鳥眉線細短或隱而不顯。

| 生態 |
出現於中、高海拔山區闊葉林與針闊葉混合林中，單獨於濃密樹林底層之矮灌叢中活動，冬季有降遷現象。生性羞怯隱密，不易觀察。鳴聲響亮似流水聲，以昆蟲為食，亦食漿果、草籽等。

▲ 雄鳥白色眉線醒目。

▲雌鳥眉線細短或隱而不顯。

▲多單獨於濃密樹林底層之矮灌叢中活動。

紅尾歌鴝 *Larvivora sibilans*

L13~14cm

屬名:鴝鳥屬　　英名:Rufous-tailed Robin　　生息狀況:過 / 稀

相 似 種

日本歌鴝
•雌鳥臉、喉、胸淡橘色。

▲胸部具褐色鱗紋,脇灰褐色。

| 特徵 |
- 雌雄同色。虹膜黑褐色,眼圈白色。嘴黑褐色。腳粉紅色。
- 背面大致褐色,飛羽羽緣、尾及尾上覆羽紅褐色。腹面汙白色,胸部具褐色鱗紋,脇灰褐色。

| 生態 |
分布於東北亞,越冬至中國南方、東南亞。過境期間偶見於北部濱海地帶,喜於陰暗的林下灌叢或低矮植被覆蓋之地面覓食昆蟲,領域性甚強,停棲時常顫動尾羽,野柳偶有紀錄。

▲喜於低矮植被覆蓋之地面覓食昆蟲。

日本歌鴝 *Larvivora akahige*

L14~15cm

屬名：鴝鳥屬　　英名：Japanese Robin　　別名：鴝鳥　　生息狀況：冬／稀

▲雄鳥頭上、背面紅褐色，臉、喉至胸橘紅色。

| 特徵 |
- 虹膜黑褐色。嘴黑色。腳粉褐色。
- 雄鳥頭上、背面紅褐色，臉、喉至胸橘紅色，胸有灰黑色橫帶，腹以下汙白色，脇灰褐色。
- 雌鳥似雄鳥，但臉、喉、胸淡橘色，胸無灰黑色橫帶。

| 生態 |
繁殖於庫頁島及日本群島，越冬於中國東南部、中南半島局部地區。單獨出現於海岸樹林地帶，性隱密，喜於濃密植叢底層或地面活動，以昆蟲爲食，停棲時尾常上下擺動。

相似種

琉球歌鴝、紅尾歌鴝
- 琉球歌鴝背面橘紅褐色，雄鳥額、頰至頸側、喉、胸黑色。
- 紅尾歌鴝有白色眼圈，胸部具褐色鱗紋。

▲雌鳥臉、喉、胸淡橘色。

琉球歌鴝 *Larvivora komadori*

L14cm

屬名：鴝鳥屬　　英名：Ryukyu Robin　　別名：琉球鴝鳥　　生息狀況：迷

▲喜於濃密植叢底層或地面活動。

| 特徵 |
- 虹膜黑褐色。嘴黑色。腳暗肉褐色。
- 雄鳥背面橘紅色，額、頰、喉至胸 黑色，腹以下白色，脇有黑斑。
- 雌鳥背面較雄鳥淡，腹面汙白色， 羽緣形成鱗紋。

| 生態 |
為日本琉球群島之特有種，指名亞種 *L. k. komadori* 偶至臺灣。單獨出現於 海岸樹林地帶，性隱密，喜於濃密植 叢底層或地面活動，停止時尾羽左右 擺動，以昆蟲為食，近年野柳、龜山 島偶有過境紀錄。

相似種

日本歌鴝
- 喉至胸橘紅色。

▲雄鳥背面橘紅色，額、頰、喉至胸黑色。

▶雌鳥腹面汙白色， 羽緣形成鱗斑。

翁科

藍歌鴝 *Larvivora cyane*

屬名：鴝鳥屬　　英名：Siberian Blue Robin　　生息狀況：過／稀

相似種
藍尾鴝
• 橘黃色。

鶲科

▲雄成鳥，常於多落葉的濃密植叢地面活動。

| 特徵 |

• 虹膜黑褐色。嘴黑色。腳粉褐色。
• 雄鳥頭上、背面深藍色，眼先黑色延伸至胸側，腹面白色。
• 雌鳥背面欖褐色，腰及尾羽略帶藍色，喉至胸汙白色，胸淡褐色具鱗紋，腹至尾下覆羽白色。
• 雄幼鳥背面藍色，喉至胸淡褐色具鱗紋。

| 生態 |

繁殖於東北亞，冬季南遷至中國南方及東南亞。偶見於海岸及平地樹林、灌木叢底層，常於多落葉的濃密植叢地面活動，攝取昆蟲為食，停棲時身體較水平，不時抖動尾羽。近年野柳、臺南曾有過境紀錄。

▶雄鳥第一回冬羽喉至胸淡褐色。

▲雌鳥第一回冬羽。

▲雄亞成鳥，翼黑褐色，胸側仍具褐味。

藍喉鴝 / 藍喉歌鴝 *Luscinia svecica*

L13~15cm

屬名:歌鴝屬　　英名:Bluethroat　　別名:藍點頦　　生息狀況:冬 / 稀

| 相 | 似 | 種 |

野鴝
•雌鳥無黑色胸帶。

▲雄鳥非繁殖羽喉乳白色,顎線藍色。

| 特徵 |

• 虹膜黑褐色。嘴黑褐色,嘴基黃色。腳粉褐色。
• 雄鳥繁殖羽頭上黑色,眉線黃白色,背面灰褐色,外側尾羽基部及尾上覆羽紅褐色。喉藍色,胸有紅、藍、黑、白、紅褐色相間胸帶,腹以下黃白色。非繁殖羽似繁殖羽,但喉乳白色,顎線藍色。不同亞種喉、胸色帶變化大。
• 雌鳥似雄鳥,但喉白色,顎線黑色,胸部有黑色點斑形成胸帶,無紅、藍色。
• 亞成鳥大致似雌鳥,但外側尾羽基部無紅褐色。

▲雄鳥繁殖羽喉藍色。

| 生態 |

分布於歐亞大陸至阿拉斯加,冬季南遷至南亞、東南亞、中國及北非。出現於臺灣之指名亞種 *L. s. svecicus* 繁殖於中國東北,越冬於中國南方。偶見於離島、海岸及平地之低矮灌木叢、農耕地或水域附近之蘆葦地帶,性羞怯,常於地面活動,攝取昆蟲為食,停棲時身體挺直,不時抬頭舉尾。

▲雌鳥喉白色,顎線黑色,有黑色胸帶。

405

臺灣紫嘯鶇 *Myophonus insularis*

特有種　L28~30cm

屬名:嘯鶇屬　　英名:Taiwan Whistling-Thrush　　別名:紫嘯鶇、琉璃鳥　　生息狀況:留／普

鶇科

相似種

白斑紫嘯鶇、藍磯鶇
- 白斑紫嘯鶇體上有白斑。
- 藍磯鶇體型較小，雄鳥腹部為顯著的栗紅色。

▲出現於低至中海拔山澗、溪流附近或林緣陰溼地帶。

| 特徵 |
- 雌雄同色。虹膜栗紅色。嘴、腳黑色。
- 全身深藍至黑色，具寶藍色及紫色金屬光澤。

| 生態 |
出現於低至中海拔山澗、溪流附近或林緣陰溼地帶，會在人類活動的環境中出沒，為臺灣體型最大的溪鳥。性孤獨機警，領域性強，除繁殖期外多單獨活動。停棲時尾羽會張合擺動，以昆蟲、蚯蚓、魚蝦、水生昆蟲或兩棲爬蟲類為食。常發出似煞車般「唧~」之尖銳警戒聲，繁殖期鳴聲婉轉悅耳，破曉前即開始此起彼落競鳴。築巢於溪邊岩壁、樹洞、橋墩或屋簷隙縫中。

▲育雛中，以昆蟲、蚯蚓、魚蝦、水生昆蟲或兩棲爬蟲類為食。

▶全身深藍至黑色，具金屬光澤。

白斑紫嘯鶇 *Myophonus caeruleus*

L29~35cm

屬名：嘯鶇屬　　英名：Blue Whistling-Thrush　　生息狀況：留／普（馬祖），留／稀、冬／不普（金門）

▲為馬祖普遍留鳥，出現於海岸附近樹林中。

| 特徵 |

• 雌雄同色。虹膜紅褐色。嘴、腳黑色。
• 全身深藍至黑色具光澤，頭至頸有銀藍色
　斑紋；背、覆羽及胸各羽先端具白色或銀
　藍色細斑。

| 生態 |

分布於印度、中國、中南半島、馬來半島、
蘇門答臘、爪哇等地。棲息於多石之溪流
或近水域之樹林，常於地面或河床之岩石
上步行、跳躍，攝取昆蟲、蚯蚓、螺貝、
蛙蟹等為食，停棲時常張開尾羽，受驚時
立即竄入灌叢，並發出尖屬的警戒聲。本
種為馬祖普遍留鳥，出現於海岸岩石、灌
叢及近水域之樹林中，喜築巢於涼亭之橫
樑上。

▲停棲時常張開尾羽。

> 相似種
>
> **臺灣紫嘯鶇**
> • 無白色或銀藍色細斑。

▲全身深藍色具白色或銀藍色細斑。

鶇科

407

小剪尾 / 小燕尾 *Enicurus scouleri fortis*

屬名:燕尾屬　　英名:Little Forktail　　生息狀況:留 / 稀

II 特有亞種　L12cm

▲生活於低至高海拔之山澗溪流或瀑布區。

| 特徵 |

- 雄雌同色。虹膜黑褐色。嘴黑色。腳粉白色。
- 全身黑、白對比明顯,頭上、頸、上胸、背、翼黑色,翼有白色粗條帶,中央尾羽黑色,外側尾羽白色。額至前頭、腰至尾上覆羽、下胸以下白色,脇雜有黑色斑紋。
- 幼鳥似成鳥,但體色較灰,額至前頭非白色。

| 生態 |

分布於喜馬拉雅山脈至中國華南及華中、緬甸西部、越南西北部及臺灣。生活於低至高海拔之山澗溪流或瀑布區,單獨或成對在淺水區岩石上,或水流湍急的峽谷、瀑布附近活動,漫步啄食水棲昆蟲,停棲時尾羽不停地張、合擺動。營巢於溪邊或瀑布附近岩壁縫隙。

本種生活於乾淨無汙染之上游水域或山澗溪流源頭,對環境品質要求高,因人為汙染與破壞,棲地日漸減少。另本種之分布、食性與領域性強的鉛色水鶇重疊,惟生性羞怯,無法與鉛色水鶇爭奪領域,亦為族群稀少之因。

▲停棲時尾羽不停地張合擺動。

鶇科

野鴝 / 紅喉歌鴝 *Calliope calliope*

L14~16cm

屬名:野鴝屬　　英名:Siberian Rubythroat　　別名:紅點頦　　生息狀況:冬、過 / 普

相似種

藍喉鴝
•雌鳥羽色較淡,有黑色胸帶,
外側尾羽基部紅褐色。

▲雄鳥眼先黑色,眉線及顎線白色,喉紅色。

▲停棲時身體挺直,尾常上下擺動。

| 特徵 |
• 虹膜黑褐色。嘴黑褐色。腳粉褐色。
• 雄鳥背面褐色,眼先黑色,眉線及顎線白
　色。喉紅色,胸灰褐色,喉、胸交界有黑
　色細紋。脇褐色,腹及尾下覆羽淡灰白
　色。
• 雌鳥似雄鳥,但眉線、顎線黃白色,眼先
　黑褐色,喉白色,有些成熟個體喉具淡紅
　色斑,胸淡褐色。

| 生態 |
繁殖於東北亞,越冬於印度、中國南方及
東南亞。單獨出現於平地至低海拔之空曠
草地、農耕地及低矮灌木叢。性羞怯,常
於植被下層及地面活動,攝取昆蟲為食,
停棲時身體挺直,尾常上下擺動。

▶雌鳥眉線、顎線黃白色,有些
成熟個體喉具淡紅色斑。

鶲科

409

藍尾鴝 / 藍尾歌鴝 *Tarsiger cyanurus*

L13~14cm

屬名：林鴝屬　　英名：Red-flanked Bluetail /Orange-flanked Bush Robin　　別名：紅脇藍尾鴝
生息狀況：冬、過 / 不普

鶲科

相似種

藍歌鴝
• 雌鳥脇非橘黃色。

▲雄鳥頭、臉、背面藍色。

▲雌鳥背面、臉部大致為橄褐色，脇橘黃色，尾藍色。

特徵
• 虹膜黑褐色。嘴黑色。腳黑褐色。
• 雄鳥頭、臉、背面藍色，雜有灰色羽毛，
  眉線白色甚短；腹面白色，脇橘黃色。
• 雌鳥背面、臉部大致為橄褐色，尾藍色。
  喉白色，胸淡橄褐色，脇橘黃色，腹中央
  至尾下覆羽白色。

生態
繁殖於歐州北部至東北亞，以及喜馬拉雅
山區，冬季遷至日本南部、中國南方及東
南亞。11 月至翌年 4 月出現於海岸或中、
低海拔山區林緣、灌叢中，常單獨於地面
活動，不時擺動尾羽，春過境偶爾大量出
現於北部海岬。性活潑，不畏人，以昆蟲
為食，亦食植物果實。

▲雄鳥第一回冬羽，背部有藍色斑點。

▲冬季出現於海岸或中、低海拔山區。

白眉林鴝 *Tarsiger indicus formosanus*

屬名:林鴝屬　　英名:White-browed Bush-Robin　　生息狀況:留／普

相 似 種

栗背林鴝
• 雌鳥背面灰褐色,尾下覆羽白色,喉與胸之界線及對比明顯。

▲出現於中、高海拔山區樹林底層、灌叢或林道。

| 特徵 |
• 虹膜黑褐色。嘴黑色。腳粉褐至黑褐色。
• 雄鳥背面、臉部灰藍色,頭上略帶褐色,翼黃褐色,眉線白色長而醒目。喉淡黃褐色,胸、脅及尾下覆羽黃褐色,腹中央白色。
• 雌鳥背面、臉部橄欖褐色略帶藍味,眉線白色,腹面似雄鳥但羽色較淺。

| 生態 |
其他亞種分布於印度東北、尼泊爾至中國西南、中南半島北部。單獨或成對出現於中、高海拔山區樹林底層、灌叢或林道,喜於地面或近地面的林下植被茂密處活動,攝取昆蟲為食,不甚懼人。築巢於岩縫、邊坡洞穴中,以苔蘚、植物纖維及草根為巢材,巢呈碗狀,雌雄共同育雛。

▲雌鳥背面橄欖褐色偏藍。

▲雄鳥胸、脅及尾下覆羽黃褐色。

栗背林鴝 *Tarsiger johnstoniae*

屬名:林鴝屬　　英名:Collared Bush-Robin　　別名:阿里山鴝、臺灣林鴝　　生息狀況:留 / 普

鶲科

相似種

白眉林鴝
•雌鳥眉線較長,背面羽色偏藍,喉與胸界線不明顯,尾下覆羽黃褐色。

▲雄鳥頭、背面大致黑色,肩橙紅色。

| 特徵 |
• 虹膜黑褐色。嘴黑色。腳深褐色。
• 雄鳥眉線白色,頭、背面大致黑色,肩橙紅色。喉黑色,橙紅色頸環繞至頸後。胸、脇黃褐色,腹中央、尾下覆羽白色。
• 雌鳥頭、喉、背面大致灰褐色,胸以下黃褐色,腹中央、尾下覆羽白色。
• 幼鳥似雌鳥,全身密布淡色斑點。

| 生態 |
棲息於中、高海拔山區林緣底層、灌木叢中,單獨或成對活動,雄鳥常有固定的生活領域,喜停棲於低枝或突出地面的枯木、裸石上俟機獵捕昆蟲。雜食性,以昆蟲、植物果實為食,不甚懼人。築巢於岩縫、樹洞或邊坡洞穴中,以苔蘚、植物纖維及草根為巢材,巢呈碗狀,雌雄共同育雛。

▲雌鳥背面大致灰褐色。

▲棲息於中、高海拔山區林緣底層、灌木叢中。

白眉鶲 / 白眉姬鶲 *Ficedula zanthopygia*

L13cm

屬名：姬鶲屬　　英名：Yellow-rumped Flycatcher / Korean Flycatcher　　生息狀況：過／稀

▲雄鳥腰、喉至腹黃色，眉線、翼斑白色，李日偉攝。

| 特徵 |
- 虹膜黑褐色。嘴、腳鉛黑色。
- 雄鳥腰、喉至腹黃色，喉略帶橙黃，眉線、翼斑、尾下覆羽白色，其餘部位黑色。
- 雌鳥頭上至背橄欖灰色，腰黃色，翼、尾羽黑色，白色翼斑醒目，三級飛羽具白色羽緣。喉、胸汙白色，腹部沾黃，尾下覆羽白色。

| 生態 |
繁殖於東北亞，冬季南遷至中國南方、中南半島及大異他群島。過境期單獨出現於離島、海岸至低海拔山區樹林地帶，喜灌叢、近水林地及公園等環境，於枝葉間穿梭、快速短距飛行，追捕空中飛蟲為食。

▲雌鳥頭上至背橄欖灰色，腰黃色，有白色翼斑。

相似種

黃眉黃鶲、白眉黃鶲
- 黃眉黃鶲雄鳥眉線黃色，雌鳥腰非黃色。
- 白眉黃鶲雄鳥眉線短，雌鳥喉至胸橙黃色。

▲喜灌叢、近水林地及公園等環境。

415

黃眉黃鶲 / 黃眉姬鶲 *Ficedula narcissina*

L13~13.5cm

屬名:姬鶲屬　　英名:Narcissus Flycatcher　　生息狀況:過 / 稀

▲出現於海岸附近或平地之樹林、公園。

| 特徵 |

- 虹膜黑褐色。嘴藍黑色。腳鉛色。
- 指名亞種 *F. n. narcissina* 雄鳥頭、背面黑色，眉線黃色粗且長，腰黃色，翼有白斑。喉至胸橙黃色，上腹黃色，下腹、尾下覆白色，脇黑色。
- 雌鳥背面大致橄欖褐色，翼黑褐色，尾羽偏紅褐色。喉、胸淡褐色，腹汙白色。
- 雄亞成鳥頭上及背黑色偏褐，翼深褐色。
- 亞種 *F. n. owstoni* 似指名亞種，但嘴稍厚實，雄鳥頭上至背偏綠，白色翼斑有一小突出；喉至胸黃色，不如指名亞種豔麗；初級飛羽突出（相對於三級飛羽）較短。雌鳥眼圈、眼先淡黃色，頭上至背偏綠，腰微黃，喉淡黃，尾羽紅褐色不明顯。

| 生態 |

指名亞種 *F. n. narcissina* 繁殖於中國東北、日本及庫頁島，冬季遷徙經中國華東、華南、臺灣，至海南島、婆羅洲及菲律賓越冬。出現於海岸附近或平地之樹林、公園，具鶲科的典型特性，喜穿梭樹林或灌叢間捕食昆蟲。

亞種 *F. n. owstoni* 繁殖於琉球南部，Birds of East Asia（Brazil 2009）將之獨立為種 *Ficedula owstoni*（Ryukyu Flycatcher）。過境期偶見於海岸樹林。

> ## 相似種
>
> ### 白眉黃鶲、白眉鶲
>
> - 白眉黃鶲雄鳥眉線白色甚短，雌鳥有白色翼帶，喉至胸橙黃色。
> - 白眉鶲雄鳥眉線白色，雌鳥腰黃色，白色翼斑醒目。

鶲科

◀琉球亞種 *F. n. owstoni* 雄鳥頭上至背偏綠，白色翼斑有一小突出。

▲雄亞成鳥頭上及背黑色偏褐，翼深褐色。

◀雌鳥背面大致欖褐色，尾羽偏紅褐色。

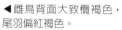

▲指名亞種 *narcissina*。

▲雌鳥，腰偏綠個體。

鶲科

白眉黃鶲／斑眉姬鶲 *Ficedula mugimaki*

屬名:姬鶲屬　　英名:Mugimaki Flycatcher　　別名:鴝[姬]鶲　　生息狀況:冬、過／稀

相似種

黃眉黃鶲、白眉鶲

- 黃眉黃鶲雄鳥眉線黃色粗且長，雌鳥喉、胸非橙黃色。
- 白眉鶲雄鳥眉線較長，腰、喉至腹黃色；雌鳥腰黃色，喉、胸汙白色。

▲雄鳥眼後有白色短眉線，翼有白斑，喉至上腹橙色。

| 特徵 |

- 虹膜黑褐色。嘴暗角質色。腳深褐色。
- 雄鳥頭、背面黑色，眼後有白色短眉線，翼有白斑，三級飛羽羽緣白色。喉至上腹橙色，下腹、尾下覆羽白色，外側尾羽基部具白斑。
- 雌鳥背面大致灰褐色，有白色翼帶，三級飛羽羽緣白色。喉至胸橙黃色，腹以下白色，外側尾羽基部無白斑。
- 雄幼鳥似雌鳥，但外側尾羽基部具白斑。

▲雌鳥喉至胸橙黃色，腹以下白色。

| 生態 |

繁殖於西伯利亞東部及中國東北，冬季南遷至中南半島、菲律賓及大巽他群島。單獨或成對出現於離島、海岸至中低海拔山區之樹林、公園等環境，於樹林中上層活動，穿梭於枝葉間捕食昆蟲，亦食植物果實。

▲雄鳥第一回冬羽眼後有不明顯白眉紋，外側尾羽基部白。

鏽胸藍姬鶲 *Ficedula erithacus*

屬名：姬鶲屬　　英名：Slaty-backed Flycatcher　　生息狀況：迷

鶲科

相似種

黃胸青鶲
- 雄鳥具白色眉線，外側尾羽基部無白色。
- 雌鳥腹面淡黃褐色。

▲雄鳥背面灰藍色，翼暗褐色。

▲雌鳥背面橄欖褐色，腹面汙灰，略帶黃色。

▲雄鳥喉至胸橙黃色。

| 特徵 |
- 虹膜黑褐色。嘴短小，黑色。腳深褐色。
- 雄鳥背面灰藍色，翼暗褐色，外側尾羽基部白色。喉至胸橙黃色，腹以下淡黃白色。
- 雌鳥背面橄欖褐色，有白色細翼帶，翼及尾羽黑褐色，腰及尾上覆羽偏紅褐色。腹面汙灰，略帶黃色。

| 生態 |
分布於尼泊爾至中國中部、西部及中南半島北部，生活於中、高海拔潮溼密林，冬季會降遷至低海拔，性安靜，攝取昆蟲及果實爲食。本種僅 2004 年 10 月新北市野柳一筆雌鳥紀錄。

黃胸青鶲 / 黃胸姬鶲 *Ficedula hyperythra innexa*

特有亞種　L10cm

屬名:姬鶲屬　英名:Snowy-browed Flycatcher　別名:棕胸藍姬鶲　生息狀況:留 / 普

相似種

白眉黃鶲
- 雌鳥體型較大,有白色翼帶。
- 三級飛羽羽緣白色,腹以下白色。

▲雄鳥頭、臉、背面灰藍色,喉至腹橙黃色。

| 特徵 |
- 虹膜黑褐色。嘴黑色。腳肉色。
- 雄鳥頭、臉、背面大致灰藍色,眉線白色於額相接,翼暗褐色。喉至腹橙黃色,腹部羽色較淡,尾下覆羽白色。
- 雌鳥背面、臉部灰褐色,眉線不明顯,翼暗褐色。腹面淡黃褐色,尾上覆羽、尾羽栗褐色,尾下覆羽汙白色。

| 生態 |
其他亞種分布於印度北部至中國南方、菲律賓及東南亞。單獨或成對出現於中、低海拔闊葉林或針闊葉混合林中,於濃密樹林底層或林下陰暗處活動。動作敏捷,可在空中捕食小型昆蟲,亦常停於地面突出處,伺機取食地面昆蟲,鳴聲為輕細的「茲-茲-」聲。築巢於低枝分叉處、樹洞或岩縫中,以草莖、苔蘚、樹葉及蜘蛛網等為巢材,巢呈深杯狀。

▲雌鳥背面灰褐色,腹面淡黃褐色。

橙胸姬鶲 *Ficedula strophiata*

屬名:姬鶲屬　　英名:Rufous-gorgeted Flycatcher　　別名:橙胸鶲　　生息狀況:迷

鶲科

▲雄鳥喉胸交界具半月形橙紅色胸斑。

| 特徵 |

• 虹膜深褐色。嘴近黑色。腳深灰或黑色。
• 雄鳥眼上至額基有狹窄白色眉線,眼先及喉近黑,喉胸交界具半月形橙紅色胸斑,臉、頸側及胸灰藍色,頭上、背面大致灰褐色,腹以下灰白色。尾羽黑色,尾上覆羽灰黑,外側尾羽基部白色。
• 雌鳥羽色較淡,橙紅色胸斑不明顯,白色眉線較細。

▲雌鳥羽色較淡,橙紅色胸斑不明顯。

| 生態 |

繁殖於喜馬拉雅山脈至印度東北、中國中部及南部、緬甸西部及北部、越南等地;越冬至中國西南、緬甸、泰國及印尼北部。棲息於闊葉林、混合林及次生林等環境,冬季會降遷至低海拔。性隱密,單獨或成對出現於樹林下層、灌叢或地面捕食昆蟲,尾羽經常上翹。2013 年 4 月新北市野柳有一筆雄鳥紀錄。

▲ 2013 年 4 月攝於野柳。

紅喉鶲 *Ficedula albicilla*

L11.5cm

屬名：姬鶲屬　　英名：Taiga Flycatcher　　生息狀況：冬／稀

▲雄鳥喉橘紅色，腹以下白色。

| 特徵 |
- 虹膜黑褐色，眼圈白色。嘴全黑，腳黑色。尾羽黑或黑褐色，尾上覆羽黑色，外側尾羽基部白色。
- 雄鳥頭、背面灰褐色。喉橘紅色，胸、脇灰色，腹以下白色。
- 雌鳥背面灰褐色，腹面白色。

| 生態 |
繁殖於西伯利亞至堪察加半島，冬季遷徙至印度、中國南部及東南亞。單獨出現於離島、平地及海岸附近之樹林、林緣、公園等環境，於枝椏間穿梭捕食昆蟲，停棲時尾羽常上翹。

相似種

紅胸鶲
- 上嘴黑色，下嘴淡色。
- 尾上覆羽偏灰褐色。
- 雄鳥喉至上胸橙紅色。

▲雌鳥背面灰褐色，尾及尾上覆羽黑色。

紅胸鶲 / 紅喉姬鶲 *Ficedula parva*

屬名:姬鶲屬　　英名:Red-breasted Flycatcher　　生息狀況:冬、過 / 稀（金門）

▲喉至上胸橙紅色。

| 特徵 |

- 虹膜黑褐色，眼圈白色。上嘴黑色，下嘴淡色。腳黑色。尾羽黑或黑褐色，尾上覆羽偏灰褐色，外側尾羽基部白色。
- 雄鳥頭灰色，背面灰褐色。喉至上胸橙紅色，下胸以下白色，脇淡黃褐色。
- 雌鳥背面灰褐色，腹面白色，脇淡黃褐色。

| 生態 |

繁殖於歐洲至中亞，冬季遷徙至南亞，偶見於日本、朝鮮半島及臺灣。單獨出現於離島、平地及海岸附近之樹林、林緣、公園等環境，於枝椏間穿梭捕食昆蟲，停棲時尾經常上翹。

▲雌鳥背面大致灰褐色。

```
相似種
```

紅喉鶲、寬嘴鶲

- 紅喉鶲嘴全黑，尾上覆羽黑色，雄鳥僅喉部橙紅色。
- 寬嘴鶲背面灰色較濃，外側尾羽基部無白色，尾羽灰褐色。

▲停棲時尾經常上翹。

翁科

423

藍額紅尾鴝 *Phoenicurus frontalis*

L15~16cm

屬名:紅尾鴝屬　　英名:Blue-fronted Redstart　　別名:北紅尾鴝　　生息狀況:迷

鶲科

▲雄鳥繁殖羽頭、頸、上胸、背深藍色。

| 特徵 |

• 虹膜黑褐色;嘴、腳黑色。

• 雄鳥繁殖羽頭、頸、上胸、背深藍色,前額及眉線亮藍色,翼黑褐色,有白色細翼帶。腰至尾上覆羽、下胸以下至尾羽橙黃色,但中央尾羽與外側尾羽末端黑色,形成黑色倒 T 形紋。非繁殖羽似繁殖羽,但頭頂至背雜有黃褐色羽毛,翼羽緣黃褐色。

• 雌鳥眼圈近白,背面、喉、胸大致灰褐色,翼暗褐色,有白色細翼帶。腹以下黃褐色,尾下覆羽至尾羽橙黃色,但中央尾羽與外側尾羽末端黑褐色,形成黑褐倒 T 形紋。

| 生態 |

分布於喜馬拉雅山脈至中國中部、南部及青藏高原,越冬至中南半島北部。單獨活動,遷徙時結小群。棲息於中高海拔針葉林、多岩石的疏林灌叢、開闊草地等,冬季降遷至中低海拔山區,部分往南遷移。性不怕生,喜停棲於突出物上不停擺動尾羽,伺機飛落地面捕食昆蟲,亦食漿果、種籽。

相似種

黃尾鴝、赭紅尾鴝

• 黃尾鴝外側尾羽末端不黑,雄鳥頭頂至後頸銀灰色,翼有寬白斑;雌鳥翼有白斑。

• 赭紅尾鴝雌鳥羽色較灰,外側尾羽末端不黑,無黑褐倒 T 形紋。

▲雄鳥非繁殖羽頭頂至
背雜有黃褐色羽毛。

▶雄鳥，中央尾羽與外
側尾羽末端黑褐色，形
成黑褐倒 T 形紋。

▲喜停棲於突出物上不停擺動尾羽。

鉛色水鶇 *Phoenicurus fuliginosus affinis*

屬名：紅尾鴝屬　英名：Plumbeous Redstart　別名：紅尾水鴝　生息狀況：留／普

鶇科

▲雄鳥全身鉛藍色，尾及上、下覆羽栗紅色。

| 特徵 |
• 虹膜黑褐色。嘴黑色。腳褐色。
• 雄鳥全身鉛藍色，翼暗褐色，尾及上、下
　覆羽栗紅色。
• 雌鳥背面暗灰色，翼及尾羽黑褐色，尾上、
　尾下覆羽白色，腹面灰色，中央羽色略淡
　而有白色斑點。
• 幼鳥全身密布白斑。

| 生態 |
其他亞種分布於喜馬拉雅山脈至中國及中
南半島北部。單獨或成對出現於中、低海
拔山區多礫石之溪流附近，常於岩石間快
速移動。領域性強，喜停棲於水域岩石、
岩壁突出處，不停地開合、擺動尾羽，伺
機撲食空中飛蟲或啄食水生昆蟲。常發出
「吱~」單鳴，雄鳥擅鳴，旋律多變化。以
草莖、芒穗、細根及苔蘚等為巢材，築巢
於岩石縫隙或洞穴中。

▲年輕雌鳥有點狀翼帶。

白頂溪鴝 *Phoenicurus leucocephalus*

L18~19cm

屬名：紅尾鴝屬　　英名：White-capped Redstart　　生息狀況：迷（馬祖）

| 特徵 |
• 雄雌同色。虹膜黑褐色。嘴、腳黑色。
• 頭上白色，臉、頸至胸、背及翼黑色，腹
　以下、腰及尾栗色，尾端黑色。

| 生態 |
分布於中亞、喜馬拉雅山脈、中國，越冬於
印度、中國南方及中南半島。生活於多岩石
之山澗溪流，常立於水中或近水的突出岩石
上，不停地點頭，上下擺動尾羽，攝取水生
昆蟲為食。本種僅馬祖南竿有紀錄。

▲頭上白色，腹以下、腰及尾栗色，尾端黑色。

赭紅尾鴝 *Phoenicurus ochruros*

L14~15cm

屬名：紅尾鴝屬　　英名：Black Redstart　　生息狀況：迷

| 特徵 |
• 虹膜黑褐色。嘴、腳黑色。
• 雄鳥頭上至後頸灰黑色，前額、臉、喉至
　胸、背、翼及中央尾羽大致黑色；腹以下、
　尾上覆羽及尾羽紅褐色。
• 雌鳥全身灰褐色，尾上覆羽及尾羽紅褐
　色，中央尾羽黑褐色。

| 生態 |
分布於歐洲、中東、北非、印度、中國及
中南半島，棲息於高山灌叢、多石草原、
針葉林下層草叢或河谷、灘地灌叢間。偶
見於離島、海岸附近之樹林、草叢地帶，
性活潑，喜停棲於突出之岩石上，由棲處
飛捕或下地面捕食昆蟲，停棲時常點頭顫
尾。

▲雄鳥臉、喉至胸、背、翼及中央尾羽大致黑色。

[相][似][種]

黃尾鴝、灰叢鴝
• 黃尾鴝雌鳥翼有白斑，但有些個體因
　白斑磨損或覆羽遮蓋而不顯，需注意
　辨別。
• 灰叢鴝雌鳥喉白色。

▲雌鳥似黃尾鴝雌鳥但翼無白斑。

鶲科

427

黃尾鴝 *Phoenicurus auroreus*

L14~15cm

屬名:紅尾鴝屬　　英名:Daurian Redstart　　別名:北紅尾鴝　　生息狀況:冬 / 普

相 似 種
赭紅尾鴝
•雌鳥翼無白斑。

▲雄鳥頭頂至後頸銀灰色，翼有寬白斑。

| 特徵 |
• 虹膜黑褐色。嘴、腳黑色。
• 雄鳥頭頂至後頸銀灰色，額、頰、前頸、背黑色，背雜有黃褐色羽毛。翼、中央尾羽黑褐色，翼有寬白斑。腰、尾上覆羽、胸以下橙黃色。
• 雌鳥背面灰褐色，白色翼斑較雄鳥小，中央尾羽深褐色，尾上覆羽及尾下紅褐色，腹面淡褐色。

▲雌鳥背面灰褐色，白色翼斑較雄鳥小。

| 生態 |
分布於東北亞及中國，冬季遷徙至日本、中國南方及中南半島北部。10 月至翌年 4 月單獨或成對出現於平地至中海拔之林緣、灌木叢、農耕地、菜園等開闊地帶，常於固定領域度冬。喜停棲於突出物上，伺機飛落地面捕食昆蟲，亦食種籽，停棲時不停擺動尾羽。

▶喜停棲於突出物上，伺機捕食昆蟲。

白喉磯鶇 *Monticola gularis*

L16~19cm

屬名：磯鶇屬　　英名：White-throated Rock-Thrush　　生息狀況：迷，過／稀（馬祖）

相似種

虎斑地鶇
• 雌鳥與虎斑地鶇的區別在體型較小，眼先色淺，耳羽近黑，喉白色。

▲雄鳥頭頂至後頸、肩部藍色，喉中央白色，李日偉攝。

| 特徵 |
• 虹膜黑褐色。嘴近黑。腳肉色。
• 雄鳥頭頂至後頸、肩部藍色；過眼線至頸側、背、翼及尾羽黑色，背有淡色羽緣，翼有白斑。腰、尾上覆羽及腹面栗橙色，喉中央白色。
• 雌鳥背面深褐色，腹面汙白色，均具黑色粗鱗斑；眼先色淺，耳羽近黑色，喉白色。

| 生態 |
繁殖於中國東北、內蒙、西伯利亞東部及朝鮮半島北部，越冬經中國沿海至華南及東南亞。生活於針葉林、混合林或多草的岩石地帶，於林緣、灌叢捕食昆蟲。性安靜，常長時間靜立不動。本種於新北市野柳、臺南曾文溪口、馬祖東引曾有紀錄。

▲雌鳥背面及腹面均具黑色粗鱗斑。

藍磯鶇 *Monticola solitarius*

屬名:磯鶇屬　　英名:Blue Rock-Thrush　　別名:厝角鳥　　生息狀況:留／稀,冬／普,留／普(馬祖)

翁科

▲雄亞成鳥具淡黑及近白之鱗斑。

| 特徵 |

• 虹膜黑褐色。嘴、腳黑色。
• 雄鳥頭、頸、胸、背至尾上覆羽大致深藍色,翼、尾羽黑色,腹以下栗色。亞成鳥背面及腹面具淡黑及近白之鱗斑。
• 雌鳥背面灰藍色,腹面淡灰褐色,密布黑色鱗斑。
• 亞種 *M. s. pandoo*(藍腹藍磯鶇)雄鳥全身深藍色,翼黑色。

| 生態 |

分布於歐亞大陸、東亞、東南亞及非洲,有留鳥及候鳥。臺灣有 2 個亞種:*M. s. philippensis*(栗腹藍磯鶇)為普遍冬候鳥,少數留鳥於臺灣海岸礁岩地帶繁殖。*M. s. pandoo*(藍腹藍磯鶇)為偶見之迷鳥。兩亞種有雜交個體,體色似藍腹藍磯鶇,但腹或尾下覆羽參雜栗色。

出現於平地至中海拔之海濱、疏林、農耕地。喜停棲於突出之海岸裸岩、屋頂、電桿等顯著處,站姿挺直,常上下擺動尾羽,鳴聲婉轉多變。於地面活動時,以跳躍方式前進,攝取昆蟲、植物種籽及果實為食。

▲雌鳥背面灰藍色具黑色鱗斑。

▲藍腹藍磯鶇雄鳥全身深藍色，翼黑色。

▲雄成鳥頭、胸、背至尾上覆羽深藍色。

▲雜交個體尾下覆羽參雜栗色。

▲雌鳥腹面淡灰褐色，密布黑色鱗斑。

▲栗腹藍磯鶇腹以下栗色。

鶇科

431

黑喉鴝 *Saxicola maurus*

屬名:石䳭屬　　英名:Siberian Stonechat　　別名:黑喉石䳭　　生息狀況:冬、過 / 不普

鶲科

▲雄鳥繁殖羽頭黑色,背、翼黑褐色。

▲雄鳥非繁殖羽頭、喉部黑色範圍較小。

| 特徵 |

• 虹膜黑褐色。嘴、腳黑色。
• 雄鳥繁殖羽頭黑色,背、翼黑褐色,頸側
　白色,翼有白斑。胸橙黃色,腰、腹以下
　白色。非繁殖羽頭、喉部黑色範圍較小。
• 雌鳥頭、背面大致黑褐色,尾上覆羽紅褐
　色,翼白斑較雄鳥小。非繁殖羽羽色較
　淡。

▲雌鳥頭、背面大致黑褐色,尾上覆羽紅褐色。

| 生態 |

繁殖於西伯利亞、西亞、中亞、日本、喜
馬拉雅山脈及東南亞的北部;冬季至西亞、
南亞、中國南方及東南亞。出現於海岸至
丘陵地帶,喜於開闊之灌叢、草叢、休耕
地活動,常停棲於離地面不高較突出之樹
枝或草莖,伺機下地捕食昆蟲。

相似種

灰叢鴝

• 雌鳥眉線淡黃褐色,喉
　白色,尾羽外側栗褐色。

▲喜於灌叢、草叢、休耕地捕食昆蟲。

白斑黑石䳍 *Saxicola caprata*

屬名:石䳍屬　　　英名:Pied Bushchat　　　生息狀況:迷（馬祖）

▲雄鳥全身黑色,翼上具白斑。

| 特徵 |
• 虹膜黑褐色。嘴、腳黑色。
• 雄鳥全身黑色,翼上具白斑,腰及尾上、
　下覆羽白色。
• 雌鳥眉線淡棕色,頭、背面大致深灰褐色,
　腰紅褐色,腹面褐色,尾下覆羽白色。

| 生態 |
分布於伊朗、巴基斯坦、印度至中國西南、
中南半島、印尼、菲律賓、蘇拉威西島、
馬來諸島及新幾內亞等地。棲息於乾燥開
闊之田野、溝谷地帶,喜停棲於灌叢、矮
樹等枝梢或岩石、電線等突出點上,振翅
追捕小昆蟲。雄鳥於鳴唱或興奮時尾羽常
上翹。

相似種

灰叢鴝
• 雌鳥喉白色,背褐色,尾
　羽外側栗褐色。

▲雌鳥頭、背面大致深灰褐色,腰紅褐色。

翁科

灰叢鴝 *Saxicola ferreus*

屬名:石䳭屬　　英名:Gray Bushchat　　別名:灰林䳭　　生息狀況:過 / 稀

鶲科

▲雄鳥繁殖羽。

| 特徵 |
• 虹膜黑褐色。嘴灰色。腳黑色。
• 雄鳥眉線白色,嘴基至頰黑色形成黑眼
　罩。背部為斑駁的灰黑色,雜有褐色羽毛;
　翼及尾黑色,翼有白斑,翼緣及外側尾羽
　羽緣灰白色。喉白色,胸、脇灰色。
• 雌鳥眉線白色至淡棕色,耳羽栗褐色。背
　面大致褐色,尾羽外側栗褐色。喉白色,
　腹面大致淡褐色。

▲雄鳥非繁殖羽背部雜有褐色羽毛。

| 生態 |
分布於喜馬拉雅山脈、中國南部及中南半
島北部;冬季往南短距遷徙。出現於海岸
至丘陵地帶,喜於乾燥開闊之疏林、灌叢
或草叢活動,常停棲於視野良好之樹枝,
伺機捕食昆蟲。

▲雌鳥喉白色,背面大致褐色,尾羽外側栗褐色。

434

穗䳭 *Oenanthe oenanthe*

L14~17cm

屬名：䳭屬　　英名:Northern Wheatear　　生息狀況：迷

相|似|種
• 詳見 p.437「穗䳭（雌鳥）、漠
  䳭（雌鳥）、沙䳭辨識一覽表」。

▲雄鳥繁殖羽。

鶲科

| 特徵 |
• 虹膜黑褐色。嘴、腳黑色，脛毛淡色有黑
  色軸斑。
• 雄鳥繁殖羽額及眉線白色，嘴基至頰黑色
  形成黑眼罩。頭上至背灰色，翼、覆羽及
  尾羽黑色，腰白色，腹面近白。非繁殖羽
  頭頂及背偏褐色，喉、胸褐色。
• 雌鳥無黑眼罩，頭頂及背灰褐色，翼、覆
  羽黑色，有淡色羽緣，腹面近白。
• 尾羽黑色，基部白色，外側尾羽末端黑帶
  約為中央尾羽黑帶 1/2，張開時黑色部分
  呈倒「T」形。

▲雌鳥頭頂及背灰褐色，翼及覆羽黑色，有淡色羽緣。

| 生態 |
繁殖地廣布歐亞大陸，越冬至西歐、非洲、
亞洲西南。生活於荒漠、高原及多岩石之
草地、灌叢，站姿挺直，領域性強，喜停
棲於突出之岩石，常點頭、鼓翼，飛行低
而快速，於地面行走或齊足跳動，攝取昆
蟲為食。本種於 2008 年 11 月宜蘭有一筆
紀錄。

▲外側尾羽黑帶約為中央尾羽黑帶 1/2。

沙䳭 *Oenanthe isabellina*

L16~17cm

屬名：䳭屬　　英名：Isabelline Wheatear　　生息狀況：迷

▲出現於平地及海岸地帶之灌、草叢附近。

| 特徵 |

- 雄雌同色，但雄鳥眼先較黑。虹膜黑褐色。嘴、腳黑色。
- 頭上、背及腹面淡灰褐色，頰、頸側偏褐，眉線、喉近白。翼及小翼羽黑色，有淡色羽緣，腰白色。
- 大、中、小覆羽爲較一致之灰褐色（黑色較少），與翼、小翼羽之黑色對比明顯。
- 尾羽黑色，基部白色，外側尾羽末端黑帶約爲中央尾羽黑帶 2/3，張開時黑色部分呈「凸」形。

| 生態 |

分布於歐洲東南至俄羅斯東南、蒙古及中國北部，越冬至非洲中部、亞洲西部及西南部。單獨或成對生活於有矮樹叢的多沙荒漠地區，在地面奔跑快捷，站姿較穗䳭挺直。本種僅 2001 年 9 月臺灣大學、2000 年 9 月及 2008 年 9 月墾丁三筆紀錄，出現於平地及海岸地帶之灌、草叢附近，於地面上活動，覓食昆蟲。

▲大、中、小覆羽為較一致之灰褐色。

▲穗䳏（左）、漠䳏（中）、沙䳏（右）尾羽黑帶比較圖。

◆穗䳏（雌鳥）、漠䳏（雌鳥）、沙䳏辨識一覽表：

特徵 鳥種	翼覆羽	黑色 眼先	尾羽黑帶	脛毛 黑斑	腳長	站姿
穗䳏雌鳥及 第一齡冬羽	翼覆羽黑色，淡色羽緣稍 細，與飛羽對比弱	有，較淡	外側尾羽末端黑帶約 為中央尾羽黑帶 1/2， 張開呈倒「T」形	有	腳相對沙 䳏短	挺直
漠䳏雌鳥	翼覆羽黑褐色，淡色羽緣 較細，與飛羽對比弱	無	各羽黑色長度一致， 黑帶平整，張開呈 「一」形	有	腳相對沙 䳏短	較平
沙䳏	翼覆羽灰褐色一致，淡色 羽緣較粗，黑色羽軸不 顯，與飛羽及小翼羽之黑 色對比強	有，雄鳥 較黑	外側尾羽末端黑帶約 為中央尾羽黑帶 2/3， 張開呈「凸」形	無	腳相對其 他兩種長	較穗䳏挺直

翁科

漠䳭 *Oenanthe deserti*

屬名：䳭屬　　英名：Desert Wheatear　　生息狀況：迷

鶲科

相 似 種
• 詳見 p.437「穗䳭（雌鳥）、漠
　䳭（雌鳥）、沙䳭辨識一覽表」。

▲雄鳥非繁殖羽。

| 特徵 |
• 虹膜黑褐色。嘴、腳黑色。
• 頭上、背及腹面大致淡褐色。翼黑褐色，
　羽緣近白。
• 雄鳥繁殖羽頰、喉及頸側黑色，眉線乳
　白色，肩羽白色；非繁殖羽黑色部分較
　淡。雌鳥頭部不具黑色，耳羽褐色。
• 尾羽黑色，基部白色，各羽黑色長度一
　致，張開時黑色部分平整。

▲雄鳥繁殖羽臉側、喉及前頸黑色，呂宏昌攝。

| 生態 |
分布於北非、中東、中亞、新疆及蒙古，
越冬於非洲至印度西北部。生活於多石的
荒漠及低矮植被地帶，在臺灣出現於海岸
岩石地帶之灌、草叢附近，單獨於岩石
或地面上活動，於地面齊足跳行，覓食昆
蟲。

▲雌鳥頭上、背及腹面大致淡褐色，翼黑褐色。

438

白頂䳭 *Oenanthe pleschanka*

屬名：䳭屬　　英名：Pied Wheatear　　生息狀況：迷

相似種

灰叢鴝
• 雌鳥喉白色，尾羽外側栗褐色。

▲雌鳥頭、喉、背大致灰褐色，腰及尾上、下覆羽白色，林哲安攝。

| 特徵 |
• 虹膜暗褐色。嘴、腳黑色。
• 雄鳥繁殖羽頭上至後頸白色，臉、喉、頸側及背、翼黑色，腰及尾上覆羽、胸以下白色。中央尾羽黑色，尾羽末端帶黑色約為中央尾羽 1/4，張開呈倒 T 形，其餘尾羽白色。非繁殖羽黑色部分變淡，頭上至後頸轉褐色，具不明顯淡色眉線，胸、腹棕褐色。
• 雌鳥頭、喉、背大致灰褐色，胸、脇褐色，具淡色眉線，翼及尾羽黑褐色，腹汙白色，腰及尾上、下覆羽白色。

| 生態 |
分布於羅馬尼亞至俄羅斯南部、西伯利亞、蒙古、外貝加爾地區及中國北方，冬季南遷至伊朗、阿拉伯半島及非洲東北等地。棲息於乾燥開闊多石與矮樹之田野、荒地，喜停棲於灌叢枝梢或岩石、電線等突出點上，振翅追捕小昆蟲。站姿挺直，常上下擺動尾羽。雄鳥常於高空展示飛行、鳴唱，結束時會突然俯衝至地面。

▲雄鳥繁殖羽頭上至後頸白色，臉、喉、頸側及背、翼黑色，王容攝。

䳭科

439

連雀科
Bombycillidae

分布於北半球北部，臺灣2種，均為遷徙性候鳥。雌雄同色，為小型雀類，嘴短、頭上具冠羽，腳短。樹棲性，棲息於平地至山區樹林地帶，以植物種籽、果實及昆蟲為食。喜群棲，除繁殖期外，成群活動。築巢於樹上，雌雄共同育雛，雛鳥為晚成性。本科有兩種連雀之次級飛羽羽軸特化，於羽端延長形成蠟質紅色突起，為英文俗名Waxwing（意為「蠟翅」）之由來。

連雀科

黃連雀 *Bombycilla garrulus*

L19~23cm

屬名：連雀屬　　　英名：Bohemian Waxwing　　　別名：太平鳥、十二黃　　　生息狀況：迷，過／稀（馬祖）

相似種

朱連雀
• 黑色過眼線延伸至冠羽下方。
• 尾羽末端紅色。

▲尾下覆羽栗紅色，尾羽末端黃色。

| 特徵 |
• 虹膜褐色。嘴、腳黑色。
• 成鳥具冠羽，過眼線黑色，額、臉栗紅色，向頭後漸淡。頭、背、肩羽及胸灰褐色，喉黑色，腹灰色。初級飛羽黑色，羽端外側黃色；初級覆羽端部白色。次級飛羽灰色，羽先白色，有蠟質紅色突起。尾上覆羽至尾羽灰色，尾下覆羽栗紅色，尾羽末端黃色，次端帶黑色。
• 幼鳥次級飛羽末端無蠟質紅色突起。

▲喜於高大針、闊葉喬木頂端活動。

| 生態 |
繁殖於歐亞大陸北部及北美洲西北部，東亞族群越冬於中國東北及華北、朝鮮半島、日本等地，結群活動於高大針、闊葉喬木頂端，常與朱連雀混群，以植物種籽、漿果及昆蟲為食，繁殖期多攝取較多的昆蟲。因12枚尾羽皆黃色尾端，俗稱十二黃。

▶次級飛羽先端白色，有蠟質紅色突起。

朱連雀 *Bombycilla japonica*

屬名:連雀屬　　英名:Japanese Waxwing　　別名:小太平鳥、緋連雀、十二紅　　生息狀況:冬 / 稀

連雀科

▲過眼線黑色,延伸至冠羽下方。

▲出現於平地至山區樹林地帶。

| 特徵 |

• 虹膜紅褐色。嘴、腳黑色。

• 成鳥具冠羽,過眼線黑色,延伸至冠羽下方。額、臉栗紅色,向頭後漸淡。頭、背、肩羽、胸灰褐色,喉黑色,腹中央淡黃色。初級飛羽黑色,羽端外側白色;次級飛羽灰色,羽先黑色,有蠟質紅色突起,大覆羽先端紅色。尾上覆羽至尾羽灰色,尾下覆羽栗紅色,尾羽末端紅色,次端帶黑色。

• 幼鳥次級飛羽末端無蠟質紅色突起。

| 生態 |

繁殖於西伯利亞東南部、庫頁島、黑龍江下游、中國東北等地,冬季南遷至朝鮮半島、日本、中國華東及華北,偶發至臺灣。出現於平地至山區樹林地帶,結群於針葉林或闊葉喬木間活動,也會出現於都會公園,以植物種籽及果實為主食,繁殖期會攝取較多的昆蟲。

▲朱連雀與黃連雀混群。

相似種

黃連雀
• 黑色過眼線未延伸至冠羽下方。
• 尾羽末端黃色。

啄花科
Dicaeidae

分布於非洲西部、南亞、東南亞、澳洲及太平洋各島嶼，多為留鳥，臺灣有兩種繁殖。雌雄同色或異色，體型纖小，羽色鮮麗或樸素皆有。嘴尖細，先端稍下彎；舌呈管狀，可吸取花蜜；翼、尾均短。主要棲息於樹林地帶，單獨或小群於中、上層活動，攝取花蜜、漿果、蜘蛛及昆蟲等為食，性活潑好動，會發出尖細鳴聲。一夫一妻制，築巢於樹上，以植物纖維、苔蘚及絨羽等為巢材，巢呈球形，雌雄共同孵卵及育雛，雛鳥為晚成性。

綠啄花 *Dicaeum minullum uchidai*

特有亞種　L7.5~9cm

| 屬名：啄花屬 | 英名：Plain Flowerpecker | 別名：純色啄花鳥 | 生息狀況：留 / 不普 |

相似種

紅胸啄花
• 雌鳥嘴較厚短，背面略帶藍色，腹以下略帶橄黃綠色。

▲桑寄生排遺黏稠，會附著於樹枝上。

| 特徵 |
• 雌雄同色。虹膜深褐色。嘴黑色，嘴基灰色，尖細略下彎。腳黑色。
• 成鳥頭部、背面大致橄欖綠色，頭上有暗細紋，腹面灰白略帶黃色，尾短。
• 幼鳥羽色較淡，嘴淡橙色。

| 生態 |
其他亞種分布於印度、中國南方及東南亞。出現於低至中海拔山區闊葉林中、上層，為臺灣體型最小的鳥兒。性活潑，喜食昆蟲、花蜜、漿果、寄生植物果實，常於花朵盛開的樹上或寄生植物間覓食，有時也會有如蜂鳥懸停啄花的動作，飛行時常發出「吱、吱、吱、吱」短促的叫聲。

▲南美假櫻桃果實亦為綠啄花所好。

▶常於盛開花朵上吸取花蜜。

紅胸啄花 *Dicaeum ignipectus formosum*

特有亞種　L7~9cm

屬名：啄花屬　　英名：Fire-breasted Flowerpecker　　別名：紅胸啄花鳥　　生息狀況：留／普

相似種
綠啄花
•嘴較細長。
•背面綠色較濃。
•不帶藍色。
•腹面羽色較淡。

啄花科

▲桑寄生排遺黏著於樹枝上得以發芽繁殖。

| 特徵 |

• 虹膜黑褐色。嘴黑色，雌鳥下嘴基灰白色。腳黑色。
• 雄鳥頭上至背面藍色具金屬光澤，頰藍黑色。喉至胸橙紅色，胸以下淡黃色，胸、腹中央有黑色縱帶，尾甚短。
• 雌鳥頭灰綠色，背欖灰綠色，翼、尾羽藍黑色，翼有欖綠色羽緣，覆羽具藍色光澤。喉白色，胸、腹淡黃色，脅偏橄綠色。
• 幼鳥似雌鳥，但嘴基黃色。

| 生態 |

其他亞種分布於南亞、中國南方及東南亞。單獨或成對出現於低、中海拔山區闊葉林上層，冬季有降遷現象。性活潑，不甚見人，飛行能力強，速度快，常邊飛邊鳴叫，繁殖期雄鳥會於開花植物高枝上鳴唱以宣示領域，鳴聲嘹亮短促似「滴、滴、滴」或「戚戚～戚戚～」聲。以昆蟲、蜘蛛、花蜜、漿果及寄生植物果實爲食。

紅胸啄花、綠啄花與桑寄生有密切依存關係，桑寄生果肉具黏質，紅胸啄花與綠啄花吃了桑寄生果實，會將包著種籽的黏稠排遺摩擦在樹枝上，桑寄生因而得以附著於寄主，進而發芽繁殖。

▲雌鳥體色較樸素。

▲幼鳥似雌鳥，但嘴基黃色。

443

吸蜜鳥科
Nectariniidae

分布於非洲、印度、南亞、東南亞、澳洲及太平洋島嶼,有留鳥及短途候鳥,主要生活於東半球熱帶地區樹林中。體型纖細,雄鳥羽色豔麗,富金屬光澤。嘴細長而下彎,先端有細小鋸齒;舌呈管狀,尖端分叉,具伸縮性。尾呈多樣,有些種類雄鳥中央尾羽特長。主食花蜜,有傳播花粉作用,也吃昆蟲及蜘蛛。本科之生態地位相當於西半球的蜂鳥,但蜂鳥於空中懸停吸食花蜜,太陽鳥則是停於花梗上進食。

黃腹花蜜鳥 *Cinnyris jugularis*

L10~12cm

屬名:花蜜鳥屬   英名:Olive-backed Sunbird   生息狀況:迷

▲雄鳥繁殖羽前額、眼先、喉至胸藍紫色具金屬光澤。

| 特徵 |
- 虹膜深褐色。嘴黑色,細長而下彎。腳黑色。
- 雄鳥繁殖羽前額、眼先、喉至胸藍紫色具金屬光澤,下胸有緋紅及黑色胸帶。背面橄綠色,腹、脇及尾下覆羽鮮黃色,外側尾羽及尾下白色。非繁殖羽金屬藍紫色縮小至喉中心呈狹窄條紋。
- 雌鳥背面大致橄綠色,腹面鮮黃色,通常具淺黃色細眉紋。

▲喜於樹上或灌叢攝取花蜜、小昆蟲、蜘蛛及小果實為食。

| 生態 |
分布於印度、中國南部、中南半島、菲律賓群島、印尼至新幾內亞及澳洲、索羅門群島等地。棲息於開闊樹林、紅樹林、林園及沿海灌叢,性吵嚷,喜於花期結小群於樹上或灌叢攝取花蜜、小昆蟲,蜘蛛及小果實為食。

藍喉太陽鳥 *Aethopyga gouldiae*

L♂14~15cm ♀10cm

屬名:太陽鳥屬　　英名:Mrs. Gould's Sunbird　　生息狀況:迷

▲雄鳥繁殖羽頭頂輝紫藍色，喉、眼先藍黑色。

吸蜜鳥科

| 特徵 |

• 虹膜深褐色。嘴黑色，細長而下彎。腳褐色。

• 雄鳥繁殖羽頭頂輝紫藍色，喉、眼先藍黑色，胸、頭側、後頸至肩、背及中、小覆羽鮮紅色，耳後、胸側有輝紫藍色斑，腰及腹以下鮮黃色。翼黑褐色，具欖黃色或欖綠色羽緣。尾上覆羽及中央尾羽基部2/3紫藍色具金屬光澤，中央尾羽延長，延長部分紫黑色，外側尾羽黑褐色。

▲雄幼鳥，2015 年 12 月攝於新竹金城湖。

• 雌鳥頭、喉欖灰色，頭上有黑斑，背大致欖綠色，翼黑褐色具欖黃色羽緣，腰淺黃色，胸、腹綠黃色。尾羽黑褐色，基部欖黃色，外側尾羽具白色端斑，中央尾羽不延長。

| 生態 |

分布於喜馬拉亞山脈、印度至中國西南、中南半島等地。棲息於高原盆地樹林、山地闊葉林、灌叢或竹叢中，喜於花叢間活動，攝取花蜜、昆蟲、蜘蛛為食。

▲雌鳥頭、喉欖灰色，頭上有黑斑，背大致欖綠色。

叉尾太陽鳥 *Aethopyga christinae*

屬名：太陽鳥屬　　英名：Fork-tailed Sunbird　　生息狀況：過／稀（馬祖），留／稀、冬／不普（金門）

L9~11cm

▲雄鳥羽色豔麗，具金屬光澤。

| 特徵 |
- 虹膜褐色。嘴黑色，細長而下彎。腳黑褐色。
- 雄鳥頰黑色，頭上至後頸、髭紋藍綠色具金屬光澤。背橄欖色，腰黃色，中央尾羽藍綠色，末端有尖細延長。喉中央至上胸緋紅色，腹以下偏黃白色。
- 雌鳥較小，背面橄欖色，腹面淺黃綠色。

| 生態 |
分布於中國南方、海南島及越南。棲息於低山丘陵地帶之闊葉林，也見於城鎮附近之樹叢中，常光顧開花的灌叢及樹木，於盛開花朵間吸食花蜜，也會在空中懸停取食，亦食昆蟲，鳴聲響亮。

▲雌鳥背面橄欖色，腹面淺黃綠色。

梅花雀科
Estrildidae

分布於歐洲南部、非洲、亞洲、澳洲及太平洋各島嶼，臺灣有3種原生種，其餘皆為外來種。體型小，大多雌雄同色，羽色多變，從華麗至樸素皆有，嘴粗短呈圓錐狀。棲息於開闊草地、農耕地及灌叢，喜成群活動，攝取草籽、穀物及昆蟲為食。築巢於草叢或灌叢中，以草莖及葉等為巢材，巢呈橢圓形。本科為放生鳥之大宗，許多種類因羽色豔麗討喜而引進成為籠鳥，因此逸鳥特別多。

橙頰梅花雀 *Estrilda melpoda*

L10cm

梅花雀科

屬名：梅花雀屬　　英名：Orange-cheeked Waxbill　　生息狀況：引進種 / 不普

▲成鳥頭灰色，頰橙紅色，許映威攝。

| 特徵 |
- 虹膜紅褐色。嘴紅色。腳黑色。
- 成鳥頭灰色，頰橙紅色。背、翼褐色，腰及尾上覆羽紅色，尾黑色；腹面灰色。
- 幼鳥嘴黑色，頰淡黃色。

| 生態 |
原產於非洲西部，被引進為籠鳥，經逸出野外繁殖。生活於開闊草原、耕地附近之灌叢、草地、林緣等地區。喜群居，成對或小群活動，常攀附於草莖上啄食草籽，也會啄食地面之草籽、昆蟲。

▲於草莖上啄食草仔。

447

橫斑梅花雀 *Estrilda astrild*

L9.5~13cm

屬名：梅花雀屬　　英名：Common Waxbill　　生息狀況：引進種／稀

梅花雀科

▲常攀附於草莖上啄食草籽。

| 特徵 |

• 雌雄略異。虹膜黑褐色；嘴紅色；腳黑色。
• 雄鳥頰、喉至胸灰白色帶淡粉紅色，紅色
　眼帶醒目，頭上、背面及脇大致灰褐色，
　滿布暗色細橫紋。腹面淡粉紅色，中央有
　紅色斑塊，尾下覆羽黑褐色。
• 雌鳥似雄鳥，但腹部粉紅色範圍及紅色斑
　塊較小。
• 幼鳥細橫紋不明顯，嘴黑色。

| 生態 |

原產於非洲撒哈拉沙漠以南地區，被引進
為籠鳥，逸出於野外，已有穩定繁殖族群。
生活於稀樹草原、草澤、溼地、耕地及鄉
村公園等地區。喜群居，成小群活動，以
禾本科種籽為主，亦食莎草科種籽，常攀
附於草莖上啄食草籽，也會啄食地面之草
籽、昆蟲。

▲頭上、背面及脇大致灰褐色，滿布暗色細橫紋。

白喉文鳥 *Euodice malabarica*

L11cm

屬名:銀嘴文鳥屬　　英名:Indian Silverbill　　別名:印度銀嘴文鳥　　生息狀況:引進種／局普

▲成鳥頭至背褐色,喉至腹米白色。

| 特徵 |

• 虹膜褐色。上嘴灰黑色,下嘴銀灰色。腳
　粉灰色。
• 成鳥頭至背褐色,喉至腹米白色,尾黑色,
　中央白色。

| 生態 |

原產於印度及阿拉伯半島,經引進逸出,
於野外建立穩定繁殖族群,多分布於嘉南、
高屏地區。成群出現於平地至低海拔之草
叢、農耕地帶,以禾本科植物種籽、穀物
為食,喜群聚,會擠在一起取暖,有時會
與其他文鳥、麻雀混群。

▲有時會與其他文鳥混群。

斑文鳥
• 腹面灰白色,有鱗狀斑紋。

449

白腰文鳥 *Lonchura striata*

L11~12cm

屬名:文鳥屬　　英名:White-rumped Munia　　別名:尖尾文鳥　　生息狀況:留／普,過／稀（金門）

相 似 種

斑文鳥
•腰非白色,腹面有鱗狀斑紋。

▲常攀附於草莖上啄食草籽。

| 特徵 |

• 虹膜深褐色。上嘴黑色,下嘴鉛灰色。腳灰黑色。

• 成鳥頭、頸、背及上胸大致深褐色,頭略黑,各羽羽軸淡色形成縱紋。翼黑褐色,腰白色,尾上、下覆羽暗褐色,尾羽黑色,中央尾羽長而尖。胸有淡色羽緣,下胸至腹汙白色。

• 幼鳥喉白色,羽色較淡。

| 生態 |

分布於印度、中國南方及東南亞。成小群出現於平地至低海拔之林緣、草叢、灌叢及農耕地帶,以穀類、種籽爲食,常攀附於草莖上啄食草籽。籠鳥「十姐妹」爲本種與其他文鳥之雜交種。

▲頭至頸、背、上胸深褐色,腰白色。

斑文鳥 *Lonchura punctulata*

屬名:文鳥屬　　英名:Scaly-breasted Munia　　別名:黑嘴畢仔（臺）
生息狀況:留/普，留/稀（金、馬）

相 似 種

白腰文鳥
•腰白色，尾羽黑色，腹面無鱗狀斑紋。

▲成鳥背面褐色，頸側、胸、脇有鱗斑。

| 特徵 |
•虹膜紅褐色。嘴粗厚，鉛黑色。腳鉛灰色。
•成鳥背面褐色，羽軸淡色，頭上羽色較暗，尾上覆羽及尾羽雜有淡金黃色羽毛。喉、前頸黑褐色，胸以下灰白色，頸側、胸、脇有褐色鱗狀斑紋。
•幼鳥羽色較淡，胸、脇無鱗斑。

| 生態 |
分布於印度、中國南方及東南亞。生活於平地至低海拔之草叢、荒地、稻田及農耕地，常小群於草叢間活動，稻作成熟時會聚成大群覓食。性活潑喧嘩，好飛行，常發出輕柔似「啾、啾」之哨音。以禾本科植物種籽、穀物為主食，常附於草莖上啄食草籽，也會撿食落於地面的種籽。

▲幼鳥羽色較淡，胸、脇無鱗斑。

梅花雀科

451

黑頭文鳥 *Lonchura atricapilla*

L11~12cm

屬名：文鳥屬　　英名：Chestnut Munia　　別名：栗腹文鳥　　生息狀況：留／稀，引進種／不普

▲出現於草叢、稻田及農耕地帶。

| 特徵 |

• 虹膜暗紅色。嘴粗厚，鉛灰色。腳藍灰色。
• 成鳥頭、頸至上胸、腹中央至尾下覆羽黑色，其餘為栗褐色而有光澤。
• 幼鳥全身汙褐，無黑色。
• 臺灣原生亞種 *L. a. formosana* 頭、頸、胸、腹之黑色帶有明顯褐色，與身體栗褐色之界限稍模糊，對比不明顯。外來種頭、頸、胸較黑，與身體栗褐色對比強烈。

▲以禾本科植物種籽、穀物為食。

| 生態 |

分布於中國南部、南亞、東南亞及臺灣。成群出現於平地至低海拔之草叢、稻田及農耕地帶，以禾本科植物種籽、穀物為食，繁殖期育雛則以昆蟲為主食。喜群聚，會與斑文鳥、麻雀等混群，起落時振翅有聲。由於大量引進不止一種之外來亞種，且於野外建立穩定之繁殖族群，不斷擴張領域，使得原本稀有之臺灣原生亞種 *L. a. formosana* 族群急遽減少，只見於東部地區。

▲成鳥頭、頸至上胸、腹中央至尾下覆羽黑色。

◀成鳥與幼鳥。

白頭文鳥 *Lonchura maja*

L11cm

屬名：文鳥屬　　英名：White-headed Munia　　生息狀況：引進種／稀

▲成鳥頭、喉白色，背面及腹面栗褐色。

| 特徵 |

• 雄雌同色。虹膜深褐色。嘴、腳藍灰色。

• 成鳥頭、喉白色，頸側及前胸淡黃色，背面、尾及腹面栗褐色，腹面羽色較暗。

| 生態 |

原產於東南亞，經引進放生或逸出，於野外成功繁殖，分布於臺灣西半部。出現於草叢、溼地、稻田等地帶，常混群於斑文鳥、黑頭文鳥等鳥群中活動，喜攀附於草莖上啄食草籽，也會攝取昆蟲。

織布鳥科
Ploceidae

小至中型樹棲鳥類，分布於非洲及亞洲，大多為留鳥，臺灣1種外來種。因用草編織結構複雜堅固的巢而聞名，具有多樣化的社交系統。羽色通常帶黑、黃、橙或紅色圖案，翼中等長，某些鳥種尾長。頭大，嘴短而尖，呈圓錐形，頸短而粗，腳短。雄鳥體色通常較雌鳥豔麗，某些鳥種精緻的羽毛可用於展示。生活於沼澤、開放森林、灌木叢、草原及熱帶稀樹草原。主要以種籽為食，亦食昆蟲及節肢動物，有時也會攝取花蜜、水果及花粉。

從高度群居到獨居，行一夫多妻或一夫一妻制，一夫多妻制由雌鳥孵卵，雄鳥偶爾幫助餵雛；一夫一妻制則雄雌共同孵卵及育雛。

織布鳥科

黑頭織雀 *Ploceus cucullatus*

L17cm

屬名：織布鳥屬　　英名：Village Weaver　　別名：黑頭織布鳥　　生息狀況：引進種／稀

▲以草、葉編織成球形鳥巢，懸掛於樹枝上，開口向下。

| 特徵 |
- 雄雌異色。虹膜紅色；嘴粗厚，鉛灰色；腳藍灰。
- 雄鳥繁殖羽頭、喉至胸中央黑色，頸、背及腹面鮮黃色，背有黑斑，翼黑色有黃白色羽緣，尾羽欖綠色。非繁殖羽頭欖黃色，背欖灰色，腹面汙白色。
- 雌鳥似雄鳥，但頭無黑色，體羽黃色較淺。
- 幼鳥虹膜白色，全身欖褐色。

| 生態 |
廣布於非洲，經引進逸出於野外繁殖。常聚集於聚落附近，喜靠水域活動。繁殖期高度群居，一夫多妻制，以草、葉編織成球形鳥巢，懸掛於樹枝上，開口向下。主要以種籽、穀物為食，亦食昆蟲，被視為農業害鳥，群聚特性也易造成噪音汙染，需加強監測及移除，以避免族群擴散。

▲逸出於野外繁殖。

▲雄鳥繁殖羽頭、喉至胸中央黑色。

▲雌鳥頭無黑色，體羽黃色較淺。

岩鷚科
Prunellidae

分布於歐洲及亞洲，有留鳥及候鳥。雌雄同色，體型似麻雀，體色以灰、褐為主，嘴尖細，腳強健。生活於高原或高山地區之裸岩、荒漠、灌叢及草叢等環境，於地面跳躍、活動，攝取昆蟲、草籽、種籽、漿果及嫩芽等為食，飛行靈巧迅速。營巢於矮灌叢低枝、地面或岩石隙縫中，以草莖、細根及苔蘚等為巢材，巢呈碗狀，雌雄共同孵卵及育雛。

岩鷚 *Prunella collaris fennelli*

III｜特有亞種  L15~19cm

| 屬名：岩鷚屬 | 英名：Alpine Accentor | 別名：領岩鷚 | 生息狀況：留 / 不普 |

棕眉山岩鷚
•頭頂近黑色。
•具黑色過眼線。
•眉線、喉至胸皮黃色。

▲生活於中、高海拔山區之裸露地。

| 特徵 |
• 虹膜紅褐色，具不完整白色眼圈。嘴黑色，嘴基黃色。腳紅褐色。
• 頭、頸鼠灰色，喉灰白色，有黑色細橫斑。背黑褐至紅褐色，大覆羽黑色，末端白色形成點狀翼帶。尾羽黑色，末端紅褐色。胸鼠灰色，腹、脇栗褐色，有暗色斑紋。

| 生態 |
廣泛分布於歐亞大陸高山地區，在臺灣生活於中、高海拔山區之裸露地或開闊草原區，為臺灣分布海拔最高的留鳥，冬季會降遷至較低海拔之針闊葉混合林帶度冬。性不懼人，飛行迅速，僅作短距離飛行。常單獨或二～三隻在裸露之岩石、崩塌地、草地等空曠處活動，以昆蟲、草籽、果實及嫩芽等為食。

▲頭、頸鼠灰色，大覆羽黑色，末端白色。

▲岩鷚為臺灣海拔分布最高的留鳥。

棕眉山岩鷚 *Prunella montanella*

L15cm

屬名：岩鷚屬　　英名：Siberian Accentor　　別名：棕眉岩鷚　　生息狀況：迷

相似種

岩鷚
• 分布於中、高海拔山區。
• 頭、頸、胸鼠灰色。

▲過眼線黑色甚粗，眉線皮黃色醒目，張珮文攝。

| 特徵 |
• 虹膜褐色，具皮黃色下眼圈。嘴近黑，腳肉色。
• 頭頂近黑色，過眼線黑色甚粗，延伸至眼下及頸側；眉線皮黃色粗且長。背紅褐色，有白色點狀翼帶。喉至胸皮黃色，脇有紅褐色斑，腹以下汙白色，具黑斑。

| 生態 |
繁殖於歐亞大陸北部，越冬至中國東北、北部及朝鮮半島。生活於闊葉樹林及灌叢底層，遷徙時會出現於林緣、灌叢等環境，單獨於地面活動，以種籽、昆蟲為食。臺灣僅野柳於 2004 年 10 月及 2009 年 11 月各一筆紀錄。

457

麻雀科
Passeridae

分布於歐亞大陸、非洲、北美洲及澳洲，過去被列入文鳥科，近年獨立為一科。體型小，嘴粗短呈圓錐形，背部有褐色與黑色雜斑，因而被稱為麻雀。出現於村落、果園或農墾地，喜成群活動，會發出吱吱喳喳叫聲。樹棲性，惟多於地面或草莖上覓食，以草籽、穀類為主食，營巢於建築物孔隙或樹上，雌雄共同育雛。

家麻雀 *Passer domesticus*

15~17cm

屬名：麻雀屬　　英名：House Sparrow　　生息狀況：迷

| 相 似 種 |

麻雀、山麻雀
• 麻雀似本種雄鳥，但頭上紅褐色，頰有黑斑。
• 山麻雀雄鳥頭上紅褐色，背面栗紅色較濃；雌鳥嘴較黑而尖細，眉線乳白色及暗褐色過眼線較明顯。

▲雄鳥頭上及腰灰色，頰無黑斑，李日偉攝。

| 特徵 |
• 虹膜褐色。雄鳥嘴黑色，雌鳥黃褐色，上嘴峰色深，粗短呈錐形。腳粉褐色。
• 雄雌略異。雄鳥似麻雀，但頭上及腰灰色，頰無黑斑，喉黑色延伸至胸，範圍較大。頰及腹汙白，略帶灰色。
• 雌鳥似山麻雀雌鳥，但嘴較粗，過眼線較淡，羽色亦較淡，腰灰色，腹汙白略帶灰色。

▲雌鳥，李日偉攝

| 生態 |
廣布於歐亞大陸，自不列顛群島、斯堪地那維亞半島至俄羅斯及西伯利亞北部，往南至非洲、阿拉伯、印度和緬甸，引種至美洲、紐西蘭及澳洲。棲息於人類居住環境，包括鄉村、城鎮及農田，終年群聚於繁殖地，部分季節性遷徙或遊蕩。性喜結群，雜食性，以草籽、穀類及昆蟲為主食，喜於地面跳動覓食。

山麻雀 *Passer cinnamomeus*

I L14cm

屬名：麻雀屬　　英名：Russet Sparrow　　生息狀況：留／稀

相似種

麻雀
- 體頭上、背羽紅褐色較淡，頰有黑斑。
- 後頸有白色頸圈。

▲雄鳥頭上、後頸及背部紅褐色，頰白色。

| 特徵 |
- 虹膜黑褐色。嘴黑色粗短，呈圓錐形。腳淡黃褐色。
- 雄鳥頭上、後頸及背部紅褐色，背有黑色縱斑。頰白色，喉中央黑色；翼及尾羽黑褐色，羽緣淡色，翼有二條白色翼帶，腹面灰白色。非繁殖羽有白色眉線。
- 雌鳥眉線乳白色，過眼線黑褐色。背面大致灰褐色，背部有黑色及黃褐色縱斑，翼及尾羽黑褐色，有二條白色翼帶。腹面灰白色，略帶褐色。

| 生態 |
分布於中、低海拔山區，主要出現在山區村落、果園或農墾地，常停棲於電線或樹上。雜食性，在地面上跳躍啄食植物種籽、果實及昆蟲。繁殖期成對活動，築巢於電線桿孔隙或人工構造物內，非繁殖期才會集結較大群體一起覓食。由於族群數量稀少，名列臺灣瀕臨絕種野生動物，有待保育。

▲雌鳥眉線乳白色，背面大致灰褐色。

459

麻雀 *Passer montanus*

L14cm

屬名：麻雀屬　　英名：Eurasian Tree Sparrow　　別名：厝鳥仔、雀鳥仔（臺）　　生息狀況：留／普

▲頭上紅褐色，頰白色有黑斑。

| 特徵 |

• 虹膜黑褐色。嘴黑色粗短，呈圓錐形。腳淡黃色。

• 雄雌同色。頭上栗褐色，頰白色有黑斑，喉中央黑色，後頸有白色頸圈。

• 背部褐色，有黑色縱斑。翼黑褐色，羽緣略淡，有二條白色翼帶，腰至尾羽灰褐色，胸以下汙白色。

| 生態 |

廣布於歐亞大陸、歐洲、中東、東亞及東南亞，為臺灣最能適應人類活動環境的鳥種，生活於平地至中海拔山區之城市、鄉

▲麻雀為臺灣最能適應人類環境的鳥種。

村、農田，成群活動，性喧嘩，不甚怕人，喜停棲於樹上、電線上或地面，夜晚則群聚棲息於建築物附近樹上。雜食性，以草籽、穀類及昆蟲為主食，喜歡於地面及稻田覓食，秋、冬常大量聚集於草地或稻田，對農作物造成損害。於屋簷隙縫或孔洞間築巢，育雛時以昆蟲或其幼蟲為主食。

鶺鴒科
Motacillidae

廣布於全球，大多數為候鳥。雌雄相似，鶺鴒屬羽色主要為黑、灰、白及黃色；鷚屬主要為褐色，體上有暗色縱紋。體型纖細修長，嘴細，初級飛羽僅 9 枚，尾羽、腳及趾均長，鳴聲尖細。生活於草地、礫石地、溼地或水域附近等開闊環境，單獨或小群於地面活動，攝取昆蟲為食，活動時常上下擺動尾羽，擅奔跑，飛行呈波浪狀。一夫一妻制，築巢於地面，雌雄共同營巢、孵卵及育雛，雛鳥為晚成性。

山鶺鴒 *Dendronanthus indicus*

L16~18cm

屬名:山鶺鴒屬　　英名:Forest Wagtail　　生息狀況:冬 / 稀，過 / 稀（金、馬）

▲喜好棲息於闊葉樹林，於地面步行覓食。

▲翼有黑白相間粗翼帶。

| 特徵 |

- 虹膜褐色。嘴粉褐色，下嘴較淡。腳淡肉色。
- 眉線汙白色，過眼線黑褐色。頭上至背灰褐色，翼黑色，覆羽羽緣白色，形成黑白相間粗翼帶。腹面白色，胸部具二道黑色橫帶，上橫帶呈 T 字形，下橫帶不完整，外側尾羽白色。
- 飛行時，二道白色翼帶醒目。

| 生態 |

繁殖於亞洲東部，冬季南遷至南亞、中國東南部及東南亞。單獨或成對出現於闊葉

▲於地面步行覓食，主食昆蟲。

林、林道、西部沿岸樹林等地帶，喜好棲息於闊葉樹林，於地面步行覓食，主食昆蟲，亦食軟體動物等。活動時尾羽不停左右擺動，性不懼人，遇擾時僅短距離低飛至附近地面或樹上，飛行呈波浪狀。

灰鶺鴒 *Motacilla cinerea*

L17~20cm

屬名:鶺鴒屬　　英名:Gray Wagtail　　生息狀況:冬/普

相似種

黃鶺鴒
- 背橄黃綠色,有二條白色翼帶。
- 尾羽較短,腳黑色。

▲非繁殖羽頦至前頸白色。

特徵

- 虹膜褐色。嘴黑色。腳暗褐色至粉褐色。
- 繁殖羽雄鳥頭至背鼠灰色,眉線及頸線白色,
  腰黃綠色;翼、尾羽黑色,尾略長,三級飛
  羽羽緣及外側尾羽白色。頦至前頸黑色,胸
  以下鮮黃色,脇黃白色。雌鳥眉線較不明顯,
  頦至前頸白色,有些個體雜有黑色碎斑,胸
  至上腹黃色較淡,下腹至尾下覆羽黃色。
- 非繁殖羽頦至前頸白色,腹面黃色淡,脇白
  色,僅尾下覆羽黃色較濃。
- 幼鳥似雌鳥,背面偏橄綠色,腹面偏白。

▲雄鳥繁殖羽頦至前頸黑色。

生態

繁殖於歐亞大陸至俄國東北;越冬至北非、印
度、東南亞、菲律賓及印尼。單獨出現於溼地、
河口、農耕地、溪流或山區道路,於地面或水
邊捕食昆蟲,也會敏捷的飛撲空中飛蟲。於道
路活動時,會在人車前面保持一定距離前進,
最後再飛返原處。停棲時尾與地面大致成水平,
飛行呈波浪狀,剛降落時會大幅上下擺動尾羽。

▲單獨出現於溼地、河口、農耕地、溪流或山區
道路。

西方黃鶺鴒 *Motacilla flava*

L16~18cm

屬名：鶺鴒屬　　英名：Western Yellow Wagtail　　生息狀況：迷

相似種

黃頭鶺鴒、東方黃鶺鴒

• 黃頭鶺鴒背至腰鼠灰色，翼帶較粗，尾下覆羽白色。
• 東方黃鶺鴒 *macronyx* 與本種 *thunbergi* 相似，但頭藍灰色，耳羽通常不黑。

▲灰頭亞種雄鳥頭至後頸暗石板灰色，眼先至耳羽灰黑色，李日偉攝。

| 特徵 |

• 虹膜褐色，嘴、腳黑色。
• 灰頭亞種 *thunbergi*（Gray-headed）雄鳥頭至後頸暗石板灰色，眼先至耳羽灰黑色，無眉線，腹面黃色，有些個體頦白色。背欖褐色，翼黑色，具淡色羽緣，有二條淡黃色翼帶，尾羽黑褐色、外側二對尾羽白色。雌鳥頭灰色較淺，有細窄白眉線。喉白，腹黃色較淺。
• 黃頭亞種 *flavissma*/*lutea*（Yellow-headed）雄鳥頭部羽色多變，從全黃變化到額至後頸、眼先至耳羽欖黃褐色，背欖黃褐色，二條翼帶淡黃色，腹面黃色。雌鳥羽色較暗淡。

▲黃頭亞種雄鳥頭部羽色多變，魏千鈞攝。

| 生態 |

本種有 10 個亞種，繁殖於歐洲至西伯利亞西北、俄羅斯西南、蒙古西北及新疆北部；越冬至地中海沿岸、非洲、印度，少數至東南亞，習性同東方黃鶺鴒。

東方黃鶺鴒 *Motacilla tschutschensis*

L17cm

屬名：鶺鴒屬　　英名：Eastern Yellow Wagtail　　生息狀況：冬、過／普

相似種

西方黃鶺鴒

• 西方黃鶺鴒 *thunbergi* 與本種 *macronyx* 相似，但頭暗石板灰色，眼先至耳羽灰黑色。

▲黃眉黃鶺鴒繁殖羽，眉線黃色鮮明。

| 特徵 |

• 虹膜褐色。嘴、腳黑色。

• 黃眉亞種 *taivana* 黃眉黃鶺鴒，為度冬主要族群。繁殖羽頭、背至腰橄黃綠色，眉線黃色，眼先至耳羽黑褐色。翼黑色，有二條黃白色翼帶。腹面黃色，尾羽黑色，外側二對尾羽白色，雄鳥羽色較雌鳥鮮明。非繁殖羽羽色較淡，背部淡黃綠色，腹部淡黃色。幼鳥頭、背面灰褐色，腹面灰白色，頸側有黑褐色斑。

• 白眉亞種 *tschutschensis /plexa* 白眉黃鶺鴒，體色似黃眉黃鶺鴒，但雄鳥繁殖羽頭、後頸藍灰色，眉線、頦白色，眼先黑色。雌鳥頭及後頸帶褐色，頦、喉白色。幼鳥似黃眉黃鶺鴒幼鳥，難區分。非繁殖羽似繁殖羽，但背面淡黃褐色，腹面灰白色。

• 藍頭亞種 *macronyx* 藍頭黃鶺鴒，體色似黃眉黃鶺鴒，但雄鳥頭藍灰色，無白眉線，眼先灰黑色，頦白色，喉以下黃色。雌鳥眼上有細白眉線，頦、喉上半部白色。

| 生態 |

本種有 4 亞種，繁殖於西伯利亞東部及南部、蒙古北部、中國東北、勘察加半島、庫頁島、日本北部、千島群島北部及阿拉斯加，越冬至中國東南、臺灣、中南半島、馬來半島、印尼及菲律賓。出現於平地至低海拔水域附近，包括農耕地、沼澤、海岸、河岸及草地，白天成鬆散小群活動，於地面快步覓食昆蟲，停棲時尾羽不停上下擺動，起飛時常發出「唧～」鳴聲，飛行時呈波浪狀，邊飛邊叫。常夜棲於甘蔗田、菜圃、蘆葦叢，遷徙季常結成上千隻大群。

臺灣鳥類名錄所依循之 Clements 世界鳥類分類系統，於 2013 年將原西方黃鶺鴒之二亞種 *taivana*、*macronyx* 改列至東方黃鶺鴒。

▲白眉亞種繁殖羽。

▲白眉黃鶺鴒雄鳥繁殖羽，頭、後頸藍灰色，眉線、頦白色。

▲出現於農耕地、沼澤及草地，於地面快步覓食昆蟲。

▲藍頭黃鶺鴒雄鳥繁殖羽頭藍灰色，無眉線。

▲非繁殖羽羽色較淡。

▲黃眉黃鶺鴒第一回冬羽。

▲幼鳥。

黃頭鶺鴒 *Motacilla citreola*

L16.5~20cm

屬名：鶺鴒屬　　英名：Citrine Wagtail　　生息狀況：過 / 稀

鶺鴒科

相似種

東方黃鶺鴒
- 黃眉亞種眉線明顯，臉部黃色部分於耳後不相連。
- 背部橄黃綠色，非灰色，尾下覆羽黃色。

▲雄鳥繁殖羽頭部、前頸至腹鮮黃色。

| 特徵 |
- 虹膜深褐色。嘴、腳黑色。
- 雄鳥繁殖羽頭部、前頸至腹鮮黃色，後頸、頸側灰黑色，背至腰鼠灰色，有二條白色粗翼帶。尾羽黑色，外側尾羽及尾下覆羽白色。非繁殖羽似繁殖羽，但頭上至後頸灰褐色，眼先至耳羽灰黑色，臉部黃色部分於耳後相連。
- 雌鳥繁殖羽似雄鳥非繁殖羽，但頭部黃色較淡，胸側、脇略帶綠褐色。非繁殖羽胸、腹汙白色。
- 幼鳥似雌鳥非繁殖羽，但黃色部分為灰白色。

▲雌鳥繁殖羽。

| 生態 |
繁殖於歐亞大陸、中東北部及印度西北；越冬至印度、中國南方及東南亞。生活於草澤、水田及河岸，零星出現於平地至低海拔水域附近之溼地、水田，於地面或浮水植物上行走覓食昆蟲。

▲雄鳥非繁殖羽眼先至耳羽灰黑色。

日本鶺鴒 *Motacilla grandis*

屬名：鶺鴒屬　　英名：Japanese Wagtail　　生息狀況：迷

▲雄鳥額、眉線及頦白色，頭、頸至上胸黑色。

▲幼鳥眉線不明顯，頭、背淡灰色，呂宏昌攝。

▲於地面走動啄食昆蟲。

| 特徵 |

• 虹膜深褐色。嘴、腳黑色。

• 雄鳥額、眉線及頦白色，頭、頸至上胸、背、翼黑色，翼有大白斑及白色羽緣，尾黑色，外側尾羽白色；下胸以下白色。雌鳥頭、背灰色。

• 幼鳥眉線不明顯，頭、背淡灰色。

| 生態 |

繁殖於日本，在北海道爲夏候鳥，冬季偶至朝鮮半島南部、中國東南部及臺灣。零星出現於海岸、溪流、農耕地、沼澤等水域附近，於地面走動啄食昆蟲，停棲時不停上下擺動尾羽，飛行呈波浪狀。

白鶺鴒 *Motacilla alba*

L16.5~18cm

屬名：鶺鴒屬　　英名：White Wagtail　　別名：牛屎鳥仔（臺）　　生息狀況：留、冬 / 普

相 似 種

日本鶺鴒
· 頭、頸至上胸黑色。
· 僅額、眉線及頦白色，
· 背部之黑色部位終年黑色。

▲白面白鶺鴒雄鳥繁殖羽。

| 特徵 |
· 虹膜深褐色。嘴、腳黑色。
· *M. a. leucopsis* 白面白鶺鴒，為留鳥。雄鳥繁殖羽額、前頭、喉、臉、頸側白色，頭頂至背部黑色，翼有大白斑，外側尾羽白色。胸有大黑斑，腹以下白色。非繁殖羽頭頂至背偏灰，胸部黑斑較小。雌鳥似雄鳥，但背面羽色較淡。幼鳥大致似雌鳥，但額、頭頂至背淡灰褐色，眼先至耳羽灰色，腹面白色。
· *M. a. lugens* 黑背眼紋白鶺鴒，為冬候鳥。雄鳥繁殖羽額、臉、頦白色，有黑色過眼線，頭頂、背部、肩羽、喉至胸黑色，翼有大白斑，腹以下白色。非繁殖羽喉白色，背部、肩羽深灰色，雜有大型黑斑。雌鳥繁殖羽似雄鳥繁殖羽，但背部及肩羽為灰黑色，間雜黑色斑點。非繁殖羽黑色頭頂有灰斑，背部及肩羽灰色，間雜之黑斑較少。有著者將本亞種獨立為種 *Motacilla lugens*（Black-backed Wagtail 黑背鶺鴒）。
· *M. a. ocularis* 灰背眼紋白鶺鴒，為冬候鳥，雌雄相似。繁殖羽額及臉白色，有黑色過眼線，頭頂黑色，背、肩羽鼠灰色，頦、喉至胸黑色，翼有大白斑，腹以下白色。非繁殖羽似繁殖羽，但喉白色，頭頂雜有灰色羽毛。幼鳥有二條白色翼帶。
　M.a.baicalensis 灰背白面白鶺鴒（貝加爾亞種）為迷鳥，似白面白鶺鴒，但背、肩羽灰色。
· *M.a.alba/dukhunensis* 指名亞種群，似白面白鶺鴒，但頦、喉至胸黑色，背、肩羽灰色。

| 生態 |
繁殖於西歐至東亞、阿拉斯加西部，越冬於非洲至東南亞、菲律賓。出現於平地至低海拔水域附近之開闊地帶、稻田、溪流及道路上，於地面走動啄食昆蟲，停棲時不停上下擺動尾羽，飛行呈波浪狀，邊飛邊叫，遇擾時常飛起後驟降並發出示警聲。冬季會聚成幾百隻大群夜棲於市區行道樹上。

鶺鴒科

▲白面白鶺鴒雌鳥繁殖羽。

▲黑背眼紋雄鳥繁殖羽。

▲黑背眼紋雄鳥非繁殖羽。

▲黑背眼紋雌鳥非繁殖羽。

▲灰背眼紋繁殖羽頦、喉至胸黑色。

▲灰背眼紋非繁殖羽。

▲黑背眼紋第一回冬羽。

▲指名亞種群似白面白鶺鴒，但頦、喉至胸黑色，背、肩羽灰色。

▲貝加爾亞種似白面白鶺鴒，但背、肩羽灰色。

大花鷚 *Anthus richardi*

屬名:鷚屬　　英名:Richard's Pipit　　生息狀況:冬 / 不普

鶺鴒科

相|似|種

雲雀、樹鷚
• 雲雀有冠羽，嘴、尾羽較短。
• 樹鷚體型較小，耳後有白斑，胸
　脇皆有黑色縱斑。

▲頸、胸淡黃褐色，有黑色縱斑。

| 特徵 |

• 雌雄同色。虹膜深褐色。上嘴黑褐色，下
　嘴黃或肉色。腳肉色，跗蹠及後爪長，後
　爪稍彎曲。

• 眉線乳黃色，頰黃褐色，過眼線黑褐色，
　喉白色，有黑色顎線。背面黃褐色，具黑
　褐色縱斑，翼有黑色軸斑，尾羽黑褐色，
　外側尾羽白色。頸、胸淡黃褐色，有黑色
　縱斑，腹以下白色，脇略帶褐色。

| 生態 |

繁殖於西伯利亞、蒙古及中國，越冬至印
度、東南亞、馬來半島。出現於開闊草地、
收割過的稻田或海濱溼地等環境，單獨或
成鬆散小群於地面攝取昆蟲為食，停棲時
身體挺直。性機警，遇干擾立即飛離，驚
飛時會發出「唧～」叫聲，飛行呈波浪狀。

▲於地面攝取昆蟲為食。

▶出現於開闊草地或海濱溼地。

稻田鷚 *Anthus rufulus*

L15~16cm

屬名：鷚屬　　英名：Paddyfield Pipit　　別名：田鷚　　生息狀況：迷

相｜似｜種

大花鷚
• 眼先淡色，體型較大，尾羽、腳及後爪較長。

▲ 單獨或小群於曠野、短草地攝取昆蟲為食。

| 特徵 |

• 雌雄同色。虹膜深褐色。上嘴黑褐色，下嘴黃或肉色。腳肉色或黃褐色，跗蹠及後爪短，後爪稍彎曲。

• 似大花鷚，但眼先暗色，體型較小，尾羽、腳及後爪較短。以往常被視為大花鷚的一亞種。

| 生態 |

分布於印度至中南半島、馬來半島、印尼、菲律賓及中國西南等，出現於開闊短草地、收割過的稻田等環境，單獨或成小群於曠野、短草地攝取昆蟲為食，於地面快速走動，進食時上下擺動尾羽，停棲時身體挺直。性機警，遇干擾立即飛離，驚飛時會發出細弱「tsip-tsip-tsip」或「chup-chup」叫聲，飛行起伏呈波浪狀，通常不會飛遠。2019 年 3 月墾丁出現第一筆正式紀錄，至 12 月有小群滯留在棲地，惟早在 2011、2014、2015 即有鳥友留下影像紀錄，是否可能為稀有留鳥尚待進一步研究。

▲ 似大花鷚，但眼先暗色，體型較小。

鷚鶺科

472

布萊氏鷚 *Anthus godlewskii*

L15~17cm

屬名：鷚屬　　英名：Blyth's Pipit　　生息狀況：迷

相|似|種
•見 p.473 大花鷚與布萊
氏鷚辨識一覽表。

▲甚似大花鷚，但體型較小，嘴較短而尖細。

| 特徵 |

• 雌雄同色。虹膜深褐色。上嘴黑褐色，下
嘴肉色。腳肉色，後爪甚彎曲。

• 甚似大花鷚，但體型較纖細，嘴較短而尖
細，尾亦較短，跗蹠及後爪較短而彎曲，
腹面常為較單一的皮黃色。

| 生態 |

繁殖於西伯利亞、蒙古及中國東北，越冬
至印度。出現於開闊草地、旱田及乾旱平
原，攝取昆蟲為食。臺灣僅 2002 年 10 月
臺南七股及 2005 年 3 月桃園大園兩筆紀錄。

▲後爪較大花鷚短而彎曲。

鷚鶺科

◆大花鷚與布萊氏鷚辨識一覽表：

鳥種＼特徵	體型	體色	嘴型	跗蹠及後爪長度	站姿	出現環境
大花鷚	體型較大	眉線明顯，胸與腹側淡黃褐色，腹部偏白	嘴較粗長，上嘴尖端稍呈弧形	跗蹠及後爪較長，後爪稍彎曲	停棲時身體挺直	喜開闊草地
布萊氏鷚	體型較纖細，頸較短	眉線較不明顯，整體羽色較淡，胸、腹常呈單一皮黃色	嘴較尖細，上嘴尖端呈直線	跗蹠較短，後爪短而彎曲，略呈半圓	停棲時身體較水平	喜隱匿性較高之長草環境

林鷚 *Anthus trivialis*

屬名 : 鷚屬　　英名 : Tree Pipit　　生息狀況 : 迷

| 特徵 |
- 雌雄同色。虹膜深褐色。嘴短，上嘴褐色，下嘴粉色。腳粉色，後爪短。
- 頭、背面大致欖褐色，眼後有不明顯淡色眉線，過眼線、眼先及顎線黑褐色。頭上有黑色細縱紋，背具黑褐色粗縱斑，翼黑褐色，有二條白色翼帶。尾羽黑褐色，最外側尾羽外緣白色，越近端處白色越寬，外側第二枚尾羽末端白色。腹面皮黃色，胸、脇有黑色縱斑，脇部縱斑細而稀疏。

| 生態 |
繁殖於東歐至伊朗北部、西伯利亞至中國西北、喜馬拉雅山脈西北，越冬於非洲、地中海及印度。棲息於山地、開闊林地和灌木叢，喜林緣多草及低矮灌木或荊棘叢環境，有時在地上活動，攝取昆蟲及無脊椎動物為食。

| 相似種 |

草地鷚
- 嘴較細長，下嘴黃褐色，無暗色眼先，淡色眉線較明顯，胸、脇縱斑粗細一致。

▲背面大致欖褐色，頭上有黑色細縱紋，背具黑褐色粗縱斑，李日偉攝。

水鷚 *Anthus spinoletta*

屬名 : 鷚屬　　英名 : Water Pipit　　別名 : 小水鷚、褐色鷚　　生息狀況 : 迷

| 特徵 |
- 虹膜深褐色。嘴黑褐色，嘴基黃色。腳黑褐色。
- 繁殖羽眉線乳白色，背面灰褐色，有不明顯暗色縱紋及二條淡色翼帶，外側尾羽白色。腹面淡黃褐色，胸側及脇有稀疏褐色縱紋。
- 非繁殖羽背面褐色，翼帶不明顯；胸、脇具黑色點斑或縱紋。

| 生態 |
繁殖於歐洲西南、中亞、蒙古及中國西部，越冬至北非、中東、印度西北及中國南部。出現於水域附近之溼地、草澤及溪畔，常藏隱於近溪流處，於地面步行攝取昆蟲、嫩芽及種籽等為食，停棲時姿勢較水平。

▲胸側及脇有稀疏褐色縱紋，腳黑色，李日偉攝。

鷚鴒科

樹鷚 *Anthus hodgsoni*

屬名:鷚屬　英名:Olive-backed Pipit　別名:木鷚　生息狀況:冬 / 普

相 似 種

黃腹鷚
•背面褐色較濃。
•耳後無白斑,顎線較粗。

▲耳羽暗橄褐色,耳後有淡色斑。

| 特徵 |
• 雌雄同色。虹膜深褐色。上嘴黑褐色,下嘴偏粉色。腳粉紅色。
• 眉線白色,過眼線黑色,耳羽暗橄褐色,耳後有淡色斑。背面橄灰綠色,有不明顯黑褐色縱斑,具二條乳白色翼帶。喉至胸及外側尾羽乳白色,有黑色顎線,腹以下污白色,胸、脇具黑色粗縱斑。

▲胸、脇具黑色粗縱斑。

| 生態 |
繁殖於喜馬拉雅山脈及東亞,冬季遷至南亞、東南亞、菲律賓及婆羅洲。成群出現於平地至中海拔山區之草地或林緣地帶,較其他鷚屬更喜歡森林環境。於地面攝取昆蟲為食,活動時,尾羽會上下擺動,遇驚擾即飛至樹上隱匿。

▲於地面攝取昆蟲為食。

白背鷚 *Anthus gustavi*

屬名：鷚屬　　英名：Pechora Pipit　　別名：北鷚　　生息狀況：過／不普

L14cm

▲於地面步行攝取昆蟲為食。

| 特徵 |

- 雌雄同色。虹膜深褐色。上嘴近黑，下嘴及嘴基粉紅色。腳粉紅色。
- 眉線乳白色，耳羽茶褐色，顎線黑色。背面茶褐色，有黑色軸斑及二條白色翼帶，背兩側各有二條白色粗縱紋。喉、腹至尾下覆羽、外側尾羽乳白色；胸淡黃褐色，胸、脇有黑色縱斑。

| 生態 |

繁殖於西伯利亞、東北亞及中國，冬季南遷至東南亞、菲律賓、蘇拉威西島及婆羅洲。出現於開闊溼潤的多草地區及海岸附近之草叢，於地面步行攝取昆蟲為食。

▲出現於多草地區及海岸附近之草叢。

相 似 種

赤喉鷚、黃腹鷚

- 赤喉鷚非繁殖羽嘴基黃色，背部縱紋非白色，較模糊，停棲時初級飛羽與三級飛羽約等長。
- 黃腹鷚背面無白色縱紋。

▲背兩側各有二條白色粗縱紋。

赤喉鷚 *Anthus cervinus*

屬名:鷚屬　　英名:Red-throated Pipit　　別名:紅喉鷚　　生息狀況:冬、過 / 不普

L14~15cm

相似種

白背鷚、黃腹鷚
• 白背鷚下嘴及嘴基粉紅色,背部白色縱紋對比明顯,腹部較白,停棲時初級飛羽突出明顯。
• 黃腹鷚背面縱紋不明顯,腹面黑色縱斑較多。

▲出現於海岸附近之農耕地、草地及沼澤。

| 特徵 |
• 虹膜深褐色。嘴黑褐色,嘴基黃色。腳肉色。
• 繁殖羽頭、喉至胸紅褐色,頭上有黑色細縱紋。背面灰褐色,有皮黃色縱紋、黑色軸斑及二條淡色翼帶,腰及尾上覆羽有暗色縱斑,停棲時初級飛羽與三級飛羽約等長,外側尾羽白色。腹至尾下覆羽淡紅褐色,胸側至脇有黑褐色縱斑。雌鳥紅褐色較淡。
• 非繁殖羽紅褐色消失,具淡褐色眉線,耳羽褐色,顎線黑色。腹面淡黃白色,胸、脇有黑色縱斑。

▲繁殖羽頭、喉至胸紅褐色。

| 生態 |
繁殖於歐亞大陸北部至庫頁島、阿拉斯加,越冬於非洲、南亞及東南亞、菲律賓及婆羅洲。成小群出現於水域附近之農耕地、草地及沼澤,常於開闊地面活動,攝取昆蟲、植物種籽為食。停棲時下半身常上下擺動,飛行呈波浪狀。

▲非繁殖羽具淡褐色眉線,耳羽褐色,顎線黑色。

鷦鷚科

黃腹鷚 *Anthus rubescens*

屬名：鷚屬　　英名：American Pipit　　別名：褐色鷚　　生息狀況：冬／稀，過／稀（金、馬）

L15~17cm

▲非繁殖羽頸側、胸、胸側及脇黑色縱斑明顯。

| 特徵 |
• 虹膜深褐色。嘴黑褐色，嘴基黃色。腳黃褐色。
• 繁殖羽眉線黃白色，耳羽淡褐色。背面灰褐色，有不明顯暗色縱紋及二條淡色翼帶，外側尾羽白色。喉以下淡黃褐色，頸側、胸側、脇有黑色縱斑。
• 非繁殖羽背面欖褐色，二條白色翼帶粗而明顯，喉以下汙白色，略帶褐色，顎線黑色，頸側、胸、胸側及脇黑色縱斑明顯。

| 生態 |
繁殖於西伯利亞東部至庫頁島、北美洲，東亞族群越冬南遷至日本、韓國、中國東部、南部及東南亞。出現於海岸附近之水田、沼澤、農耕地及溪畔，單獨或小群於地面步行攝取昆蟲、嫩芽及種籽等為食。

▲繁殖羽喉以下淡黃褐色，李日偉攝。

雀科
Fringillidae

廣布於歐洲、亞洲、非洲及北美洲，多為候鳥，少數留鳥。體型較小，大多雌雄異色。嘴粗短呈圓錐狀，厚實有力；腳強健，尾呈叉形。棲息於樹林、農田、灌叢、草地、果園等地帶，多成群活動，以植物種籽、草籽、嫩芽及果實為食，繁殖期以昆蟲育雛。營巢於地面或樹上，巢呈碗狀，雛鳥為晚成性。

花雀 *Fringilla montifringilla*

L13.5~16cm

屬名：燕雀屬　　英名：Brambling　　別名：燕雀　　生息狀況：冬／不普，過／稀（金、馬）

▲雌鳥耳羽灰褐色，頸側灰色。

▲腰及尾上覆羽白色；雄鳥非繁殖羽。

| 特徵 |
- 虹膜暗褐色。嘴黃色。嘴尖黑色。
- 雄鳥繁殖羽頭、背面大致黑色，背部有淡橙色羽緣，腰及尾上覆羽白色。喉、胸、翼帶及小覆羽橙色，腹以下白色，脇有黑色斑點。非繁殖羽頭部轉為黑、黃褐色交雜，背部橙色羽緣較濃。
- 雌鳥似雄鳥非繁殖羽，但耳羽灰褐色，頸側灰色，整體羽色較淡。

| 生態 |
分布於歐亞大陸、中國、日本，冬季南遷至中國華南、雲南以及臺灣等地。出現於平地至山區之林緣、草地及離島、海岸地帶，也會出現在都會公園，喜群聚，可達上百隻之大群，常成群於樹上、草地或耕地覓食，主食樹籽、草籽、嫩芽或漿果等，亦喜食昆蟲。

▲雄鳥繁殖羽頭、背面大致黑色。

臘嘴雀 / 錫嘴雀 *Coccothraustes coccothraustes*

L16~18cm

屬名：錫嘴雀屬　　英名：Hawfinch　　生息狀況：冬／稀，過／稀（金、馬）

雀科

相似種
小桑鳲、桑鳲
•頭部黑色，嘴橙黃色

▲雌鳥頭頂的顏色略灰，次級飛羽外緣灰色。

| 特徵 |
•虹膜紅色。嘴粗大，繁殖期鉛灰色，非繁殖期肉色。
　腳肉色，尾短。
•雄鳥眼先、嘴基、喉黑色，頭頂茶褐色，頰黃褐色，
　後頸及頸側灰色。背暗褐色，外側大覆羽及中覆羽
　白色，翼呈閃灰藍黑色，部分初級飛羽及次級飛羽
　羽端特化呈方形。腰、尾上覆羽黃褐色，尾羽微凹，
　末端白色，外側二枚黑褐色。胸灰色，脇淡褐色，
　腹至尾下覆羽白色。
•雌鳥似雄鳥，但頭頂的顏色略灰，次級飛羽外緣灰
　色。
•幼鳥體色稍暗，胸、腹及兩脇具褐色細橫紋。

| 生態 |
廣布於歐亞大陸溫帶地區，東亞族群繁殖於西伯利
亞、中國東北、朝鮮半島及日本等地，越冬於中國華
南。單獨或小群出現於海岸及中、低海拔之樹林、果
園或公園，喜於陽光充足之樹木中、上層活動，常至
地面覓食。性害羞安靜，移動時常側向跳躍前進，飛
行時呈波浪狀。以植物果實、種籽等為食，亦食昆蟲。

▲雄鳥頭部黃褐色較濃，次級飛羽外緣藍黑色

小桑鳲 / 小黃嘴雀 *Eophona migratoria*

L15~18cm

屬名：黃嘴雀屬　英名：Yellow-billed Grosbeak　別名：黑尾蠟嘴雀　生息狀況：冬／稀，留／普（金門）

> **相似種**
>
> **桑鳲**
> • 體型較大，嘴端不黑。
> • 頭僅前半部黑色。
> • 翼僅初級飛羽中段有白斑。
> • 全身羽色較灰，脇灰色。

▲雄鳥頭、臉部、喉黑色。

| 特徵 |

• 虹膜褐色。嘴橙黃色，嘴端黑色，嘴基白色。腳肉色。

• 雄鳥頭、臉部、喉黑色。背灰褐色，後頸、尾上覆羽灰色。翼、尾羽黑色有藍色光澤，翼有白斑，初級飛羽末端白色。胸至腹灰色，腹中央至尾下覆羽白色，脇橙褐色。

• 雌鳥似雄鳥，但頭灰褐色，初級飛羽末端白色部分範圍較窄。

▲雌鳥頭灰褐色，初級飛羽末端白色部分範圍較窄。

| 生態 |

分布於西伯利亞東部、中國東北、朝鮮半島及日本南部，越冬於中國南方。單獨或小群出現於中、低海拔樹林、果園或公園，常於地面活動，以植物果實、種籽、草籽、嫩芽等為食，亦食昆蟲。性不懼人，飛行迅速，呈波浪狀。

▲以植物果實、種籽、草籽、嫩芽等為食。

桑鳲 / 黃嘴雀 *Eophona personata*

L18~23cm

屬名：黃嘴雀屬　英名：Japanese Grosbeak　別名：黑頭臘嘴雀　生息狀況：冬／稀，過／稀（金、馬）

雀科

▲常於地面活動，以植物果實、種籽、嫩芽等為食。

相 似 種

小桑鳲
• 體型較小，嘴端黑色。
• 頭部黑色範圍較大。
• 翼末端白色。
• 羽色偏褐，脇橙褐色。

▲出現於中、低海拔山區樹林、果園。

| 特徵 |
• 虹膜紅色。嘴粗大，橙黃色。腳肉色。
• 雌雄同色。頭前半部黑色，背面灰色，翼、尾羽黑色有藍色光澤，翼有白斑。胸部灰色，腹至尾下覆羽白色。

| 生態 |
分布於西伯利亞東部、中國東北、朝鮮半島及日本，越冬於中國南方。出現於海岸及中、低海拔山區樹林、果園或公園，常於地面活動，以植物果實、種籽、嫩芽等為食，亦食昆蟲。性羞怯，飛行迅速，呈波浪狀。

普通朱雀 *Carpodacus erythrinus*

L13~15cm

屬名:朱雀屬　　英名:Common Rosefinch　　生息狀況:冬 / 稀

▲雄鳥頭、頸至胸紅色，呂宏昌攝。

| 特徵 |

• 虹膜暗褐色。嘴灰褐色。腳黑褐色。
• 雄鳥頭、頸至胸紅色，耳羽偏褐，背橄褐略帶紅色，腰、尾上覆羽紅色，翼及尾羽黑褐色，腹以下白色。
• 雌鳥背面灰褐色，有暗色縱紋，翼黑褐色，有橄褐羽緣；腹面汙白色，喉至胸、脇有暗色縱紋。

| 生態 |

繁殖於歐亞大陸北部、中亞、喜馬拉雅山脈，度冬於南亞、中南半島北部、中國東南部。零星出現於離島、海岸、山區之樹林地帶，常於林緣、灌叢、菜圃附近活動覓食，以草籽、種籽、果實、花蜜等為食，亦食昆蟲。

相 似 種

酒紅朱雀
• 雄鳥有白色眉線，腹面暗紅色。
• 雌鳥全身暗褐色。

▲雌鳥背面灰褐色，有暗色縱紋。

▲以草籽、種籽、果實、花蜜等為食。

485

臺灣朱雀 *Carpodacus formosanus*

III | 特有種 | L15~16cm

屬名:朱雀屬　　英名:Taiwan Rosefinch　　別名:朱雀、酒紅朱雀　　生息狀況:留/普

▲雄鳥全身為亮麗的暗紅色。

| 特徵 |
- 虹膜暗褐色。嘴暗灰褐色。腳紅褐色。
- 雄鳥除翼及尾羽黑褐色外，全身為亮麗的暗紅色，眉線及三級飛羽末端白色。
- 雌鳥全身暗褐色，背及腹面有黑色縱斑，三級飛羽末端白色。

| 生態 |
出現於中、高海拔山區針、闊葉混合林林緣，常於灌叢、箭竹及草叢、苗圃附近地面活動，也常佇立於枝頂鳴唱。性不懼人，以植物種籽、果實等為食，亦食昆蟲。本種喜在垃圾堆附近撿食食餘，阿里山、合歡山、大雪山等山區遊客聚集處常可見其蹤影。

相似 種

普通朱雀
- 雄鳥無眉線，腹以下白色。
- 雌鳥背面灰褐色，腹面汙白色。

▲雌鳥全身暗褐色。

▲三級飛羽末端白色。

酒紅朱雀 *Carpodacus vinaceus*

屬名：朱雀屬　　英名：Vinaceous Rosefinch　　別名：朱雀　　生息狀況：迷（馬祖）

L13~15cm

▲三級飛羽末端白色較臺灣朱雀小。

| 特徵 |

• 似臺灣朱雀，但體型略小，雄鳥羽色較暗，三級飛羽末端白色較小；雌鳥腹面羽色較淡，黑色
  縱斑較不明顯。

| 生態 |

分布於印度北部、尼泊爾、中國南部、西南部及緬甸北部，單獨或小群出現於中、高海拔山區針、
闊葉混合林、竹林及灌叢，常於地面，低矮灌叢及草叢活動，以植物種籽、果實等爲食。非覓
食時，常於灌叢中長時間保持靜止不動。

相似種

臺灣朱雀
• 體型略大，雄鳥羽色較鮮紅，三級飛
  羽末端白色較大；雌鳥腹部羽色較暗，
  黑色縱斑明顯。

北朱雀 *Carpodacus roseus*

L 16~17.5cm

屬名：朱雀屬　　英名：Pallas's Rosefinch　　別名：靠山紅　　生息狀況：迷

相似種

普通朱雀
• 雌鳥額、喉及胸無粉紅色，腹面汙白色。

▲雌鳥全身淡褐色，額、喉及胸沾粉紅色。

| 特徵 |

• 虹膜暗褐色，嘴近灰，腳黑褐色。

• 雄鳥頭、胸深粉紅色，額、頰及喉夾雜銀白色，背、腰、尾上覆羽及腹粉紅色，下腹至尾下覆羽漸白。上背有黑褐色縱紋，翼及覆羽黑褐色，羽緣淺粉紅色或白色，有二道淺色翼帶。尾羽黑褐色，外側羽緣粉紅色。

• 雌鳥全身淡褐色，額、喉及胸沾粉紅色，頭上、背及腹面有黑褐色縱紋，腰粉紅色，下腹至尾下覆羽較白，尾羽黑褐色，外側羽緣粉褐色。

▲雌鳥頭上、背及腹面有黑褐色縱紋。

| 生態 |

分布於西伯利亞中部及東部至蒙古北部，冬季遷至中國北方、日本、朝鮮及哈薩克斯坦北部。棲息於山區針葉林、闊葉林、丘陵雜木林、灌叢及耕地邊緣，於地面、灌叢及樹林中覓食，以植物種籽、嫩芽、漿果等為食，亦食昆蟲。

▲於地面、灌叢及樹木中覓食。

褐鷽／褐灰雀 *Pyrrhula nipalensis uchidae*

特有亞種　L16~17cm

屬名：灰雀屬　　英名：Brown Bullfinch　　生息狀況：留／不普

相似種

灰鷽
• 額、嘴基至眼先為三角形黑斑。
• 眼下無弧形白斑。

▲雄鳥最內側三級飛羽基部有橘紅色外瓣。

| 特徵 |
• 虹膜黑褐色。嘴灰色，嘴端黑色。腳肉色。
• 雄鳥頭、背及胸灰褐色，頭上有暗褐色斑點，眼先黑褐色，眼下有弧形白斑。腰上段黑色，下段白色。翼、尾羽黑色具藍色光澤，翼上有灰白色寬帶；最內側三級飛羽基部有橘紅色外瓣，但常隱而不見。下腹中央至尾下覆羽灰白色，脇淡灰褐色，中央尾羽羽軸白色。
• 雌鳥大致似雄鳥，但三級飛羽基部之外瓣為黃色。
• 幼鳥頭上暗褐色斑不明顯或無，眼先黑褐色淺。

▲雌鳥三級飛羽基部之外瓣為黃色。

| 生態 |
出現於中至高海拔山區針、闊葉混合林或闊葉林，常成小群於樹林上層活動，以植物種籽、嫩芽、漿果及昆蟲等為食，性不懼人，飛行呈波浪狀。本種於阿里山、溪頭、大雪山、太平山等中海拔山區較易觀察。

▲以植物種籽、嫩芽、漿果等為食。

灰鷽 / 灰頭灰雀 *Pyrrhula owstoni*

特有種　L15~17cm

屬名：灰雀屬　英名：Taiwan Bullfinch　生息狀況：留 / 不普

相似種

褐鷽
• 無三角形黑眼罩，眼下白斑明顯。
• 中央尾羽羽軸白色。

▲雄鳥背部鼠灰色，喉至腹灰色，脇略帶橙色。

| 特徵 |
• 虹膜黑色。嘴近黑色。腳肉色。
• 雄鳥額、嘴基至眼為黑色三角形斑，頭
　上、頭側、後頸至背部灰色，大覆羽淡
　灰色，基部黑色。腰上段黑色，下段白
　色。翼、尾羽黑色而有藍色光澤。喉至
　腹淡灰色，脇略帶橙色，尾下覆羽白
　色。
• 雌鳥大致似雄鳥，但背部及腹面淡紅褐
　色。
• 幼鳥臉部三角形黑斑不明顯。

▲雌鳥背部及腹面淡紅褐色。

| 生態 |
出現於中至高海拔山區針葉林或針、闊
葉混合林，常成小群於針葉林上層、灌
叢或地面草叢活動，性不懼人，以草籽、
漿果、嫩芽及昆蟲等為食，飛行呈波浪
狀。本種於阿里山、塔塔加、合歡山、
大雪山等高海拔山區較易觀察。

▶幼鳥臉部三角形黑斑不明顯。

雀科

490

歐亞鷽 *Pyrrhula pyrrhula*

屬名：灰雀屬　　英名：Eurasian Bullfinch　　別名：灰腹灰雀、紅腹灰雀　　生息狀況：迷

▲雄鳥，沈其晃攝。

▲雌鳥，沈其晃攝。

| 特徵 |

• 虹膜黑褐色，嘴黑色厚短略鉤，腳粉褐至黑褐色。

• 指名亞種 *pyrrhula* 及勘察加亞種 *cassini* 雄鳥額至後頭、眼先至頦為略帶光澤黑色，後頸至背灰色，頰、頸側、喉至胸腹為鮮豔的粉紅色。翼藍黑色，具灰白色粗翼帶。下腹至尾下覆羽及腰白色，尾羽藍黑色，尾端略凹。

• 日本亞種 *griseiventris* 似指名亞種，但雄鳥僅頰及下喉粉紅色，胸、腹全灰。

• 東北亞種 *cineracea* 雄鳥頰淡紫褐色，喉、胸腹及背灰色，無紅色。

• 雌鳥似雄鳥，但頰、喉至胸腹淡紫褐色，後頸至背灰色。

• 幼鳥似雌鳥，但羽色偏褐，頭上、眼先及頦無黑色，翼帶沾黃褐色。

• 飛行時白腰及灰白色翼帶明顯。

| 生態 |

分布於歐洲、亞洲北部、勘察加半島、庫頁島、日本、朝鮮半島以及中國大陸東北、內蒙古、河北等地，棲息於低海拔的次生林、落葉林、灌叢、公園及農村周圍。單獨或小群於灌叢、樹林或低矮植被中活動覓食，以草籽、漿果、嫩芽及昆蟲等為食，偶爾到地面。2012 年 12 月澎湖花嶼有 1 筆紀錄。

相似種

灰鷽、褐鷽

• 灰鷽頭上不黑，嘴基周圍黑色三角形，外緣灰白色。
• 褐鷽偏灰褐色，頭上及頦不黑，眼下有明顯弧形白斑。

金翅雀 *Chloris sinica*

L12.5~14cm

屬名：綠雀屬　　英名：Oriental Greenfinch　　生息狀況：冬／稀，留／不普（金、馬）

相似種

黃雀
- 雄鳥頭上黑色，全身黃色較濃。
- 雌鳥頭上灰黑色，腹面黃白色有黑色縱紋。

▲出現於平原、山麓之樹林、苗圃、公園。

| 特徵 |
- 虹膜暗褐色。嘴、腳肉色。
- 雄鳥頭上、後頸灰色，臉、喉黃綠色，耳羽偏灰。背部褐色，翼黑色，有白色與黃色翼斑，腰黃色；尾羽黑色，外側尾羽基部黃色。腹面黃褐色，尾下覆羽黃色。
- 雌鳥似雄鳥，但羽色較淺，翼之黃斑較小。

| 生態 |
分布於西伯利亞、中國東部、庫頁島、朝鮮半島、日本等地。出現於平原、山麓之樹林、苗圃、公園與離島。性活潑，結群生活，常成群停棲於電線上，飛行呈直線。於低矮灌叢和地面覓食，以草籽、種籽及穀類為食，兼食昆蟲，為金門、馬祖不普遍留鳥。

▲雌鳥羽色較淺，翼之黃斑較小。

▶雄鳥臉、喉黃綠色，背部褐色，有白色與黃色翼斑。

雀科

492

赤胸朱頂雀 *Linaria cannabina*

屬名：赤頂雀屬　　英名：Eurasian Linnet　　生息狀況：迷

雀科

▲雌鳥頭上、喉、胸及胸側多黑褐色縱紋。

| 特徵 |

• 虹膜暗褐色，嘴灰色，腳粉褐至黑色。

• 雄鳥繁殖羽額紅色，頭至後頸、頰灰色，頰有白斑，頭上具鱗斑。眼上、下有弧形白斑，喉白色有黑褐色斑紋。背及覆羽褐色，腰、尾上覆羽白色，上胸及胸側紅色，下胸及上腹中心至尾下覆羽白色，脇褐色。翼黑褐色，翼緣白色。尾羽黑色，外側尾羽羽緣及基部白色。非繁殖羽紅色部分轉為淺褐色。

• 雌鳥頭上、後頸、頰灰褐色，頰有白斑，眼上、下有淡色弧形斑。喉、胸及腹近白，頭上、喉、胸及胸側多黑褐色縱紋，腹至尾下覆羽白色，脇褐色。尾羽黑色，外側尾羽羽緣及基部白色。

| 生態 |

分布於歐洲、東至西伯利亞、南至北非、中亞，越冬於埃及、伊拉克、巴基斯坦、印度以及中國新疆等地，棲息於開闊多岩山區之稀樹及矮灌叢，喜活動於荒地、開墾地、草地及灌木叢，於地面、灌叢及草叢中攝取植物種籽、嫩芽、果實及昆蟲等為食。飛行快速，直行或起伏。2019 年 11 月新北市田寮洋有 1 筆紀錄。

普通朱頂雀 *Acanthis flammea*

L12~14cm

屬名：朱頂雀屬　　英名：Common Redpoll　　別名：白腰朱頂雀、朱頂雀　　生息狀況：迷

▲雄鳥額基、眼先及頦黑色，額頭紅色，喉、頸側及胸略帶粉紅色。

| 特徵 |
- 雌雄相似。虹膜暗褐色，嘴黃褐色，腳黑色。
- 雄鳥繁殖羽額基、眼先及頦黑色，額頭紅色，
  眉線白色，耳羽淡褐色。背面大致灰褐色，
  頭頂至背有暗褐色縱紋，翼黑褐色，翼緣白
  色，有二條白色翼帶。腰灰白或淡紅，有暗
  褐色縱紋，腹面大致白色，喉、頸側及胸略
  帶粉紅色，脇汙白色有黑褐色縱紋，尾下覆
  羽白色，亦具黑褐色縱紋。尾羽黑褐色，呈
  凹狀，外側羽緣白色。非繁殖羽似雌鳥，喉、
  胸殘留粉紅色。
- 雌鳥似雄鳥，但喉、頸側及胸無粉紅色。

▲啄食木麻黃毬果內的種子。

| 生態 |
分布於近北極地區，自北歐至加拿大、俄羅
斯、日本、朝鮮半島及中國大陸東北、寧夏、
新疆、華北、華東等地。棲息於各種喬木雜
林、灌叢、林緣農田及果園中，成對或小群
於地面、樹枝上攝取植物種籽、草籽及昆蟲
等為食，警覺性高，受擾時飛至高樹頂端。

雀科

494

紅交嘴雀 *Loxia curvirostra*

屬名：交嘴雀屬　　英名：Red Crossbill　　別名：交喙鳥、青交嘴　　生息狀況：迷

▲紅交嘴雀會在非繁殖季及食物來源短缺時遊蕩，圖為雄鳥，李泰花攝。

| 特徵 |

• 虹膜暗褐色，嘴近黑，呈鉤狀，上下嘴相側交。腳黑色。
• 雄成鳥體色隨不同亞種而異，從磚紅、橘黃至玫瑰紅及猩紅色，帶黃色調。眼先及過眼線、翼及尾羽黑褐色，尾羽呈深凹狀。
• 雌鳥似雄鳥，但體色為橄黃色帶灰色或綠色。
• 幼鳥大致灰綠色，具黑色縱紋。

| 生態 |

分布於北美、歐亞大陸、北非及東南亞，有很多亞種，不同族群常具有獨特的聯繫呼叫和其他發聲特徵。棲息於針葉林，會在非繁殖季及食物來源短缺時遊蕩，部分結群遷徙。以多種針葉樹種籽為食，常倒懸取食，交嘴即方便其嗑開松子，飛行迅速起伏。

黃雀 *Spinus spinus*

L11~12cm

屬名：黃雀屬　　英名：Eurasian Siskin　　生息狀況：冬／稀，過／不普（馬祖），過／稀（金門）

相似種

金翅雀
•羽色偏褐，翼之黃斑醒目。

▲雄鳥頭上、眼先及頦黑色，臉、喉側至胸黃色，背黃綠色。

| 特徵 |
• 虹膜黑褐色。嘴肉褐色。腳黑褐色。
• 雄鳥頭上、眼先及頦黑色，臉、喉側、胸
至上腹黃色，耳羽欖綠色。背黃綠色，有
暗色縱斑，翼黑色，有二條黃色翼帶，
腰、尾上覆羽黃色，尾羽黑色，外側基部
黃色。下腹以下汙白色，脇有黑色縱紋。
• 雌鳥體色較淡，頭上灰綠色，頦白色，頭
上、背部、胸及脇有黑色縱紋。

| 生態 |
分布於歐洲、俄羅斯及東亞，東亞族群繁
殖於西伯利亞東部、中國東北、庫頁島，
越冬至朝鮮半島、日本、中國華中、華南
等地。喜群聚，常成數十隻出現於平地至
中海拔山區開闊樹林地帶，成群在樹冠層
移動，偶爾零星出現於海岸地帶。以草籽、
漿果、嫩芽為主食，亦食昆蟲。

▲雌鳥體色較淡，頭上、胸、脇有黑色縱紋。

雀科

分布於北極圈，冬季向南遷移。雌雄異色，嘴呈圓錐狀，生活於開闊草地、沼澤地及沿海地區，少於灌叢中。耐寒冷，擅於地面行走、跳動，成群在地面或草叢間活動，以草籽為主食。

鐵爪鵐 *Calcarius lapponicus*

L15~16cm

屬名：鐵爪屬　　英名：Lapland Longspur　　生息狀況：迷

▲多停棲於地面，以草籽為主食。

▲雄鳥非繁殖羽胸部有殘留黑斑。

| 特徵 |

- 虹膜暗褐色。嘴黃色，嘴尖黑色，非繁殖期嘴肉色。腳黑色至黑褐色。
- 雄鳥繁殖羽頭、喉、頸、胸及胸側黑色，眉線至頸側白色，後頸紅棕色，背部褐色具黑色縱紋，尾羽黑褐色。腹以下白色，脇有黑色縱紋。非繁殖羽頭褐色，頭上有黑褐色斑紋，臉褐色，耳羽外緣有黑斑。喉汙白色，顎線黑色，胸部淡褐色，有黑色斑點，翼有二條白色翼帶，但羽色較淡。
- 雌鳥似雄鳥非繁殖羽，但羽色較淡。

▲雌鳥羽色較淡。

| 生態 |

繁殖於北極圈苔原凍土帶，越冬至南方的草地及沿海地區。生活於平原之開闊草地、沼澤地及田野，群棲性，耐寒冷，擅於地面奔跑、行走或跳動，多停棲於地面或礫石，喜於露出雪地的植枝上覓食，以草籽為主食。

雪鵐 *Plectrophenax nivalis*

L15cm

屬名：雪鵐屬　　英名：Snow Bunting　　生息狀況：迷

鐵爪鵐科

▲多於地面活動，以草籽為主食，游萩平攝。

| 特徵 |

- 虹膜暗褐色。成鳥嘴黑色，非繁殖期嘴黃色。腳黑色。
- 雄鳥繁殖羽除頭、腹面及翼斑白色外，餘部黑色。非繁殖羽頭白色，中央冠紋、耳羽及上胸栗褐色，背灰白色有黑斑，翼黑色有褐色羽緣及大白斑。腰、尾上覆羽及腹面白色。
- 雌鳥繁殖羽似雄鳥繁殖羽，但頭頂、頰及頸背具灰色縱紋。非繁殖羽背面棕褐色，具黑褐色縱紋，翼有褐色羽緣。

▲雄鳥非繁殖羽羽中央冠紋、耳羽及上胸栗褐色，游萩平攝。

| 生態 |

繁殖於北極圈苔原凍土帶，冬季向南遷移，生活於開闊環境，冬季群棲，以草籽為主食，多於地面活動，快步疾走或併足跳行，性不懼人。臺灣僅 2001 年桃園縣大園鄉一筆紀錄。

鵐科
Emberizidae

廣布於歐亞大陸、非洲及美洲，大部分為遷移性候鳥，少數留鳥。出現於臺灣者均為冬候鳥或過境鳥，為小型雀類，大多雌雄異色，羽色以黑、褐、黃、栗紅及白色為主，嘴粗短，呈圓錐狀，翼圓短，尾羽外側大多為白色。生活於開闊草原、蘆葦叢、草地、耕地及灌叢，成小群在地面或草叢間活動，覓取草籽及漿果，兼食昆蟲。叫聲為輕聲的「嘶」或「嘰」聲，繁殖季則會發出悅耳的鳴囀。營巢於草叢或茂密灌叢的低枝間，雌雄共同孵卵及育雛，雛鳥為晚成性。

冠鵐 *Emberiza lathami*

L16cm

屬名：鵐屬　　英名：Crested Bunting　　生息狀況：迷，過／稀（金、馬）

▲雌鳥。

| 特徵 |
- 虹膜深褐色。嘴粉褐色，下嘴基粉紅色。腳紫褐色。
- 雄鳥具細長冠羽，頭、頸、肩、背、腰及腹面黑色具金屬光澤，翼及尾栗紅色，尾末端黑色。
- 雌鳥羽冠較短，體羽大致灰褐色，翼及尾羽紅褐色，背及腹面均具黑褐色縱紋。

| 生態 |
分布於印度、喜馬拉雅山脈至中國東南及中南半島北部，棲息於丘陵地帶之開闊草地、農耕地或多岩山坡，活動取食多在地面，以植物種籽、穀類、嫩芽等為食。本種在金門、馬祖為稀有過境鳥。

▲雄鳥全身黑色，翼及尾栗紅色，張壽華攝。

黑頭鵐 *Emberiza melanocephala*

屬名：鵐屬　　英名：Black-headed Bunting　　生息狀況：過 / 稀

L15.5~17.5cm

鵐科

相似種

其他鵐類、褐頭鵐

• 本種雌鳥與其他類之區別在羽色
單一，尾下覆羽黃色，尾無白色。
• 褐頭雌鳥嘴較小，頭頂斑紋較不
明顯，腰及尾上覆羽無紅褐色軸
斑，初級飛羽突出較短。

▲雄鳥繁殖羽頭黑色，喉、頸側鮮黃色延伸至後頸。

| 特徵 |

• 膜暗褐色。嘴粗大，嘴峰隆起；鉛灰色，下嘴基偏粉
色。腳肉色。
• 雄鳥繁殖羽頭黑色，喉、頸側鮮黃色延伸至後頸。背
部、腰及尾上覆羽栗紅色，翼黑褐色，有白色羽緣及
翼帶。尾羽黑褐色，無白色外側尾羽。腹面鮮黃色，
無斑紋。非繁殖羽羽色較淡，偏灰色調。
• 雌鳥頭上至背面淡灰褐色，具黑褐色縱紋，腰及尾上
覆羽淡黃褐色，具紅褐色軸斑，翼暗褐色，有白色羽
緣及翼帶。腹面汙白色染黃，無斑紋，尾下覆羽黃色。

| 生態 |

繁殖於地中海東部至中亞，越冬於印
度。棲息於平地灌叢、草叢及農
耕區等地帶，常停棲於草葉高
點，於地面或草叢中攝取草
籽、種籽、漿果等為食。

▶雌鳥。

▲常停棲於草葉高點。

褐頭鵐 *Emberiza bruniceps*

L15~16.5cm

屬名:鵐屬　　英名:Red-headed Bunting　　生息狀況:迷

相|似|種

黑頭鵐
•雌鳥嘴較大,腰及尾上覆羽有紅褐色軸斑,初級飛羽突出較長。

▲雄鳥頭栗色,腰、腹鮮黃色醒目。

▲雄鳥非繁殖羽頭、胸栗色較淡。

▲雌鳥。

| 特徵 |

• 虹膜暗褐色。嘴粉灰色,嘴峰直。腳粉褐色。
• 雄鳥繁殖羽頭、喉至胸栗色,背面綠褐色,有黑褐色縱紋,頸側、腰、腹以下鮮黃色。非繁殖羽羽色較淡。
• 雌鳥背面淡綠褐色,頭頂及背具黑色縱紋,腰及尾上覆羽淡黃褐色,腹面淺黃色。

| 生態 |

分布於中亞,越冬至印度。棲息於開闊乾旱平原之灌叢、矮樹、草叢及農耕地,於地面或草叢中攝取草籽、種籽、漿果等為食,喜停於突出棲處或於飛行時鳴叫,亦喜停棲於電線上。

501

赤胸鵐 / 栗耳鵐 *Emberiza fucata*

L16cm

屬名:鵐屬　　英名:Chestnut-eared Bunting　　生息狀況:冬、過 / 稀

▲出現於開闊平原之荒草地、休耕地。

| 特徵 |

- 虹膜暗褐色，眼圈白色。上嘴黑褐色，下嘴偏粉紅色。腳粉紅色。
- 雄鳥繁殖羽額、頭上至後頸灰色，有黑色縱紋，耳羽栗色。背面紅褐色有黑色縱斑，翼黑褐色，羽緣紅褐色，尾羽黑褐色，外側尾羽白色。喉白色，顎線黑色，與上胸黑色粗縱斑相連，胸側紅褐色形成胸帶，脇淡紅褐色，有黑色縱紋，腹以下白色。非繁殖羽上胸黑色縱斑及紅褐色胸帶較淡。
- 雌鳥似雄鳥，但頭上至後頸偏褐，上胸黑色縱紋較細而模糊，紅褐色胸帶不明顯。

▲雌鳥上胸黑色縱紋模糊，紅褐色胸帶不明顯。

| 生態 |

繁殖於東北亞、喜馬拉雅山脈西段至中國華中、華南，越冬至印度、中國東南部、中南半島北部。出現於開闊平原之荒草地、休耕農地及林緣地帶，於地面、草叢或灌叢中覓食，以草籽、種籽等爲食。

▲雄鳥繁殖羽額、頭上至後頸灰色，有黑色縱紋，耳羽栗色。

白頂鵐 *Emberiza stewarti*

L15cm

屬名：鵐屬　　英名:White-capped Bunting　　生息狀況：迷

▲雄鳥頭頂灰白色，頰白色，喉黑色，呂宏昌攝。

▲ 2016 年 1 月新北市田寮洋有一筆紀錄，呂宏昌攝。

| 特徵 |
- 虹膜暗褐色。嘴灰色，腳粉色。
- 雄鳥頭頂灰白色，頰白色，喉黑色，黑色粗過眼紋延伸至後頸。背、腰栗色，翼黑褐色有紅褐色羽緣。胸灰白色，胸腹間有一栗色橫帶，腹以下汙白色。尾羽黑褐色，外側尾羽白色。
- 雌鳥色淡，背部和胸部具有縱紋，腰栗色。

| 生態 |
分布於吉爾吉斯至土庫曼南部、阿富汗、巴基斯坦及印度西北部，棲息於中高海拔乾燥、樹木繁茂之山區、丘陵，冬季遷至低海拔，喜岩石、溝壑、田野、灌木叢和開闊乾燥的森林環境，主要以昆蟲、種籽、漿果為食。2017 年 1 月新北市貢寮區田寮洋有一筆紀錄。

草鵐 *Emberiza cioides*

L17cm

屬名:鵐屬　　　英名:Meadow Bunting　　　別名:三道眉草鵐　　　生息狀況:迷

▲華東亞種雌鳥,似雄鳥但羽色較淡。

| 特徵 |

• 虹膜深褐色。上嘴鉛黑色,下嘴藍灰色,
嘴先黑色。腳粉紅色。

• 雄鳥眉線白色醒目,眼先及顎線黑色,眼
下有白斑,華東亞種 *castaneiceps* 耳羽栗
紅色,日本亞種 *ciopsis* 耳羽黑色。後頸
側灰色。頭上、背及腰紅褐色,背部具深
色縱紋,翼及覆羽黑褐色,羽緣紅褐色。
尾羽黑褐色,外側尾羽白色。喉白色,胸、
脇及腹紅褐色,尾下覆羽白色。

• 雌鳥似雄鳥但羽色較黯淡。

| 生態 |

繁殖於中亞、西伯利亞南部、蒙古、中國
東北、朝鮮半島及日本,越冬於朝鮮半島
及日本南部、中國華中、華南。棲息於開
闊灌叢、林緣及草叢地帶,以草籽、種籽
為食。

▲日本亞種雌鳥。

| 相 似 種 |

白眉鵐
•有白色頭央線。
•頭部黑色範圍較多。

▲華東亞種雌鳥，2010 年 4 月攝於馬祖。

▲華東亞種雄鳥，耳羽栗紅色，李日偉攝。

▲棲息於灌叢、草叢地帶以草籽、種籽為食。

▲日本亞種雄鳥，耳羽黑色。

紅頸葦鵐 *Emberiza yessoensis*

L14~15cm

屬名：鵐屬　英名：Ochre-rumped Bunting / Japanese Reed Bunting　生息狀況：迷

鵐科

相似種

葦鵐、蘆鵐
• 葦鵐雄鳥繁殖羽有白色頰紋，雌鳥後頸、腰及尾上覆羽非紅褐色。
• 蘆鵐嘴峰呈弧形，小覆羽紅褐色，雌鳥胸側及脇褐色具縱紋。

▲雄鳥繁殖羽。

| 特徵 |
• 虹膜暗褐色。嘴灰黑色，非繁殖羽下嘴粉褐色。腳肉褐色。
• 雄鳥繁殖羽頭、喉至頸全黑，後頸、背、腰及尾上覆羽紅褐色，背具白色及黑色粗縱紋，小覆羽藍灰色，翼黑褐色，羽緣紅褐色。頸側、胸以下汙白色。尾羽黑褐色，中央尾羽紅褐色，外側尾羽有白色楔形斑。胸側及脇淡褐色或白色。非繁殖羽頭至頸黑色轉淡，有白色眉線及頰紋，眼先至耳羽形成黑色三角形耳斑。喉為斑駁黑色，後頸紅褐色延伸至胸側。
• 雌鳥似雄鳥非繁殖羽，但三角形耳羽黑褐色，頭央線、眉線、頰線及喉皮黃色，顎線黑褐色。

| 生態 |
繁殖於日本、中國東北及西伯利亞東南部；越冬至日本沿海、朝鮮及中國東部。單獨或小群出現於海岸、河岸之蘆葦叢、草叢及長著柳叢、小灌叢及水草的沼澤地，於蘆葦叢花穗或草桿活動，攝取草籽、種籽等為食，亦食昆蟲。

▲雄鳥繁殖羽頭、喉至頸全黑，小覆羽藍灰色。

▲雌鳥有白色眉線及頰紋。

蘆鵐 *Emberiza schoeniclus*

屬名:鵐屬　　英名:Reed Bunting　　生息狀況:迷

相似種

葦鵐
- 嘴峰直，羽色較淡。
- 雄鳥小覆羽灰色。
- 雌鳥胸側及脇之縱紋不明顯。

▲雄鳥繁殖羽頭、喉至上胸黑色，頰線、頸圈白色，葉守仁攝。

▲雌鳥。

▲雄鳥非繁殖羽。

| 特徵 |
- 虹膜暗褐色。嘴峰呈弧形，上嘴灰黑色，下嘴偏粉色，先端暗色。腳深褐至粉褐色。
- 雄鳥繁殖羽及非繁殖羽大致似葦鵐雄鳥，但背面紅褐色濃，小覆羽紅褐色，腰灰色。
- 雌鳥似葦鵐雌鳥，但頭、背面紅褐色較濃，脇褐色縱紋明顯。

| 生態 |
繁殖於歐亞大陸北方、庫頁島、北海道，越冬於地中海沿岸、北非、印度、中國東部及日本。
出現於開闊地帶之蘆葦叢、草叢與灌叢中，性活潑機警，遇擾即隱入密叢或快速飛離，以草籽、
種籽、嫩芽等爲食，亦食昆蟲。

鵐科

葦鵐 *Emberiza pallasi*

L12~13.5cm

屬名：鵐屬　　英名：Pallas's Bunting　　生息狀況：冬／稀，過／稀（金、馬）

鵐科

相似種

蘆鵐
- 嘴峰呈弧形。
- 雄鳥小覆羽紅褐色。
- 雌鳥胸側及脇褐色縱紋較明顯。

▲背面具白色及黑色縱斑。

| 特徵 |

- 虹膜暗褐色。嘴峰直，上嘴灰黑色，下嘴偏粉。腳深褐至粉褐色。
- 雄鳥繁殖羽頭、喉至上胸黑色，頰線、頸圈白色。背面淡褐色，具白色及黑色縱斑，小覆羽灰色。尾羽黑色，中央尾羽有淡褐色羽緣，外側尾羽白色。下胸以下白色，胸側及脇淡灰褐色。非繁殖羽頭部黑、褐色交雜，頰線及頦白色，喉至上胸黑褐色，中央有白色羽毛，頸側至後頸皮黃色。
- 雌鳥似雄鳥非繁殖羽，但頭上及耳羽褐色，眉線、頰線及喉白色，顎線黑褐色，胸側及脇淡褐色具褐色縱紋。

| 生態 |

繁殖於西伯利亞、蒙古北部，越冬至中國東北、華東及朝鮮半島。單獨或成對出現於海岸至丘陵地之蘆葦叢、草叢與灌叢中，性活潑，不甚懼人，於草叢或地面攝取草籽、種籽等為食，亦食昆蟲。

▲雄鳥非繁殖羽喉至上胸黑褐色，中央有白色羽毛。

▲雌鳥頭上及耳羽褐色，眉線、頰線及喉白色，顎線黑褐色。

▲雄鳥非繁殖羽頭部黑、褐色交雜，頰線白色，小覆羽灰色。

金鵐 *Emberiza aureola*

II　L14~15.5cm

屬名:鵐屬　　英名:Yellow-breasted Bunting　　別名:黃胸鵐　　生息狀況:過/稀

> **相似種**
>
> **黑臉鵐、鏽鵐**
> • 黑臉鵐雌鳥腹面略帶綠色，有明顯之縱斑及顎線。
> • 鏽鵐雌鳥腰栗紅色，無白色外側尾羽及翼帶。

▲雄鳥繁殖羽額、臉部、喉黑色。

| 特徵 |

• 虹膜暗褐色。嘴近黑色，下嘴粉褐色。腳黑褐色。

• 雄鳥繁殖羽額、臉部、喉黑色。頭上至背面暗栗色，有黑色縱斑，翼黑褐色，羽緣褐色，大覆羽先端及中覆羽白色，形成翼帶及大白斑，尾羽黑褐色，外側尾羽白色。前頸至腹鮮黃色，胸有暗栗色橫帶，脇有暗栗色縱斑，尾下覆羽白色。非繁殖羽羽色較淡，頭上、耳羽有乳黃色斑，頸側、喉至胸略帶乳黃色。

• 雌鳥頭上褐色，有黑色縱紋，眉線黃白色，耳羽暗褐色。背灰褐色，有黑色縱斑；中覆羽白色，有黑色軸斑；翼、尾羽黑褐色，羽緣淡褐色。腹面淡黃色，胸無橫帶，脇有黑褐色縱紋。

| 生態 |

繁殖於西伯利亞至中國東北、日本及庫頁島，越冬至中國南方及東南亞。出現於平地之高草叢、農耕地或蘆葦地，會與其他種混群，於草地、灌叢或高草叢攝取草籽、種籽等為食。近年族群數量急遽下降，2017年起名列全球「極危」鳥種。

▲攝取草籽、種籽等為食。

鵐科

512

▲於草地、灌叢攝取草籽、種籽為食。

▲雌鳥頭上褐色，眉線黃白色，耳羽暗褐色。

▲雌鳥繁殖羽。

▲第一回冬羽。

小鵐 *Emberiza pusilla*

L12~13.5cm

屬名：鵐屬　　英名：Little Bunting　　生息狀況：冬／稀，過／不普

▲雄鳥繁殖羽，頭上紅褐色與黑色頭側線分明。

▲雄鳥非繁殖羽，頭上紅褐色與黑色頭側線混雜。

| 特徵 |

• 虹膜暗褐色，眼圈白色。嘴鉛灰色。腳肉褐色。
• 雄鳥繁殖羽頭上、臉部紅褐色，頭側線、耳羽外緣及頰線黑色。背面大致灰褐色，有黑色縱斑，覆羽及飛羽羽緣紅褐色，尾羽黑褐色，外側尾羽白色。喉淡紅褐色，腹面白色，胸、脇有黑色縱斑。非繁殖羽羽色較淡，頭上紅褐色與黑色頭側線混雜。
• 雌鳥似雄鳥，但頭上、臉部及翼之紅褐色較淡。

▲雌鳥頭上、臉部及翼之紅褐色部分羽色較淡。

| 生態 |

繁殖於歐亞大陸北部，冬季南遷至印度北部、中國南部及東南亞，出現於海岸附近之開闊荒草地、農耕地及林緣地帶，於地面、草叢或灌叢中活動，性羞怯，遇干擾常沒入草叢，以草籽、種籽等爲食，亦食昆蟲。

▲成鳥繁殖羽，黑色頭側線分明。

田鵐 *Emberiza rustica*

L13~14.5cm

屬名:鵐屬　　　英名:Rustic Bunting　　　生息狀況:冬、過/稀

鵐科

相|似|種

黃喉鵐

• 雌鳥眉線黃褐色,耳羽後方無白斑,喉淡黃褐色,上胸無栗紅色胸帶。

▲雄鳥非繁殖羽頭上、耳羽黑褐色,眉線沾褐色,顎線黑色。

| 特徵 |

• 虹膜暗褐色。嘴粉色,嘴峰及下嘴先近黑色。腳粉紅色。

• 雄鳥繁殖羽頭、臉黑色,略具冠羽,眉線、下頰及喉白色,耳羽後方有白斑。背至尾上覆羽栗紅色,有黑褐色縱斑,尾羽黑褐色,外側尾羽白色。翼黑褐色,有淡色羽緣及二條白色翼帶。腹面白色,上胸有栗紅色胸帶,脇有栗色縱斑。非繁殖羽頭上、耳羽黑褐色,眉線沾褐色,顎線黑色。

• 雌鳥似雄鳥非繁殖羽,但羽色較淡,上胸栗紅色胸帶較淺。

▲於地面攝取草籽、種籽等為食。

| 生態 |

繁殖於歐亞大陸北部,越冬至中國東部、日本。單獨或小群出現於開闊草地、農耕地,於地面攝取草籽、種籽等為食,性不懼人,停棲時常豎起短冠羽。

▲左雌鳥右雄鳥。

515

野鵐／繡眼鵐 *Emberiza sulphurata*

II　L13~14cm

屬名：鵐屬　　英名：Yellow Bunting　　別名：硫黃鵐　　生息狀況：過／稀，過／不普（馬祖）

相似種

黑臉鵐
・無白色眼圈。
・雌鳥有黃白色眉斑及黑色顎線。

▲雄鳥頭上、臉部灰黃綠色，眼先及頦近黑色。

| 特徵 |
・虹膜暗褐色，眼圈白色。嘴灰色，腳粉褐
色。
・雄鳥頭上、臉部灰黃綠色，眼先及頦近黑
色，背部灰綠色，有黑色縱斑，翼、尾黑
褐色，羽緣灰褐色，有二條白色翼帶，外
側尾羽白色。腹面黃綠色，脇有黑褐色縱
紋，尾下覆羽黃白色。
・雌鳥似雄鳥，但眼先非黑色，羽色較淡，
頭、背部偏褐色。

▲雌鳥眼先不黑，頭、背部偏褐。

| 生態 |
繁殖於日本，越冬至日本南部、中國華東、
華南部分地區及菲律賓。出現於平地至低
山之草叢、灌叢、農耕地，於草地或灌叢
中攝取草籽、種籽等為食，亦食昆蟲。本
種因族群稀少，名列全球「易危」鳥種。

▲因族群稀少，名列全球「易危」鳥種。

黑臉鵐 *Emberiza spodocephala*

L13.5~16cm

屬名：鵐屬　　英名：Black-faced Bunting　　別名：灰頭鵐　　生息狀況：冬／普

相 似 種

野鵐
•眼周圍白色。
•腹面縱斑較少。
•雌鳥無眉斑及顎線。

▲指名亞種雄鳥繁殖羽，頭、頸、胸暗灰色，眼先及頦黑色。

| 特徵 |

• 虹膜暗褐色。上嘴近黑，下嘴粉色，先端深色。腳粉褐色。

• 指名亞種 *E. s. spodocephala*（灰頭黑臉鵐）雄鳥繁殖羽頭至頸、上胸暗灰色，眼先及頦黑色。背面灰褐色，有黑色縱斑及二條淡色翼帶，外側尾羽白色。腹以下白色，脇略沾黃，有黑色縱紋。雄鳥非繁殖羽，頭上、耳羽有褐色斑紋，眉線淡色。雌鳥頭上、耳羽灰褐或褐色，頭上有黑褐色縱紋，有些個體具灰色頭央線，耳羽外緣黑褐色，眉線、頰線汙白色，顎線黑褐色。腹面白色，喉至胸有灰褐色細縱紋，胸側、脇黃褐色，有黑褐色縱紋。

• *E. s. personata*（黑臉鵐）雄鳥繁殖羽頭、臉灰綠色，眼先及頦黑色，眼後有黃色細眉線，頰線黃色。背面灰褐色，有黑色縱斑及二條淡色翼帶，外側尾羽白色。喉、胸、腹黃色，喉、胸、脇有黑色縱紋，下腹中央至尾下覆羽白色。雄鳥非繁殖羽眉線淺黃色，眼先及頦不黑，顎線下緣黑色。雌鳥似雄鳥非繁殖羽，但頭上、臉部略帶黃色，有黃白色眉線及黑色顎線，腹面羽色略淡。

• *E. s. sordida* 似指名亞種，但雄鳥頭、頸、胸灰綠色，腹至尾下覆羽黃色較鮮明。雌鳥眉線、頰線及喉偏黃色。

| 生態 |

繁殖於西伯利亞、朝鮮半島、日本、中國東北及中西部，越冬至中國華東及華南、海南島、臺灣、印度東北、尼泊爾及中南半島北部。出現於海岸至中海拔山區之草叢、灌叢、蘆葦地及農耕地，於地面或草叢中攝取草籽、種籽等為食，亦食昆蟲。性機警，遇干擾即飛進草叢或灌叢中隱藏，活動或飛行時常露出外側白色尾羽。

鏽鵐 *Emberiza rutila*

L14~15cm

屬名:鵐屬　　英名:Chestnut Bunting　　別名:栗鵐　　生息狀況:過／稀，過／不普（馬祖）

相 似 種

金鵐、黑臉鵐
• 金鵐雌鳥通常無顎線，有二條白色翼帶，腰非栗紅色，外側尾羽白色。
• 黑臉鵐雌鳥腰非栗紅色。

▲雄鳥繁殖羽頭至背、肩、腰、尾上覆羽及上胸栗紅色。

| 特徵 |

• 虹膜暗褐色。嘴鉛灰色。腳肉褐色。
• 雄鳥繁殖羽頭至頸、上胸、背、肩、腰及尾上覆羽栗紅色，翼及尾羽黑褐色，有淡色羽緣。下胸以下黃色，脇有綠褐色縱斑。非繁殖羽羽色較淡，胸以下黃白色。
• 雌鳥眉線乳黃色，耳羽褐色，背面橄褐色，有黑色縱斑；腰、尾上覆羽栗紅色；翼黑褐色，羽緣淡褐色。喉至前頸乳黃色，顎線黑色，胸以下黃白色，有黑色縱斑。

▲雌鳥腰、尾上覆羽栗紅色。

| 生態 |

繁殖於西伯利亞南部、中國東北，越冬至中國南方及東南亞。出現於平地至低海拔之草叢、農耕地及林緣地帶，於地面、草地或灌叢活動，攝取草籽、種籽、嫩芽等為食，不甚怕人。

▲於地面攝取草籽、種籽、嫩芽等為食。

黑臉鵐 *Emberiza spodocephala*

屬名：鵐屬　英名：Black-faced Bunting　別名：灰頭鵐　生息狀況：冬 / 普

相似種

野鵐
- 眼周圍白色。
- 腹面縱斑較少。
- 雌鳥無眉斑及顎線。

鵐科

▲指名亞種雄鳥繁殖羽，頭、頸、胸暗灰色，眼先及頦黑色。

| 特徵 |
- 虹膜暗褐色。上嘴近黑，下嘴粉色，先端深色。腳粉褐色。
- 指名亞種 *E. s. spodocephala*（灰頭黑臉鵐）雄鳥繁殖羽頭至頸、上胸暗灰色，眼先及頦黑色。背面灰褐色，有黑色縱斑及二條淡色翼帶，外側尾羽白色。腹以下白色，脇略沾黃，有黑色縱紋。雄鳥非繁殖羽，頭上、耳羽有褐色斑紋，眉線淡色。雌鳥頭上、耳羽灰褐或褐色，頭上有黑褐色縱紋，有些個體具灰色頭央線，耳羽外緣黑褐色，眉線、頰線汙白色，顎線黑褐色。腹面白色，喉至胸有灰褐色細縱紋，胸側、脇黃褐色，有黑褐色縱紋。
- *E. s. personata*（黑臉鵐）雄鳥繁殖羽頭、臉灰綠色，眼先及頦黑色，眼後有黃色細眉線，頰線黃色。背面灰褐色，有黑色縱斑及二條淡色翼帶，外側尾羽白色。喉、胸、腹黃色，喉、胸、脇有黑色縱紋，下腹中央至尾下覆羽白色。雄鳥非繁殖羽眉線淺黃色，眼先及頦不黑，顎線下緣黑色。雌鳥似雄鳥非繁殖羽，但頭上、臉部略帶黃色，有黃白色眉線及黑色顎線，腹面羽色略淡。
- *E. s. sordida* 似指名亞種，但雄鳥頭、頸、胸灰綠色，腹至尾下覆羽黃色較鮮明。雌鳥眉線、頰線及喉偏黃色。

| 生態 |
繁殖於西伯利亞、朝鮮半島、日本、中國東北及中西部，越冬至中國華東及華南、海南島、臺灣、印度東北、尼泊爾及中南半島北部。出現於海岸至中海拔山區之草叢、灌叢、蘆葦地及農耕地，於地面或草叢中攝取草籽、種籽等為食，亦食昆蟲。性機警，遇干擾即飛進草叢或灌叢中隱藏，活動或飛行時常露出外側白色尾羽。

▲喜歡在草叢、蘆葦叢中活動。

▲指名亞種灰頭黑臉鵐。

▲ *sordida* 亞種雄鳥,腹至尾下覆羽黃色較鮮明。

▲ *personata* 亞種頭、臉灰綠色,喉、胸、腹黃色。

▲ *sordida* 亞種雄鳥繁殖羽頭、頸、胸灰綠色。

▲指名亞種雄鳥非繁殖羽。

▲雌鳥非繁殖羽頭上、耳羽灰褐色，頭上有黑褐色縱紋。

▲指名亞種雌鳥，頭上、耳羽灰褐色。

▲ *sordida* 亞種雌鳥。

▲ *personata* 亞種雄鳥，繁殖羽眼先及頦黑色，喉、胸、腹黃色。

鏽鵐 *Emberiza rutila*

L14~15cm

屬名：鵐屬　　英名：Chestnut Bunting　　別名：栗鵐　　生息狀況：過／稀，過／不普（馬祖）

相|似|種

金鵐、黑臉鵐
• 金鵐雌鳥通常無顎線，有二條白色翼帶，腰非栗紅色，外側尾羽白色。
• 黑臉鵐雌鳥腰非栗紅色。

▲雄鳥繁殖羽頭至背、肩、腰、尾上覆羽及上胸栗紅色。

| 特徵 |
• 虹膜暗褐色。嘴鉛灰色。腳肉褐色。
• 雄鳥繁殖羽頭至頸、上胸、背、肩、腰及尾上覆羽栗紅色，翼及尾羽黑褐色，有淡色羽緣。下胸以下黃色，脇有綠褐色縱斑。非繁殖羽羽色較淡，胸以下黃白色。
• 雌鳥眉線乳黃色，耳羽褐色，背面橄褐色，有黑色縱斑；腰、尾上覆羽栗紅色；翼黑褐色，羽緣淡褐色。喉至前頸乳黃色，顎線黑色，胸以下黃白色，有黑色縱斑。

▲雌鳥腰、尾上覆羽栗紅色。

| 生態 |
繁殖於西伯利亞南部、中國東北，越冬至中國南方及東南亞。出現於平地至低海拔之草叢、農耕地及林緣地帶，於地面、草地或灌叢活動，攝取草籽、種籽、嫩芽等為食，不甚怕人。

▲於地面攝取草籽、種籽、嫩芽等為食。

黃眉鵐 *Emberiza chrysophrys*

L13~15cm

屬名:鵐屬　　英名:Yellow-browed Bunting　　生息狀況:過 / 稀

相|似|種

黃喉鵐、白眉鵐
- 黃喉鵐有冠羽，耳後無白斑。
- 白眉鵐眉線前段非黃色，胸、脇淡紅褐色。

▲雄鳥繁殖羽。

▲ 於地面攝取草籽、種籽。

| 特徵 |

- 虹膜暗褐色。嘴粉色，嘴峰及下嘴先黑褐色。腳粉紅色。
- 雄鳥繁殖羽額、頭上、眼先至耳羽、顎線黑色，後頭央線白色。眉線前段黃色，後段白色，頰線白色，耳羽後方有白斑。背部大致為茶褐色，有黑色縱斑，有二條白色細翼帶，尾羽黑褐色，外側尾羽白色。腹面白色，喉至上胸、脇有黑褐色縱斑。非繁殖羽具白色頭央線，耳羽黑褐色。
- 雌鳥大致似雄鳥，但羽色較淡，眼先、耳羽褐色。

▲雌鳥眼先、耳羽褐色。

| 生態 |

繁殖於西伯利亞中部及東部，越冬於中國東部及東南部，單獨或小群出現於海岸附近之次生灌叢、棘叢、開闊田野等地帶，性機警，常隱身於灌叢中，會與其他種混群，於地面攝取草籽、種籽等為食。

▲出現於海岸附近之次生灌叢、棘叢等地帶。

白眉鵐 *Emberiza tristrami*

L14~15cm

屬名:鵐屬　　英名:Tristram's Bunting　　生息狀況:過 / 稀

▲雄鳥繁殖羽頭至頸黑色，頭央線、眉線及頰線白色。

相似種

草鵐
• 體耳羽栗色。
• 無白色頭央線。
• 腹面無縱斑。

▲雌鳥頭側線黑褐色，耳羽褐色，喉白色，有黑色細縱紋。

| 特徵 |

• 虹膜深褐色。上嘴藍灰色，下嘴粉色。腳粉紅色。

• 雄鳥繁殖羽頭至頸黑色，頭央線、眉線、頰線白色，耳羽後方有白斑。背灰褐色，有黑色縱斑，腰至尾羽栗紅色。翼黑褐色，翼及中、大覆羽羽緣淡褐色。胸、脇淡紅褐色，有暗褐色縱斑，腹以下白色。非繁殖羽頭央線、眉線沾褐色，耳羽、喉黑褐色。

• 雌鳥似雄鳥非繁殖羽，但頭側線黑褐色，耳羽褐色，外緣黑色，顎線黑色。喉汙白色，有黑色細縱紋。

▲雄鳥非繁殖羽，耳羽、喉黑褐色。

| 生態 |

繁殖於西伯利亞東部、中國東北，越冬至中國南方、中南半島北部。生活於有樹林的環境，少至開闊農耕地。過境期單獨或成對出現於海岸附近之灌叢、草叢及林緣地帶，在樹上或地面活動，以草籽、漿果、昆蟲等為食。

▲第一回冬羽，體色較淡。

灰鵐 *Emberiza variabilis*

L14~17cm

屬名：鵐屬　英名：Gray Bunting　生息狀況：迷

相似種

黑臉鵐
• 腰及尾上覆羽灰褐色，
外側尾羽白色。

▲雄鳥第一回冬羽體上具褐色羽緣。

| 特徵 |

• 虹膜暗褐色。上嘴灰黑，下嘴粉色，先端
暗色。腳粉色。
• 雄鳥繁殖羽全身石板灰色，背部具黑色縱
紋，翼黑色，有淡色羽緣。非繁殖羽背面
及胸部羽緣褐色，腹部羽緣白色。
•雌鳥頭上、耳羽灰褐色，耳羽外緣黑褐色，
頭央線及眉線淡褐色。背面褐色，有黑色
縱斑，翼黑褐色，有淡黃褐色羽緣，腰及
尾上覆羽栗紅色。腹面淡黃褐色，有黑褐
色縱斑，外側尾羽無白色。

| 生態 |

繁殖於庫頁島、日本北部及堪察加半島南
部，越冬至日本南部及琉球群島。單獨或
成對出現於海岸之草叢、步道邊，於地面
攝取草籽、種籽等為食，新北市野柳有零
星紀錄。

▲於地面攝取草籽、種籽等為食。

中名索引

中名索引

英名索引

英名索引

英名索引

學名索引

學名索引

學名索引

學名索引

學名索引

學名索引

謝誌

感謝所有為這套圖鑑付出心力的好朋友們，包括撥冗費心審訂及撰文推薦的丁宗蘇老師，不計酬勞支援美圖的前輩及鳥友：呂宏昌、李泰花、廖建輝、李日偉、楊永鑫、羅永輝、張俊德、王容、曾建偉、謝季恩、李自長、林哲安、魏千鈞、陳侯孟、鄭子駿、呂奇豪、洪廷維、楊永利、游萩平、蔡牧起、陳進億、李豐曉、葉守仁、鄭期弘、張珮文、陳世明、陳世中、王詮程、林本初、林文崇、曾秋文、許映威、柯木村、周明村、鄭謙遜、張壽華、蔡榮華、蘇聰華、王建華、劉倬君、沈其晃、林嘉瑋、蔣忠祐、林隆義、陳國勝、吳建達、李明華、洪立泰、陳登創、林唯農、陳建源、羅濟鴻、洪貫捷、薄順奇，所有曾經提供鳥訊的好友，以及一開始引介我投入著作的陳侯孟先生，勞苦功高的編輯許裕苗小姐與許裕偉小姐，沒有這份機緣與大家的幫忙，這套圖鑑不可能完成。最後要感謝家人的支持，讓我無後顧之憂的持續拍鳥與寫作，銘感於心。

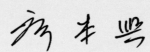

難字讀音一覽表

疣	「一ㄡˊ」
潰	「ㄎㄨˋ」
麂	「ㄈㄨˇ」
鸊	「ㄆㄧˋ」
鷈	「ㄊㄧˊ」
䨥	「ㄏㄨㄛˋ」
薙	「ㄊㄧˋ」
雉	「ㄓˋ」
鰹	「ㄐㄧㄢ」
鸕	「ㄌㄨˊ」
鷀	「ㄘˊ」
鵜	「ㄊㄧˊ」
鶘	「ㄏㄨˊ」
鸘	「ㄒㄩㄢˊ」
鸛	「ㄍㄨㄢˋ」
蠣	「ㄌㄧˋ」
鴴	「ㄏㄥˊ」
鸒	「ㄩˋ」
鷸	「ㄩˋ」
鵮	「ㄋ」
鶖	「ㄔㄨㄣˊ」
鷓	「ㄓㄜˋ」
鴣	「ㄍㄨ」
鷳	「ㄒㄧㄢˊ」
鴽	「ㄎㄨㄤˊ」
鶚	「ㄜˋ」
鳶	「ㄩㄢ」
鷲	「ㄐㄧㄡˋ」
鷂	「一ㄠˋ」
鵰	「ㄅㄧㄠ」
隼	「ㄓㄨㄣˇ」
鴟	「ㄔ」
鴞	「ㄒㄧㄠ」
鵂	「ㄒㄧㄡ」
鶹	「ㄌㄧㄡˊ」
鵟	「ㄌㄧㄝˋ」
鵑	「ㄐㄩㄢ」
鶪	「ㄐㄩㄝˊ」
楔	「ㄒㄧㄝˋ」
鳲	「ㄕ」
鵯	「ㄅㄟ」
鶌	「ㄑㄩˊ」
赭	「ㄓㄜˇ」
鶺	「ㄐㄧˊ」
鶇	「ㄉㄨㄥ」
藪	「ㄙㄡˇ」
鷦	「ㄐㄧㄠ」
鷯	「ㄌㄧㄠˊ」
椋	「ㄌㄧㄤˊ」
鶼	「ㄌㄧㄡˋ」
鶟	「ㄐㄧˊ」
鶬	「ㄌㄥˊ」
鴉	「ㄨ」
鳾	「ㄕ」
頦	「ㄏㄞˊ」
脛	「ㄐㄧㄥˋ」
跗	「ㄈㄨ」
蹠	「ㄓˊ」
鵊	「ㄐㄧㄢ」

參考文獻

- 中華民國野鳥學會。2020年臺灣鳥類名錄。
  Downloaded from：https://www.bird.org.tw/
- 中華民國野鳥學會。2021年中華民國野鳥學會鳥類紀錄委員會報告。
  Downloaded from：https://www.bird.org.tw/
- 蕭木吉、李政霖。臺灣野鳥手繪圖鑑。2014。行政院農業委員會林務局、社團法人臺北市野鳥學會。
- 劉小如、丁宗蘇、方偉宏、林文宏、蔡牧起、顏重威。2010。臺灣鳥類誌（上）、（中）、（下）。行政院農業委員會林務局。
- 劉陽、陳水華。2021。中國鳥類觀察手冊。湖南科學技術出版社。
- 王嘉雄、吳森雄、黃光瀛、楊秀英、蔡仲晃、蔡牧起、蕭慶亮。1991。臺灣野鳥圖鑑。亞舍圖書有限公司。
- 馬敬能（Mackinnon, J.）、菲利普斯（Phillipps, K.）。2000。中國鳥類野外手冊。湖南教育出版社。
- 周鎮。1998。臺灣鄉土鳥誌。鳳凰谷鳥園。
- 林文宏、鄭司維。2020。猛禽觀察圖鑑。遠流出版公司。
- 方偉宏。2005。臺灣受脅鳥種圖鑑。貓頭鷹出版社。
- 方偉宏。2008。臺灣鳥類全圖鑑。貓頭鷹出版社。
- 曾翌碩、林文隆。2010。臺灣貓頭鷹。臺中縣野鳥救傷保育學會。
- 沙謙中、陳加盛。2008。賞鳥Easy Go：陸鳥篇。遠流出版社。
- 潘致遠（黑皮皮）。2008。談臺灣的兩種壽帶 ─ 紫壽帶與亞洲壽帶。冠羽178：2-7
- 潘致遠（黑皮皮）。臺灣柳鶯的辨識。自然攝影中心網站。
- 潘致遠（黑皮皮）。臺灣小型鷸科的辨識。社團法人臺南市野鳥學會會刊《撓杯》第128期。
- 五百沢日丸、山形則男、吉野俊幸。2004。日本の鳥550（山野の鳥）増補改訂版。文一總和出版。
- 氏原巨雄、氏原道昭。2010。カモメ識別ハンドブック 改訂版。文一總和出版。
- 真木広造、大西敏一。2000。日本の野鳥590。平凡社。
- 真木広造。2012。ワシタカ•ハヤブサ識別図鑑。平凡社。
- 桐原政志、山形則男、吉野俊幸。2000。日本の鳥550 （水辺の鳥）。文一總和出版。
- Brazil, M. 2009. Birds of East Asia: China, Taiwan, Korea, Japan, and Russia. Princeton University Press.
- Chandler, R. 2009. Shorebirds of North America, Europe, and Asia. Princeton University